북한의 핵패권

사회주의 핵개발 경로와 핵전술 고도화

북한의 핵패권
—사회주의 핵개발 경로와 핵전술 고도화

초판 1쇄 인쇄 2023년 9월 1일
초판 1쇄 발행 2023년 9월 22일

지은이 이춘근 **펴낸이** 황윤억
편집 김순미 황인재 **디자인** 오필민디자인 **경영지원** 박진주 문현우
발행처 인문공간/(주)에이치링크 **등록** 2020년 4월 20일(제2020-000078호)
주소 서울 서초구 남부순환로 333길 36(해원빌딩 4층)
전화 마케팅 02)6120-0259 편집 02)6120-0258 **팩스** 02)6120-0257

• 값은 뒤표지에 있습니다. ISBN 979-11-971735-9-2 03550

글, 사진 ⓒ 이춘근 2023 일러스트 ⓒ 인문공간 2023

• 열린 독자가 인문공간 책을 만듭니다.
• 독자 여러분의 의견에 언제나 귀를 열고 있습니다.

전자우편 gold4271@naver.com **영문명** HAA(Human After All)

북한의 핵패권

사회주의 핵개발 경로와 핵전술 고도화

이춘근 지음

인문공간

핵능력 기술적 분석은 '핵정책 수립'의 기초
사회주의 경로 핵기술: 옛 소련➔중국➔북한

북한 핵전략 Two-Track
❶ 투발수단 다양화 ❷ 전핵술 고도화

　필자가 본격적으로 핵무기를 접한 것은 1980년 4월, 입대(入隊)하면서이다. 대학에서의 전공을 살려 육군화학학교(현재의 화생방학교)에 입교하면서, 핵무기와 생물무기, 화학무기를 학습하게 된다. 이후, 자대(自隊)에 배치돼 병기와 탄약을 관리하면서, 다양한 무기체계와 전술 운용을 익히게 된다. 이때부터 핵과 미사일을 포함한 무기체계 전반에 큰 흥미를 갖게 된다.

　이런 경험은 1993년, 중국 연변과학기술대학 교수가 되면서 한층 깊어졌다. 중국이 자랑하는 최대 과학기술 성과인 "양탄일성(兩彈一星, 원자탄, 수소탄, 인공위성, 또는 원자탄, 유도탄, 인공위성)"을 접하게 된 것이다. 당시 중국이 양탄일성을 애국주의 교육의 핵심 주제로 활용하면서, 수많은 전기와 수기, 해설서들이 쏟아져 나왔다. 이중 일부를 정리해 《러시아를 넘어 미국에 도전하는 ─ 중국의 우주 굴기》(지성사, 2020)라는 단행본을 펴냈다.

약 7년의 중국 체류를 마치고 귀국 후, 2000년에 과학기술정책연구원에 입사하였다. 곧 6·15 정상회담이 개최되고 남북협력이 확대되면서, 연구원에서도 북한 과학기술 연구가 핵심 과제로 떠올랐다. 사회주의 전문가인 필자에게 북한 연구 과제가 자연스럽게 주어졌고, 이후 20여 년간 북한 과학기술 연구와 남북협력 업무에 주력하게 되었다. 이 과정에서 15회 정도 북한을 방문하였고, 수십 차의 남북한 공동 세미나를 개최하면서 북한 과학자들을 많이 만났다.

그러나 남북 과학기술협력은 상당한 우여곡절을 겪었다. 가장 큰 장애는 바로 북한의 핵무기 개발이었다. 과학기술은 국방과 민수(民需) 모두에서 핵심 요소이어서, 안보상의 대립이 있는 국가 간에는 심도 있는 과학기술협력이 추진되기 어렵다. 이에 필자도 자연스럽게 북한 핵기술을 연구하게 되었고, 2003년에 《북한 핵문제의 과학기술적 이해》(과학기술정책연구원), 2005년에는 《과학기술로 읽는 북한 핵》(생각의 나무) 단행본을 집필하게 되었다.

2005년의 책은 당시 북한 비핵화 진전과 한반도에너지개발기구(KEDO)의 북한 신포 원자력발전소 건설 등이 겹쳐, 다소 낙관적인 시각으로 집필했다. 하지만 출간 직후 안보 상황이 급변했다. 2006년을 시작으로 북한이 6차례의 핵실험을 감행하였고,

우라늄 농축으로 핵무기 재고를 확대하였다. 최근에는 다양한 투발수단을 개발하고 핵전술을 고도화해, 한반도의 안보 상황이 크게 악화되었다.

북한의 핵무기 개발로 국내외에서 많은 논란이 벌어졌고, 수많은 책들이 출간되었다. 그러나 이들 대부분이 정치 외교적 측면에 집중해, 정책 수립의 근거가 되는 과학기술적 해석은 크게 미흡한 실정이다. 정권 교체기에는 정치적 견해로 과학기술적 근거를 선별 선택해, 전체를 왜곡하는 경향도 나타났다. 이는 바람직한 일이 아니다.

핵무기를 포함한 거대과학에는 나름대로의 개발 경로와 다양한 수단들이 있다. 특히 냉전 시기에는 미국과 소련이 원자탄과 수소탄 개발 경쟁을 벌이면서, 자기들만의 장기계획을 수립하고 거대한 개발체제를 구축하였다. 북한도 옛 소련이 개척한 사회주의 기술개발 경로를 추종하면서, 독자적인 시간 계획에 따라 핵무기를 개발하였다. 따라서 이를 추적하는 일이 아주 중요하다.

필자는 가능한 한 정치적 견해를 배제하고 과학적 방법론과 근거를 갖추어 북한 핵기술을 분석하려 한다. 이를 통해 정치적 견해가 다른 전문가들의 합리적 대화를 유도하고, 보다 객관적이고 장기적인 정책 대안을 수립하도록 지원하려는 것이다. 이러한 시도 자체가 또 다른 논란을 불러일으킬 수 있지만, 국가 장래를 위해 꼭 필요한 일이라 믿는다. 이것이 이 책을 집필한

이유이다.

그러나 이는 결코 쉬운 일이 아니다. 핵무기는 핵공학을 넘어 물리, 화학, 금속, 토목, 재료, 환경 등을 아우르는 종합 학문의 결정체이다. 기존 핵무기 개발국의 핵심 인물들도 다양한 전공의 전문가들이고, 이들이 긴밀하게 협력하면서 장기간의 상호학습을 거쳤다. 대학 수준의 학습으로는 이 거대한 무기체계의 전모를 파악하기가 극히 어려운 것이다.

필자 역시 수십 년에 걸쳐 상당히 많은 공부를 했다. 우리나라는 핵무기 개발국이 아니고 정보가 부족해, 더 많은 노력과 학습을 해야만 했다. 그래도 항상 부족함을 느낀다. 이것이 필자가 2005년에 첫 책을 낸 후 18년간 수정판 발행을 주저한 이유가 되었다. 그러나 이제는 북한 핵개발의 전모가 어느 정도 밝혀진 것으로 보인다. 필자도 정년퇴임을 해, 시간을 가지고 그동안의 연구 성과를 정리할 여유가 생겼다.

이 책에서 거론한 필자의 핵심 주장은, 사회주의 핵기술 개발 경로가 우리에게 익숙한 미국과 다르고, 북한이 이를 추종했다는 것이다. 우리나라는 북한 핵의 직접적인 당사자이면서도, 북한 핵에 대한 해석 대부분을 미국 등 서구 전문가들에게 의존하고 있다. 그러나 대부분의 외국 전문가들은 사회주의 특성과 북한의 내부 실정을 잘 모르고, 우리를 위한 정책을 내놓지도 않는다. 따라서 외국의 견해를 무조건 추종하면, 우리의 실익을 놓치거나 판단을 그르치기 쉽다.

　본 책에서는 먼저 구소련을 중심으로 하는 사회주의 핵기술 개발 경로와 특성을 간단히 살펴보고, 이어서 이를 체계적으로 답습한 중국 사례를 심층적으로 다뤄 본다. 이를 통해 사회주의 핵무기 후발국이 동 진영의 핵기술 개발경로를 어떻게 추종하는지를 간접적으로 살펴볼 수 있다. 이어서 핵실험과 핵폭발 특성을 살펴본다. 마지막으로 북한의 핵기술 개발 과정과 투발수단 및 전술, 능력을 살펴보고, 우리의 대응 방안을 정리한다.

　핵무기에 대한 기초지식은 그동안 국내에 많이 소개되었으므로, 상세히 다루지 않았다. 필자가 과학적 방법론을 사용해 근거를 갖추려고 노력했지만, 여전히 근거가 많이 부족한 것도 사실이다. 따라서 이 책도 상당한 수준의 추론을 포함하고 있다. 필자도 이 책의 내용이 모두 옳다고 생각하지는 않는다. 작은 소망이 있다면, 이 책이 작은 조약돌이 되어, 후속 세대가 이를 뛰어넘는 연구 성과를 도출했으면 하는 것이다.

　이 책을 제작하면서 교열과 전문가로서의 의견과 도움을 준 정경운, 함형필, 성재우 제위께 깊은 감사를 드린다.

2023년 7월 20일

이춘근

차례

2부 핵실험과 핵폭발 피해

4장 경로 확인_핵실험과 실험장   121

3부 북한의 핵기술 개발

5부 핵 패권과 우리의 미래

10장 북한 핵의 위협과 대응 방안   315

1부

사회주의
핵기술
개발경로

1장

냉전과 사회주의 핵개발 경로의 탄생

소련의 최초 원자탄(1949)'RDS-1'

경로의존성(Path Dependency)이란 말이 있다. 스탠포드대학의 폴 데이비드(Paul David, 1935~2023)와 브라이언 아서(Brian Arthur, 1945~)가 주창한 개념으로, "한 번 일정한 경로에 의존하기 시작하면 나중에 그 경로가 비효율적이라는 사실을 알고도 그 경로를 벗어나지 못하는 경향성"을 뜻한다. 대표적인 사례는 냉전 시기에 형성된 미국과 소련의 핵기술 개발경로이다.

　냉전은 국방기술 분야의 경로의존성을 심화시킨다. 급박한 군사적 목표를 달성하기 위해 충분한 검토 없이 자기만의 경로를 설정하며, 과학자들이 총동원되어 이를 개척한다. 이 과정에서 거대한 군산복합체가 형성되고 장기간에 걸쳐 선택한 경로를 굳게 다지게 된다. 이렇게 형성된 경로는 냉전이 해소되어 자유로운 비판이 가해지거나 다양한 경로와 비교되어 비효율성이 드러날 때까지 지속된다.

1-1 냉전과 기술개발 경로의존성

지금까지 국내에 소개된 북한 핵기술 분석은 대부분 미국을 중심으로 하는 서구 국가들의 개발 경험을 토대로 실행했다. 그러나 이런 접근 방식은 북한 핵기술 개발경로와 실체를 정확하게 보지 못하고, 과대평가하거나 반대로 과소평가하는 어리석음을 범할 수 있다. 과학기술은 원리를 알면 다양한 접근법을 택할 수 있으므로, 개발경로에 따라 최종 성과와 성능에 상당한 차이가 발생하는 까닭이다.

이를 극복하기 위해 이 책에서는 경로의존성(Path dependency) 개념을 활용한다. 경로의존성은 미국 스탠퍼드대학의 폴 데이비드(Paul David)와 브라이언 아서(Brian Arthur)가 주창한 개념으로, "한 번 일정한 경로에 의존하기 시작하면 나중에 그 경로가 비효율적이라는 사실을 알고도 여전히 그 경로를 벗어나지 못하는 경향성"을 뜻한다.[*] 핵무기같이 고도로 정보가 통제되는 기술에서, 이러한 경로의존성이 특히 더 커질 수 있다.

냉전은 과학기술, 특히 국방기술의 경로의존성을 심화시킨다. 근대 과학기술이 출범한 이래, 많은 국가들이 이를 상대방보다 우월한 군사력을 보유하는 핵심 수단으로 간주하고, 국력을 기울여 육성하였다. 특히 제2차 세계대전과 냉전 시기에, 국방기술

● 진상현(2013), 「이명박 정부 '저탄소 녹색성장' 국정기조의 경로의존성」, 『한국행정논집』, 25(4), 한국정부학회, pp. 1049~1073.

투자와 개발이 크게 증가하였다. 핵, 미사일, 제트기, 레이더, 컴퓨터 등이 대표적인 사례이다.

냉전 상황에서는, 급박한 군사적 목표를 달성하기 위해, 세밀한 검토 없이 자기만의 경로를 빠르게 설정하는 경우가 많다. 이때, 강력한 정치지도자가 목표와 이데올로기를 앞세워 반론을 잠재우고, 이를 애국주의 등으로 포장한다. 결국 과학자들이 강한 목적 지향적 연구에 동원되며, 첩보활동 등의 비합법적 수단도 정당화된다.

미국과 소련은 냉전이 절정으로 치닫던 1940년대 후반부터 1950년대 초반까지 치열한 핵무기 개발 경쟁을 벌였다. 1949년의 중국 공산화와 1950년의 간첩 푹스(Klaus Fuchs) 체포, 이어진 한국전쟁(1950~1953) 등이 상대방에 대한 공포를 격화시켜, 핵무기 개발경쟁이 심화되는 기폭제가 되었다. 이에 상대방의 정보를 획득하기 위한 첩보활동과 자신의 활동을 은폐하기 위한 차단공작을 극열하게 전개하면서, 자신들만의 개발 경로를 개척하기 시작하였다.

소련이 1957년 10월 4일에 최초의 인공위성인 스푸트니크(Sputnik)를 발사했을 때 미국이 보인 대응을 사례로 들 수 있다. 소련은 이를 미국에 대한 체제 우월성을 보여주는 대표적 과학기술 성과로 선전하였고, 미국은 소련이 대륙간탄도탄(ICBM)을 보유해 수소탄으로 자신들을 공격할 수 있다는 공포감에 휩싸였다. 이를 극복하는 것이 최고의 정치적, 군사적, 과학적 목표가 된 것이다.

1961년 5월, 케네디 대통령이 "우주를 지배하는 국가가 지구를 지배한다."고 역설하면서, 육해공 3군의 국방과학개발체제를 통합하고 국가우주개발국(NASA)을 설립하였다. 이공계 교육체제를 전면적으로 개혁하고, 아폴로계획을 수립해 자원을 집중하였다. 이때 전면에 등장한 폰 브라운(Wernher von Braun, 1912~1977)의 개발계획이 미국 우주기술 개발의 핵심 경로가 되었다.

냉전 시기에 형성된 기술개발 경로는 쉽게 변화되지 않고 지속적으로 강화되었다. 국방과학에 자원이 집중되고 거대한 군산복합체가 형성되며, 비밀 실험기지들이 건설되면서 정보가 통제된다. 통상적으로 이런 무기체계들은 치밀하게 수립된 장기계획으로 추진되고, 수많은 기관들이 개발에 참여하면서도 다른 분야들을 모르고 있어, 부분적인 혁신이 전체 공정을 바꾸기 어렵다.

또한, 이를 사용하는 군종, 병과간의 이해관계와 대량생산체계가 연결되어, 기술개발 경로의 중도 변경을 어렵게 하였다. 미국이 공군의 장거리 폭격기 중시정책에 의존하면서 육군의 단거리미사일 사거리 연장을 소홀히 한 것이나, 소련이 독일 V-2 로켓의 액체연료에 주목해 고체연료 미사일 개발에서 뒤처진 것 등을 사례로 들 수 있다.

확정된 경로들의 큰 변화는 냉전이 해소되거나 완화된 후에야 가능해진 경우가 많았다. 자유롭고 창의적인 기술개발과 기관간 경쟁으로, 기존 경로의 문제점과 비효율성이 발견되기 시작한 것이다. 특히 서구 자본주의 체제에서 시장 수요에 의한 혁신 활동이 크게 증가하고 기업이 기술개발의 주체가 되면서, 보다 수익성이 좋은 기술개발 경로가 경쟁적으로 선택되었다.

베일에 가려져 있던 소련의 핵기술 개발 경로는 핵심 과학자인 사하로프(Andrei Sakharov, 1921~1990)박사의 망명과 냉전 해소로 서서히 밝혀지기 시작하였다. 미소 양국 핵무기 연구자들과 과학사 전공자들이 교류하면서 많은 비교 논문을 발표하였다.[*] 알렉스 웰러스타인(Alex Wellerstein, 1981~)은 미국과 소련이 개발했던 수소탄 형상과 개발 경로를 체계적으로 정리해, 박사학위 논문으로 발표하기도 하였다.

1-2 미국의 원자탄 개발과 기폭장치 특성

미국의 최초 핵무기 개발에는 제2차 세계대전 발발이 결정적인 영향을 미쳤다. 독일이 먼저 원자탄을 개발할 수 있다는 염려에 빠진 유태계 물리학자들이 아인슈타인(1879~1955)을 움직여 루즈벨트 대통령에게 편지를 보낸 것이다. 이에 미국이 1942년 5월에 "맨해튼 계획 Manhattan Project"을 수립하고 대규모 자원을 투

● G.A., Goncharov(1996), "American and Soviet H-bomb Development Programmes : Historical Background", Physics-Uspekhi, 39(10), pp.1033~1044., H.A, Bethe(1989), "Observation on the Development of the H-bomb", in H.F. York, The Advisors Oppenheimer, Teller, and the Superbomb, Stanford University Press,, C. Hansen(1988), US Nuclear Weapons. The Secret History, Arlongton : Aerofax Orion Books. D.Hollway(1994), Stalin and the Bomb, New Haven: Yale University. 등

입해 원자탄을 개발하기 시작하였다.

같은 해 12월 페르미(Enrico Fermi, 1901~1954)가 우라늄 연쇄반응과 임계량 결정에 성공하고, 그 부산물로 Pu^{239}가 생성되는 것을 확인하면서 가속도가 붙기 시작하였다. 이를 토대로 과학자들은 1)천연 우라늄에서 U^{235}를 분리 농축하는 고농축우라늄(HEU) 핵무기와 2)원자로를 이용해 플루토늄(Pu^{239})을 만들고 이를 핵무기로 이용하는 2가지 방안을 모두 추진하게 되었다.

원자탄 기폭장치 개발에도 많은 시간이 소요되었다. Pu는 자발적인 중성자 방출로 핵분열을 일으키고, HEU도 자연계의 우주선에 포함된 중성자와 반응해 서서히 핵분열을 일으키므로, 핵무기 내에서 이들을 임계질량 상태로 보관하면 극히 위험하다. 따라서 폭발 직전까지 미임계 상태를 유지하기 위해, 핵물질을 2개 이상으로 분할하거나 저밀도 상태를 유지하다가, 폭발 때 순간적으로 결합 또는 압축시켜 초임계 상태로 전환시키는 장치를 사용하게 된다. 이 장치를 기폭장치 또는 고폭장치라 한다.

맨해튼계획에서 HEU에 적용한 포신형 기폭장치는 HEU를 2개로 분리해 놓았다가 폭발 때 하나로 결합해 초임계상태에 도달시키는 장치이다. 고성능 폭약으로 2개의 우라늄을 합치는 순간에 중성자를 방출시켜, 연쇄반응으로 핵폭발을 일으킨다. 포신형 기폭장치는 비교적 간단하고 기폭 확률이 높아 별도의 핵실험을 하지 않아도 된다는 장점이 있다. 맨해튼계획에서도 포신형 기폭장치를 이용한 우라늄폭탄은 실험 없이 바로 히로시마에 투하(1945년 8월 6일)하였다.

그림 1-1 **포신형 기폭장치**

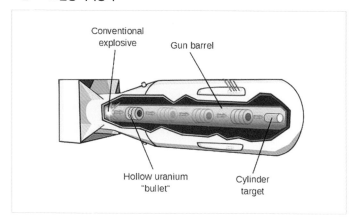

그림 1-2 **내폭형 기폭장치**

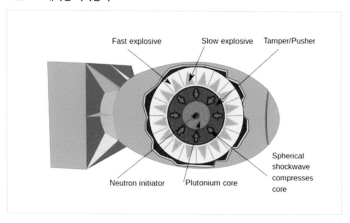

　자발핵분열이 많은 Pu는 내폭형 기폭장치를 채택하였다. 이것
은 Pu 금속을 여러 조각으로 분할해 놓았다가 폭약으로 순간적으
로 압축시켜 초임계상태에 도달하도록 한 것이다. 내폭형 기폭장
치는 구조가 복잡하고 상당한 첨단기술과 정밀도를 필요로 하므

로, 최적화를 위한 핵실험이 필수적이었다. 이에 독일 항복 2개월 후인 1945년 7월 16일에 인류 최초의 원자폭탄 폭발실험이 성공적으로 수행되었다. 이것은 길이 6m, 위력 19kt* 정도의 Pu 기반 내폭형 기폭장치였다.

1-3 냉전과 미소 수소탄 개발 경쟁

소련도 일찍부터 핵무기에 관심을 기울였으나, 최초의 원자탄 개발은 독일 출신의 영국 물리학자 푹스(Klaus Fuchs, 1911~1988)의 간첩행위에 크게 힘입었다. 2차대전 시기 영미 협력으로 미국에 파견되어 맨해튼계획에 참여했던 푹스가 계획 초기인 1944년부터 소련에 관련 내용을 상세히 전달한 것이다.

그가 소련에 정보를 준 이유는 사상적인 동기와 미국의 핵 독점에 대한 우려 때문이라고 한다. 이를 토대로 소련이 미국과 거의 같은 Pu 기반의 내폭형 기폭장치를 개발했고, 1949년에 최초 핵실험에 성공하였다. 미국보다 4년밖에 뒤지지 않아 서방세계, 특히 미국을 깜짝 놀라게 하였다. 1951년에는 HEU를 내폭형에 내장한 원자탄과 항공폭탄 투발 시험에 성공하였다.

여기에, 1950년 1월에 체포된 푹스가 핵분열탄뿐 아니라 핵융합탄 관련 정보도 소련에 제공했다고 자백하면서 문제가 심

● 1kt(kilo ton): 1킬로톤은 1,000t을 표현하는 단위로, 핵무기 위력의 단위이다. TNT 1,000톤의 폭발 위력에 해당한다.

각해졌다. 소련이 먼저 수소탄을 개발할 수 있다는 위기의식을 가지게 된 것이다. 당시 원자탄 개발의 주역인 오펜하이머(Robert Oppenheimer, 1904~1967) 등은 100kt 위력이면 모든 전술, 전략 핵무기로 충분하다고 주장하였다. 이에 비해 텔러(Edward Teller, 1908~2003) 등은 수 Mt 위력의 수소탄 개발이 필요하다고 주장하였다.

이에 대한 미국의 문제의식은 "소련이 이를 개발할 수 있는가? 그렇게 되면 다른 선택의 여지가 없다."는 것이었다. 이에 트루먼 대통령은 1950년 1월 31일, 원자력위원회에서 수소탄 개발의 본격적인 추진을 선언하였다. 소련도 즉시 대응하였다. 국방과학 책임자인 베리야(Beriya)가 "우리의 적이 새롭고 효과적인 핵무기를 가질 것이다"라고 말하면서, 자국의 수소탄 조기 개발을 주장하였다. 냉전 시기의 정치적 이유가 더해져, 수소탄 개발 경쟁이 격화된 것이다.

1-4 미국의 수소탄 개발 경로

핵융합에 의한 수소탄 개발 가능성은 비교적 일찍부터 시작되었다. 1941년에 도쿄대학의 히가와라(Tokutaro Higawara) 교수가 우라늄 연쇄반응으로 수소를 융합시키는 아이디어를 제시하였고, 컬럼비아대학의 페르미(Enrico Fermi, 1901~1954) 교수도 유사한 개념을 제안하였다. 텔러가 이를 발전시켜 1945년에 "슈퍼(Classical

Super)"라는 초기 수소탄 개념을 만들었다.

이는 포신형의 HEU 원자탄 폭발로 발생한 중성자로, 긴 실린더에 채워진 액체 중수소(D)와 삼중수소(T) 혼합물을 압축해 핵융합을 일으킨다는 것이었다. 이후 강력한 압축으로 핵융합을 일으키기 위해 다양한 아이디어가 제시되었다. 이온압축과 복사압축 등이 제기되었고, 푹스도 1946년에 로스알라모스를 떠나 영국으로 돌아갈 때까지 이러한 연구에 참여하였다.

1947년에는 텔러가 고체 상태의 중수소화리튬6(Li^{6}D)를 사용하는 알람 클락(Alarm Clock) 개념을 제안했으나, 핵융합의 어려움과 Li^6 생산 지연으로 즉시 개발하지 못했다.* 미국에서 Li^{6}가 본

그림 1-3 **미국과 소련의 수소탄 개발경로**

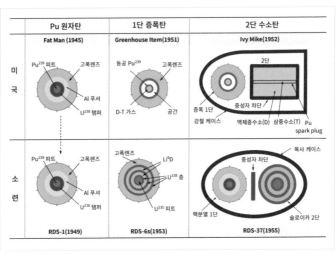

• 천연 리튬은 Li^6 7.6%와 Li^7 92.4%로 구성되어 있고, 화학적 방법으로 비교적 쉽게 둘을 분리할 수 있다. 원자로에서 Li^{6}에 중성자를 쏘면 삼중수소(T)가 생성된다.

격적으로 농축되기 시작한 것은 1952년부터였다. 대신 1951년에 기체 상태의 D를 사용한 부분핵융합 실험에 성공하였고, 이를 토대로 하는 수소탄 개발에 박차를 가하게 되었다.

 텔러는 1951년의 수소탄 원리실험 등을 거쳐, 중성자 대신 X선 복사에 의한 압축으로 2단(2stage)의 핵융합 물질을 기폭시키는 방법을 고안하였다. 결국 텔러와 울람(Stanislaw Ulam, 1909~1984)이 협력해 2단 수소탄 모델을 개발하였고, 1952년 11월 1일 태평양 마샬군도에서 폭발(Ivy Mike Test)시키는데 성공하였다. 핵융합 물질로는 액화 D를 사용했는데 폭발 위력이 10Mt에 달했다.

 그러나 이 폭탄은 기체 상태인 D의 액화를 위해 거대한 냉각장치가 들어가 중량이 80ton에 달했고, 당시로서는 적당한 투발수단이 없어 실전에서 사용할 수 없었다. 실전 운용이 가능한 수소탄 실험은 1954년부터 Li^6를 원자로에서 조사해 T를 생산한 후에야 가능했다. D-D 핵융합보다 용이한 기체와 액체상태의 D-T 핵융합을 활용해 무게를 줄인 것이었다.

 고체상태의 리튬을 직접 사용하는 폭발실험은 1954년 5월 1일에 최초로 수행(Brovo Test)되었다. 핵융합물질로 Li^6 농축도가 40%인 LiD를 사용했는데, 폭발위력이 미국에서 가장 큰 15Mt에 이르렀다. 그러나 역시 중량이 커서 지상에서 실험이 이루어졌다. 미국 최초의 항공기 투하 수소탄 실험은 1956년 5월 21일(Cherokee Test)이라고 한다.

1-5 소련의 수소탄 개발 경로

미국의 최초 수소탄 실험 후 1년이 채 안 된 1953년 8월, 소련의 말렌코프(Georgi Malenkov, 1902~1988)가 "미국이 수소폭탄을 독점할 수 없다."고 선언했다. 그러나 미국은 믿지 않고 소련의 실력을 폄하해 버렸다. 소련에 정보를 전달해 준 푹스의 핵융합 관련 지식으로는 수소탄을 개발할 수 없다는 확신이 있었기 때문이었다.

푹스는 1946년 4월 18~20일에 미국에서 개최된 "슈퍼"관련 세미나에 참석했고 이를 소련에 전달했다. 그러나 이 방식으로는 핵융합 물질의 성공적인 기폭이 어려웠고, 미국의 2단 수소탄 방식은 이와는 크게 달랐다. 따라서 소련이 푹스의 지식에 의존하면, 다른 경로나 잘못된 경로로 갈 수 있었다. 미국이 과거의 지식에 의존해 소련의 수소탄 개발 가능성을 부정한 것이었다.

그러나 소련은 푹스의 정보에 창의력을 가미한 고유한 수소탄 개발경로를 개척하고 있었다. 푹스는 1947년 9월과 1948년 3월에 런던에서 소련 정보원 페클리소프(A.S. Feklisov)를 만나, "슈퍼"의 구조와 핵융합 기폭이론 및 자신이 주장했던 D와 T의 사용 개념을 설명해 주었다. Li을 사용해 원자로에서 T를 생산하는 개념도 설명해 주었다.

곧 소련에서 이에 대한 검토가 이루어졌고 D, T, Li에 대한 연구가 본격화되었다. 그러나 당시까지 입수된 정보에서 Li^6D의

반응단면적이 Li^{7}D보다 크다는 것을 알 수 없었으므로, Li^6 농축을 추진하지 못했다. 컴퓨터 등 소련의 대용량 계산 능력이 미국보다 크게 뒤처져, 핵융합 연구에 필요한 이론 계산도 잘 수행하지 못했다.

이런 상황에서 스탈린이 수소탄 연구에 박차를 가할 것을 강력히 지시하였다. 당시 소련의 국방과학은 악명 높은 베리야가 담당하였으므로, 과학기술자들이 전쟁하듯 연구에 몰두하게 되었다. 이에 대한 이론, 실험연구팀이 설립되었고, 코드 이름이 RDS-6로 명명되었다. 1948년 6월에는 물리학연구소에 사하로프(Andrei Sakharov, 1921~1990) 박사가 포함된 D 융합 연구팀이 설립되었다.

곧 사하로프가 미국의 Alarm Clock과 유사하게 D와 U^{235}을 층(Layer)으로 나누는 디자인을 제안하였고, 이를 슬로이카(Sloika, Layer Cake)라 명명하였다. 1949년에는 D-D 반응보다 월등히 큰 D-T의 반응단면적이 미국에서 발표되면서, 소련도 슬로이카에 Li^{6}D를 이용하는 방안을 연구하게 되었다. Li^{6}는 고체로서 생산과 취급이 쉽고 염가이며, 중성자를 흡수하면서 분열하면 핵융합이 쉬운 T를 생성한다는 장점이 있다.

1950년의 미국 수소탄 개발 선언과 1952년의 실험 성공으로 소련의 개발 노력도 더욱 강화되었다. 결국 말렌코프가 "미국이 수소탄을 독점할 수 없다."고 선언한 지 며칠 후인 1953년 8월 12일에 소련이 4번째 핵실험(RDS-6s, 미국에서는 Joe-4로 지칭)으로 슬로이카를 폭발시켰고, 위력은 400kt에 달했다.

슬로이카는 HEU와 Li^{6}D 및 소량의 T를 겹으로 두르고 외부를

U^{238}로 감싼 후 폭약과 탬퍼(tamper)로 압축시키는 구조로써, 미국의 2단 수소탄과 다른 1단의 둥그런 장치였다. 다만 구조적 한계 때문에 핵융합보다는 고온고압에 의한 U^{238}의 핵분열 에너지가 더 컸으므로, 미국 과학자들은 이를 폄하하면서 수소탄이 아니라 증폭형(boosted)이라 지칭하였다.

그러나 같은 해 8월 20일에 소련의 프라우다가 "소련이 최초의 수소탄 실험에 성공하였다"고 보도하였다. 이것은 미국의 최초 수소탄과 달리 항공폭탄으로 실전 투하할 수 있는 것이었다. Li^6D는 기체 D와 달리 냉각장치가 필요 없으므로, 폭탄의 무게와 부피가 크게 감소하고 야전에서의 운용도 편리하다. 결국 RDS-6s가 대량 생산되면서 핵융합을 가미한 증폭탄 실전배치에서 미국을 앞서게 되었다. 미국이 항공 투하 수소탄을 실험한 것은 1956년 5월이었다.

소련이 실전 배치가 용이한 증폭탄을 개발하면서, 곧 위력보다 비용절감을 더 중요시한 개량형을 생각하게 되었다. 이에 고가인 T 대신 염가인 Li^6D를 사용해 실전운용 편이성을 높이면서 위력이 감소된 모델을 개발해, 1955년 11월 6일에 실험(RDS-27)하는데 성공하였다. RDS-6와 같은 크기로 항공 투하했고 위력이 200kt에 달했으나, 가격은 후에 개발한 수소탄의 1/4에 불과하였다. 따라서 소련은 이를 대량생산해 실전배치하고 예비탄두도 비축하였다.

이어서 소련 정부는 고가인 T 사용량이 적고 슬로이카와 동일 중량과 크기를 가지면서 위력이 2Mt 정도인 개량형(RDS-6sd)을 만들도록 지시하였다. 크기는 직경 1.5m, 중량 4.5ton 정도로 제한하였다. 항공기 투하뿐 아니라 ICBM에도 탑재할 수 있고 나아가 순항미사일 탑재를 통해 핵잠수함에서 적국 연안 도시를 공격한다는 구상이었다.

소련은 당시 미국이 이런 크기의 수소탄을 가지지 못했다고 판단하고, 이의 개발로 결정적인 대미국 전략적 우위를 점할 것이라고 생각했다. 그러나 고가의 HEU와 T를 많이 사용하지 않는 한, 슬로이카 자체만으로는 위력의 대폭 확대가 어려웠다. 결국 1954년 중반에, 직경 1.5m에서는 T를 사용하지 않으면 폭발 위력이 0.5~1Mt을 넘을 수 없다는 결론에 도달하였다.

상당한 고심 끝에 사하로프 등은, 1954년 봄에, 핵폭발에 의한 복사압축으로 슬로이카를 압축할 수 있다는 것을 깨닫게 되었다. 원자탄과 슬로이카 사이에 압축판을 설치해 원자탄 폭발 때 X선 압축력을 슬로이카에 전달하는 것으로, 이를 제3의 아이디어라 칭했다.* 미국의 Teller-Ulam과 유사한 2단 형상의 수소탄 개발이 시작된 것이다.

소련 전문가들이 증폭탄 개발 경험을 가지고 있었으므로, 빠르게 연구가 진행되어 1955년 11월 22일에 RDS-37이라 명명한 2단 형상의 수소탄 실험에 성공하였다. 핵융합물질로 Li^6D 분말을 사용했고 고가인 T는 사용하지 않았다고 한다. 설계 위력이 3Mt에 달했지만, 안전을 위해 핵융합 물질 일부를 교체해 1.6Mt으로 조정하였다.

● 제1 아이디어는 슬로이카, 제2 아이디어는 고체 Li^6D 이용을 말한다.

2단 수소탄 RDS-37은 1단 증폭탄 슬로이카(RDS-6)보다 많은 장점이 있었다. 상당히 적은 폭약을 사용하고 위력이 높아, 항공 투하와 미사일 탑재가 가능해졌다. 기하학적으로도 원통형인 미국의 Teller-Ulam과 다른 구형이어서, 1단 핵폭발에 의한 2단 핵융합 물질의 압축에 유리하였다. 따라서 소련은 1956년부터 이를 대량생산에 적합하게 경량화하면서 위력을 줄여, 실전 배치하게 되었다.

후에 이를 인지한 미국도 1962년부터 유사한 형상의 2단을 사용하기 시작하였고, 오늘날에는 대부분의 현대적인 증폭탄, 수소탄 디자인이 이를 답습하게 되었다. 생산성과 폭발효율이 우수하고, 폭발위력 조절도 상대적으로 쉽기 때문이었다. 핵무기 후발국들이 구형에 집중하는 것도 이 때문이다.

1-6 냉전 시기 미소 수소탄 개발 경쟁과 사회주의 개발 경로

냉전은 급박하고 정보가 부족한 상황에서 목표 달성을 강조해, 장기적인 탐색 없이 특정한 기술개발 경로를 선택하는데 일조한다. 미국과 소련의 수소탄 개발 경쟁과 경로 선택도 1950년대에 급속히 전개된 양국의 수소탄 개발 선언과 한국전쟁, 이념 논쟁으로 촉진되었다. 이렇게 결정된 경로는 중간에 돌이키거나 중단하지 못하고 오히려 더욱 강화되었다.

자원과 예산이 풍부한 미국은 핵융합 극대화를 통한 위력 증가를 목표로 삼고, 이를 위해 액화 D, T를 사용하는 2단 형상의 Teller-Ulam 모델을 개발하였다. 현대 무기에서 중요한 비중을 차지하고 있는 증폭형 원자탄을 상대적으로 소홀히 하였고, 고체 Li^6도 중요하게 다루지 않았다.

이에 비해 소련은 1)Sloika, 2)Li^6D 사용, 3)핵분열 복사압축 이라는 3가지 아이디어를 순차적으로 고안하면서 수소탄 개발 경로를 개척해, 자원과 출발시간에서 앞선 미국을 빠르게 추격하였다. 그 시초는 고체 Li^6D를 사용하는 1단의 슬로이카 디자인을 개발해 1953년에 폭발시키는 데 성공한 것이었다. 이 모델을 1955년의 2단 수소탄에도 적용해, 개발기간을 줄이고 효과를 증폭시켰다.

이러한 경로 차이는 수소탄의 성능과 배치 시기에 커다란 영향을 미쳤다. 소련은 1955년에 항공투하가 가능한 증폭탄과 수소탄을 거의 동시에 개발하였다. 실전배치가 가능한 수소탄을 염가/저위력형과 고가/대위력형으로 구분해 생산하고, 목표에 따라 배치한 것이다. 소련이 미국보다 2단 수소탄 개발이 3년 늦었지만, 이것은 소련이 1단의 증폭형 슬로이카에 매진하면서 시간을 소비했기 때문이다. 이를 통해 오히려 실전 운용성이 앞선 수소탄을 먼저 개발했다.

이에 비해 미국은 무한에 가까울 정도의 폭발위력 증가를 목표로 하면서 수소탄 실전배치가 늦어졌다. 이는 경량화에 중요한 고체 Li^6D 활용과 생산을 중요시하지 못했기 때문이기도 하다. 미국은 Li^6를 원자로에서 T를 생산하는 용도로 많이 사용하였고, 이를 직접 핵무기에 사용하는 방안은 후에 추진했다.

최종적으로는 양국 모두 X선 복사압축에 의한 2단 형상의 수소탄 개발에 집중하게 되었다. 그러나 초기에 미국이 원통형인 것에 비해, 소련은 구형을 사용해 차이를 보였고, 후에 미국이 소련의 형식을 채용하였다. 개발 국가의 보유자원과 목표, 지도자와 개발자, 실전운용 상황 등에 따라 중간 단계에서의 기술개발 경로를 달리할 수 있는 것이다.

미국이 "슈퍼"로부터 수소탄으로 가는 경로를 여러 가지 실험한 것에 비해, 소련은 단순하게 빨리 가는 경로를 선택하였다. 미국이 선택한 경로가 항상 좋은 것은 아니었다는 것이다. 핵무기는 고도로 통제된 정보 아래에서, 정치적 목표가 유사한 국가들에게만 제한적으로 전파된다. 따라서 사회주의 국가들끼리의 기술개발 경로의존성이 존재하게 된다. 현대 사회에서는 여러 나라들이 채택한 기술개발 경로를 벤치마킹하면서 더 좋은 경로를 찾을 수 있다.

1-7 소련, 러시아의 우라늄 농축기술 개발경로

우라늄탄을 개발하려면, 천연 우라늄의 0.7% 정도인 U^{235} 농도를 90% 이상으로 농축해야 한다. 대표적인 우라늄 농축 방법에는 기체확산법과 원심분리법이 있다. 잘 알려진 대로 원심분리법은 전력 소비가 적고 효율이 좋아 기체확산법보다 월등하게 경제적이다. 그러나 역사적으로 보면 기체확산법이 먼저 도입되고, 점진적으로 원심분리법으로 이전하는 경향이 나타난다. 원심분리법의 기술 요구가 높고, 고성능 재료 개발에도 상당한 어려움이 있기 때문이다.

이 안에서도 소련과 미국의 기술개발 경로에 커다란 차이가 나타난다. 초기에는 미국과 소련 모두 기체확산법에 의존했지만, 미국이 대규모 공장을 세워 이에 거의 전적으로 의존한 반면, 소련은 1950년대에 미국보다 먼저 원심분리법을 개발해 신속하게 공정을 전환했다. 미국은 2000년대에 들어와서야 원심분리기 공장을 건설했다.

소련은 1930년대 중반부터 원심분리기 연구를 시작하였고, 제2차 세계대전 후에는 독일 전문가들을 이주시켜 강력한 연구집단을 형성하였다. 여기에 큰 기여를 한 과학자가 독일에서 온 지페(Gernot Zippe, 1917~2008)였다. 소련은 그에게 1953년에 개발한 로터 길이 45cm의 소형 원심분리기 분리효율을 15%로 높이면 귀국을 허용한다고 하였다. 이에 지페가 빠르게 30%를 넘어서는 기술을 개발하였고, 1956년에 귀국길에 올랐다.[•]

소련은 소형이면서 분리 효율이 높고 수명이 긴 원심분리기를 개발하는 데 주력하였다. 소형 원심분리기는 분리 효율이 낮지만, 대형에 대비해 대규모 공장 건설 경비가 적게 들고 운영이 간편하며, 환경오염과 전력 소모가 적고 효율이 좋은 장점이 있다.

• Zippe(2000.7.24-28), "Development and status of gas centrifuge technology", Proc. 7th Workshop on Separation Phenomena in Liquids and Gases, Moscow, Russia, pp.35-53.

또한 공장 규모를 필요에 따라 유연하게 확대하거나 축소할 수 있어, 수요가 적은 개발도상국들도 쉽게 설치, 운영할 수 있다.

초기 성과를 토대로 소련은 세계 최초로 원심분리에 의한 우라늄 농축공장을 건설하였다. 아울러, 가장 먼저 기체확산법을 원심분리법으로 전환하여, 미국이나 프랑스보다 크게 저렴한 가격으로 농축 우라늄을 공급하였다. 이후 로터 소재를 60년대의 알루미늄합금에서 유리섬유복합재료와 탄소섬유복합재료로 전환하면서 회전속도를 높이고, 분리 능력을 지속적으로 제고했다.

각 요소별로 신기술을 적용한 후세대 원심분리기도 지속적으로

표 1-1 **소련, 러시아의 원심분리기 개발 경과**[●]

구분	개발 연도	생산능력 (kgSWU/a)	에너지 소모 (kWh/SWU)	선속도 (m/s)	비고
시제	1952~1955	0.4~0.6		320	초기 시제
1세대	1955생산	0.8		340	Al합금 로터
2세대	1962	1.1		360	다층구조 채택
3세대	1962~1963	1.7	180	425	상하단 강화재료
4세대	1966~1970	2.2	120	475	로터상부 강화재료
5세대	1970	2.7	100	530	수명 30년
6세대	1972	3.6	76	580	수명 30년
7세대	1978	5.6	54	610	분리능력 5세대의 2배
8세대	1997	6.8	50	670	분리능력 6세대의 2배
9세대	2004	10.7	30	700	탄소섬유 로터
10세대	2007	26.8	28	782	탄소섬유 로터

주: 제9세대는 제1세대초임계, 10세대는 제2대초임계, 11세대는 제3세대초임계

● 席學武(2015), 鵝羅斯的離心分離技術, 中國原子能出版社, p.21

개발하였다. 먼저, 자국의 공업발전 정도에 따라 로터 길이가 짧은 아임계(亞臨界) 원심분리기를 개발하여, 1990년대 말까지 8세대의 개량 모델을 선보였다. 이는 구조가 간단하고 생산 단가가 저렴하며, 고장율 0.1%/년에 사용수명 30년으로 신뢰성이 상당히 높다고 한다.

1990년대의 체제 전환으로 상당한 어려움과 구조조정을 겪었으나, 중국 등의 원심분리기 수출을 통해 수익 구조를 개선하였다. 2000년대 이후에는 아임계 원심분리기를 개선해 초임계 원심분리기를 개발하고, 이를 지속적으로 개량해 나가고 있다. 소련은 원심분리기를 60년 이상 운영해 본 경험으로, 생산설비 공급이 안정적이고 가격이 낮은 원심분리기를 공급한다고 전해진다.

1-8 미국의 우라늄 농축 경로●

미국의 우라늄 농축은 맨해튼계획과 함께 본격화되었다. 과학자들은 당시에 거론되던 기체확산법과 원심분리법, 전자기법 등을 모두 검토한 후, 초기 수요를 전자기법으로 생산하면서, 대량생산이 가능한 기체확산법에 주력하기로 결정했다. 원심분리법은 당시까지 관련 기술이 성숙하지 않아, 시급한 생산 수요를 충족

● Steven Aftergood and Frank N. von Hippel(2007), "The U.S. Highly Enriched Uranium Declaration : Transparency Deferred but Not Denied", Nonproliferation Review, 14(1), pp.149-161. The U.S. Nuclear Sector and USW(2013), "History of U.S. Uranium Enrichment"

할 수 없었기 때문이었다.

이에 계획에 따라 테네시 주의 오크리지(Oak Ridge)에 대규모 기체확산법 농축공장을 건설하고 생산을 시작하였다. 이후 소련이 첫 원자탄 실험에 성공하자, 1952년에 오하이오 주의 파두카(Paducah)와 파이크톤(Piketon)에 대규모 공장을 추가로 건설했다.

미국은 1960년에 원심분리법의 기술적 가능성과 우수한 경제성, 소련의 연구 성과를 인지하였다. 그러나 이미 구축한 대규모 기체확산법 생산 공장과 냉전 상황에서의 시급한 HEU 생산 수요로 인해, 원심분리법 연구를 본격화할 수 없었다. 냉전 상황에서 한 번 선정된 기술개발 경로가 고착되고, 더 좋은 기술의 선택을 방해한 것이다.

이는 미국의 HEU 생산 경과로부터도 확인할 수 있다. 미국은 1951년까지 연간 1~2Mt의 HEU를 생산하다가 50년대 말에 소련과의 냉전 구도가 격화하면서 급속히 증가하여, 1961년에는 86Mt에 도달하였다.* 군인 출신인 아이젠하워(Dwight Eisenhower, 1890~1969) 대통령 재임 시기에 크게 증가한 것이다. 이는 약 7,000개의 핵탄두를 생산할 수 있는 양이었다.

이러한 경향은 1964년에 존슨(Lyndon Johnson, 1908~1973) 대통령이 무기급 HEU 생산의 감축을 추진하면서 크게 변화되었다. 순차적으로 원자탄용 HEU 생산이 중단되고, 기존 설비는 해군용 HEU와 상업 원자로용 저농축 우라늄(LEU) 생산으로 전환되었다. 90년대에는 러시아와의 핵무기 감축협상이 타결되고, 러시

● DOE(2006), "Highly Enriched Uranium [HEU]"

아의 HEU를 LEU로 전환해 미국이 수입하면서, 생산 수요가 더 크게 감축하였다.

2000년대에는 모든 기체확산법 공장의 가동을 중단하고, 유렌코(URENCO), 프랑스 아레바(Areva) 등과 합작해 원심분리기 공장을 건설하기 시작하였다. 유렌코의 기술이 소련에서 연구한 지페의 기술을 모태로 한다는 점에서, 미국도 소련의 원천기술을 도입했다고 볼 수 있다. 지페가 소련에서 귀국한 후에 유렌코의 설립과 기술개발에 커다란 기여를 한 때문이다. 따라서 현재 세계 우라늄 농축을 주도하는 기술에는 소련과 서구의 연구 성과가 같이 들어가 있다.

미국이 채택한 원심분리기는 길이가 12~15m에 이르는 대형으로, 소련이 채택한 소형 원심분리기와 차이를 보인다. 이는 미국이 첨단기술을 채택하면서, 단위 원심분리기당 분리 효율을 크게 높이려 했기 때문이다. 다만 길이가 증가하면 로터의 공진 현상을 방지하기 위해 여러 개의 벨로우즈(bellows)를 설치해야 한다. 이는 마찰용접 등의 극히 어려운 가공 기술을 적용해야 하므로, 개발도상국들이 쉽게 도전하기 어렵다.

1-9 미국과 소련의 우라늄 농축기술 경로 특성

미국과 소련 모두 초기에는 기체확산법에 의한 우라늄 농축을 추진했으나, 원심분리법 개발과 적용에는 상당한 차이를 보인다. 미국은 오랫동안 대규모 기체 확산 공장에 의존하였고, 냉전 시기에 대량생산에 치중하면서 원심분리법 등의 우수한 기술 채택이 지연되었다.

이에 비해 소련은 옛 독일에서 지페 등의 우수한 전문가들을 이전시켜 미국보다 빠르게 원심분리법을 개발하였고, 이를 지속적으로 개량하였다. 후에 지페가 귀국하여 유렌코 설립에 기여했으며, 이 기술의 일부가 미국으로 이전되면서 원심분리기를 본격 가동하게 되었다.

다만, 채택한 세부 기술과 장비에는 커다란 차이가 있다. 미국은 길이 12~15m의 대형 로터를 가지는 초임계 원심분리기를 설치하였고, 소련은 2m 이하의 작은 분리기를 다층으로 설치하였다. 파키스탄과 이란의 원심분리기는 소련의 기술을 토대로 개발한 유렌코 초기 형태로서, 양자의 중간 정도이다. 기기당 성능은 첨단기술을 적용한 미국이 우수하지만, 동일 공간 생산능력은 소련이 미국보다 크고 운용성이 좋아 경제성도 앞선다고 한다.

서구와 러시아 양쪽의 설비를 모두 검토한 중국 전문가의 분석에 의하면, 러시아 원심분리기의 경제성이 유럽과 대등하고 미국보다 우수하다고 한다. 여기에 러시아의 신형 원심분리기 개발과 현장 투입 상황까지 고려하면, 러시아 원심분리기의 경제성이 유럽보다 높다고 한다.

우라늄 농축을 위한 원심분리 기술은 이미 성숙 단계에 진입해, 신소재와 생산 공법, 운용 기술이 본궤도에 오르고 있다. 이제는 개발 중점이 경제성과 신뢰성, 수명으로 전환한 것이다. 최근의 세계적인 에너지 공급구조 개편 와중에서 염가의 우라늄 원료 공급이 중요해지고 있으므로, 원심분리기 기술개발도 이런 특성이 더욱 크게 반영될 것이다.

1-10 소형 전술핵 개발과 미·소 경로 차이의 누적 효과

미국과 소련의 핵무기 개발경로 차이는 소형 전술핵에서도 나타난다. 초기에 개발된 원자탄과 수소탄은 크기가 상당해 투발(投發) 수단이 제한되고, 폭발위력이 너무 커 실제 사용할 때, 참혹한 피해와 후유증, 국제적 비난을 받기에 충분하였다. 이에 크기와 폭발위력을 줄여, 민간인 피해와 방사능 오염지대를 줄이면서 다양한 투발 수단을 사용할 수 있는 방법을 찾게 되었다.

이에 따라 소형 전술핵들이 개발되고 사용 군종도 공군의 항공폭탄과 미사일에서 육군의 야포와 로켓, 지뢰, 해군의 폭뢰와 어뢰, 기뢰 등으로 다변화하였다. 핵무기 소형화에도 다양한 기술들이 사용되었다. 많이 사용하는 방법은 1)기폭장치 개량, 2)고성능 폭약 사용, 3)복합피트 채용, 4)핵융합물질 첨가 등이다.

먼저 기존의 구(圓)형 내폭식 기폭장치를 원기둥형이나 유선형으로 교체하였다. 이는 당시의 재래식 탄두 대부분이 유선형이어서, 구(圓)형의 초기 내폭식 핵탄두를 채택하기 위해 직경을 줄인 것이다. 기계전자기술에서 앞선 미국은 선도적으로 Linear implosion, Two point Implosion 등의 가늘고 긴 소형 기폭장치를 개발해 야포와 미사일 등에 채택하였다. 여기에 사용한 베릴륨(Beryllium) 탬퍼(tamper)는 균일한 압축을 돕고 내부에서 발생하는 중성자를 반사해 폭발 효율을 높이는 작용을 한다.

기폭장치 크기가 줄어들면서 기존의 폭약으로는 핵물질을 충분히 압축할 수 없었다. 이에 폭발위력과 속도가 큰 DATB(1,3-diamino-2,4,6-trinitrobenzene), TATB(2,4,6-triamino-1,3,5-trinitrobenzene) 등의 고성능 폭약을 사용해, 총 사용량을 줄이게 되었다. 근래에는 화재와 충격 등에 덜 민감하면서 특정 신호에서 폭발하는 둔감화약으로 교체하고 있다.

고농축우라늄(HEU)을 단독으로 사용하는 원자탄 피트를 Pu와 혼용하는 Pu/HEU 복합(composite) 피트로 교체하는 방법도 사용하였다. 중성자 발생 효율이 좋은 Pu 외부를 HEU로 둘러싸 핵물질 사용량과 크기를 줄이고, 동시에 Pu의 자발핵분열 위험도 감소하는 방법이다. 일례로 1949년부터 생산된 미국의 Mark-4 원자탄 일부에는 2.5kg의 Pu와 5kg의 HEU로 구성된 복합피트를 채택하였다. 복합피트는 상업용 원자로에서 추출해 Pu^{240} 함량이 높은 Pu도 사용할 수 있다는 장점이 있다.

그림 1-4 **Two point implosion**

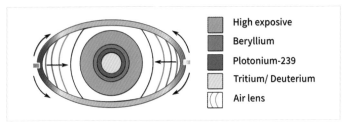

핵융합물질인 중수소(D)와 삼중수소(T), 특히 T를 소량 첨가해 부분 핵융합을 일으키는 방법은 미국이 가장 효과적으로 사용하는 핵탄두 소형화 방법이다. Two point implosion 등의 소형 기폭장치에도 D, T를 첨가해, 핵분열 효율과 폭발위력을 높이면서 소형화에 따른 미폭발 위험을 줄이는 것이다. 이 방법은 표준 기폭장치의 핵융합물질 사용량 변화로 폭발위력을 다양하게 조절할 수 있고, 수소탄 소형화도 촉진할 수 있다는 장점이 있다.

다만, 이 방법은 고가인 T 사용량이 상당히 단점이 있다. 원자로에서 생산하는 T는 1g에 수천만 원을 호가하는 고가인데다 반감기가 12.3년으로 짧아 주기적으로 교체해 주어야 한다. 기술과 경제력이 월등하고 수많은 원자로를 가동하는 미국이 T 사용을 통한 핵탄두 소형화에서 소련을 앞선 것도 이 때문이다. 소련은 원자로 수량이 적고 일반 수소탄에서도 고가의 T 대신 염가인 Li^{6}D에 주력했으므로, 이 방법 채택에 어려움을 겪었다.

결국 수소탄 개발에서 나타난 미국과 소련의 개발경로 차이가 소형 전술핵으로 전이되어, 양국의 우열이 바뀌었다. 미국이 오랫동안 소형 전술핵과 이를 사용하는 단/중거리 미사일 전력에서 소련을 앞선 것도 이 때문이다. 다만, 1987년에 체결된 미·소 단/중거리 미사일 폐기협정으로 미국의 퍼싱-2 미사일과 육상 토마호크 순항미사일 등이 퇴역하면서 이러한 우위가 희석되었다. 최근에는 러시아와 중국이 단/중거리 미사일을 확장하고, 미국이 이에 대응하고 있다.

1-11 중성자탄 개발과 미국, 소련의 경로 차이

소형 전술핵에서 한 걸음 더 나아간 것이 중성자탄이다. 중성자탄은 핵융합 반응을 통해 중성자 발생 효율을 극대화한 것으로, 수소탄 개발 능력을 보유한 국가들은 단기간에 쉽게 개발할 수 있다. 수소탄과의 차이로는 1)핵물질로 HEU보다는 Pu를 사용하고, 2)핵융합물질로 고체 Li 대신 기체 D와 T를 사용하며, 3)수소탄의 외피에 많이 사용하는 감손우라늄 대신 베릴륨(Be)을 사용하는 것 등이다.

Pu를 사용하는 것은 HEU 보다 중성자 발생효율이 좋은 까닭이다. Li은 중성자를 흡수해 T를 발생시키면서 많은 중성자를 사용하게 된다. 따라서 중성자 발생량이 중요한 중성자탄에서는 고체 Li을 사용하지 않는다. 외피에 감손우라늄을 쓰면 고속중성자를 흡수해 핵분열에 가담하므로, 중성자탄에는 사용하지 않는다.* Be은 고속중성자 흡수가 아주 적고 결합하면 다시 2개의 고속중성자를 방출하며, D와 결합해 T를 생성하므로 중성자탄의 성능 개선에 유리하다.

중성자탄의 사용 목적과 생산 원가, 유지보수 비용 등에서는 미국과 소련의 입장 차이가 상당히 컸다. 이를 먼저 고안한 것은 유럽 전선에서 소련의 대규모 기갑부대를 상대하게 된 미국과

● 고속중성자는 운동에너지가 0.5MeV 이상인 중성자로서, 일반 원자탄에서는 분열하지 않는 U^{238}도 분열시킬 수 있다.

NATO 회원국이다. 소련 기갑부대가 독일 영토로 진격할 때 일반 원자탄을 쓰면, 수많은 민간인들이 피해를 입고, 막대한 방사능 오염지대를 형성하게 된다. 이에 소형 수소탄의 핵융합 반응으로 중성자 발생을 극대화하면서 충격파와 방사능 낙진 피해를 최소화하는 방안을 생각하게 되었다.

이렇게 개발된 중성자탄은, 수소탄의 1단 기폭용 원자탄을 극단적으로 소형화해 핵분열 에너지를 줄이고 핵융합 에너지도 최대한 중성자로 방출되도록 한 것이다. 중성자는 전차를 감싼 강철 등의 중금속 투과 능력이 우수하다. 따라서 폭발 고도를 적당히 높이면 건물과 낙진 피해가 거의 없이 전차 승무원과 전자 장치만을 파괴할 수 있고, 이 효과가 오래 지속되지 않으므로 짧은 시간 내에 진입해 점령할 수 있다.

중성자탄의 최대 약점은 위력을 크게 할 수 없다는 것이다. 미국이 1970년대에 개발한 1kt 중성자탄을 90m 고도에서 폭발시키면 충격파와 방사능 오염지대 형성이 반경 180m 정도에 그치고, 중성자가 30cm 철판을 투과해 내부 인명을 살상하는 거리는 800m에 달한다. 그러나 위력이 10kt를 넘어서면 충격파와 광복사(光輻射) 살상 거리가 중성자 살상 거리를 넘어서게 된다. 따라서 일반적으로 중성자탄은 1~3kt 정도로 생산, 배치한다.

중성자탄의 살상 거리가 짧으므로, 대규모 기갑부대를 상대하기 위해 상당히 많은 양을 배치해야 한다. 미국은 단거리 랜스 미사일과 8inch 곡사포, 155mm 곡사포 등에서 운용할 수 있는 중성자탄을 대량으로 생산해, 유럽 전선 등의 야전군에 배치하였다. 이에 소련은 기갑부대를 넓게 분산시켜 전진하는 전략을 채택하기도 하였다.

중성자탄의 또 다른 약점은 고가인 T 사용량이 상당히 많다는 것이다. 1kt 위력의 중성자탄 생산에 약 13g의 T가 사용되었는데, 앞에서 설명한 것 같이, T는 생산이 어렵고 고가인데다 반감기가 짧아 주기적으로 교체해 주어야만 했다. 기술과 자본력이 우수한 미국은 이를 극복하고 실전 배치한 후, 시설 파괴와 민간인 피해 및 방사능 오염을 줄인 획기적인 무기라고 선전하였다.

소련은 상황이 달랐다. 소련은 일반 수소탄에서도 고가의 T 대신 염가인 Li^{6}D에 주력했으므로, 중성자탄을 개발하고도 실전배치를 하지 못했다. 미국의 선전에 대응해 소련이 "중성자탄은 자본주의 폭탄"이라고 비난한 것도 이 때문이다. 중국도 1980년대에 중성자탄을 개발하고 폭발실험도 했으나, 실전배치는 하지 않았다.

1-12 원자력 주기와 핵무기 개발경로의 차이

원자력 주기와 핵무기 개발경로를 주의 깊게 살펴보면, 모두 5개의 주요 핵무기 생산 경로를 구분해 낼 수 있다. 즉, 1)천연우라늄을 기체확산법으로 농축해 얻는 HEU 원자탄, 2)천연우라늄을 원심분리법으로 농축해 얻는 HEU 원자탄, 3)우라늄을 원자로에서 태워 얻는 Pu 기반의 원자탄, 4)리튬을 원자로에서 분열시켜 T를 얻고 이것과 Li^6를 같이 활용하는 증폭탄이나 수소탄, 5)Li^6를 농축하고 D와 반응시켜 Li^6D를 만들어 사용하는 증폭형이나 수소탄이다.

이를 주요 핵무기 보유국들의 기술개발 경로에 적용할 수 있다. 먼저, 자원이 풍부하고 원자로 수량이 많은 미국은 경로 1)과 3)을 기반으로 하는 원자탄과, 경로 4)를 기반으로 하는 증폭탄, 수소탄에 집중하였다. 근래에는 에너지 소모가 극심한 기체확산법을 경제적인 원심분리법으로 바꾸어, 경로 1)을 경로 2)로 전환하고 있다. 경로 5)는 상대적으로 소홀히 하였다.

경제력이 취약하고 원자로 수가 적은 소련은 핵무기 개발 초기에 경로 2)를 제외한 나머지를 모두 시험하다가, 원심분리기 기술 진보와 경제성, 대량생산 가능성, 야전에서의 운용 편이성 등을 고려해 신속하게 경로를 수정하였다. 즉 원자탄은 원심분리법에 의존하는 경로 2)에 치중하고, 증폭탄과 수소탄은 Li^6D를 기반으로 하는 염가형의 경로 5)와 T를 같이 사용하는 고가형의 경로 4)를 병행하였다. 고가인 중성자탄은 배치하지 않았다.

미국과 소련의 주요 차이는 핵분열탄(원자탄)과 핵융합탄(증폭탄, 수소탄) 양방향에서 하나씩 나타난다. 먼저 원자탄에서는 원심분리법의 도입 시기에 커다란 차이가 있다. 미국이 오랫동안 경로 1)의 기체확산법에 의존한 반면, 소련은 이른 시기에 경제성이 뛰어난 원심분리법 개발에 성공하고 경로 2)로 전환하였다. 원심분리법의 경제성은 확실하게 입증되고 있으므로, 미국도 근래에 이 경로로 전환하고 있다.

증폭탄과 수소탄 개발 경로에서의 차이는 좀 더 확연하다. 미국은 풍부한 자원과 기술력을 바탕으로 폭발 효율이 좋은 T를 생산하고, 이를 적용해 위력이 큰 수소탄을 개발하였다. 즉, 경로 4)에 집중하고 경로 5)는 상대적으로 소홀히 하였다. 반면 소련은 T 대신 경제성과 야전운용 편이성이 우수한 고체상태 Li^6D에 주목하였다. 즉, 경로 5)에 집중하면서 경로 4)를 병행하였다. 미국과 달리 소련이 중성자탄을 배치하지 않은 것도 T 생산과 사용에 제한이 있기 때문이었다.

그림 1-5 **원자력주기와 핵무기 개발경로**●

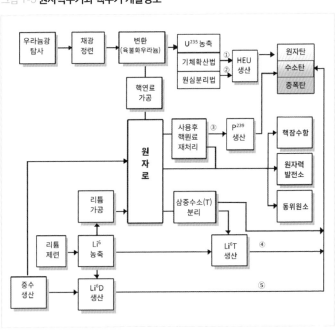

● 國防科學技術工業委員會(1999), "核能", 北京 : 宇航出版社, pp.26-27을 수정

이러한 특성은 원자탄의 다양한 발전과 용도 확장에서도 유사하게 나타난다. 원자탄의 발전 단계는, 1단계의 원자탄과 2단계의 수소탄, 3단계의 소형전술핵과 특수목적 수소탄 등으로 구분할 수 있다. 여기서 특수목적 수소탄은 특정 분야를 증강한 수소탄의 총칭으로, 위력, 순간 복사, X선 복사, 충격파, 지하관통 성능, 지향성 에너지 등을 강화한 수소탄 등이다. 실례로 X선 복사를 증강한 수소탄이 우주공간에서의 미사일 방어에 활용된 바 있다.

핵융합물질을 첨가한 소형 전술핵과 특수목적 수소탄은 T를 유연하게 효과적으로 활용하면서 특정 성능을 정밀하게 조절하는 특성이 있다. 따라서 미국은 T 사용을 선호하면서 상당히 많은 기술과 설비, 경험을 토대로 소형 전술핵과 수소탄을 개발하고 있다. 이에 비해 러시아는 T를 사용하는 소형 전술핵과 특수목적 원자탄의 개발과 경험에서 다소 뒤처진 듯하다. 이러한 경로 차이는 사회주의와 자본주의 핵개발 경로로 구분되어 동일 진영으로 확산되었다.

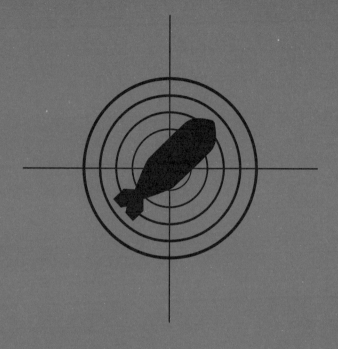

2장

___

경로 확산
– 중국의 핵무기 개발

중국 최초의 원자탄(좌)과 수소탄(우) 모형

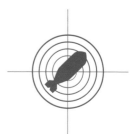

사회주의 핵기술 개발경로는 냉전 시기의 진영 논리와 협정, 공동연구소 등에 의해 여타 국가로 확산되었다. 대표적인 공동연구소인 연합핵연구소(JINR, 간칭 드부나연구소)는 1956년 3월 26일에 모스크바에서 중국과 북한을 포함한 12개 사회주의 국가들이 모여 창립하였다. 설립 목적은 협력 강화, 지식 창출, 신기술 이전, 교육훈련과 지식 전파 등이었고, 각 회원국의 과학자들이 함께 공동연구를 수행하였다. 산하 연구소에는 이론물리와 입자물리, 핵반응, 고에너지, 중성자 물리, 방사, 정보 등 핵무기 개발에 필요한 기초 학문들이 대부분 포함되었다.

중국은 중소관계 악화로 철수하기 전까지 수년간 200여 명의 전문가들을 각 분야별로 JINR에 파견하여, 체계적으로 핵무기 개발경로와 관련 지식을 학습하였다. 파견에서 복귀한 학자들의 80% 이상을 핵무기 연구에 직접 투입해 개발 기간을 단축하였고, 핵무기 개발에 무엇이 필요한지를 파악해 필요 분야에 우선적으로 전문가들을 파견하였다. 이렇게 양성한 인력과 중소협정에 의한 소련의 지원에 힘입어, 중국이 사회주의 국가 두 번째의 핵무기 개발 국가가 되었다.

2-1 중국의 핵개발 동기

중국은 건국 직후 한국전쟁에 참전하면서 지속적으로 미국의 핵공격 위협을 받았고, 50년대 말 대만해협 충돌 시에도 핵위협을 받았다. 1969년에 소련과 국경에서 충돌했을 때는, 같은 사회주의 국가인 소련으로부터도 핵공격 위협을 받았다. 중국 정부가 핵무기 개발의 핵심 원인으로 미국 등의 핵공격 위협을 거론하는 것도 이 때문이다. 그러나 실질적인 중국 핵 개발의 기원은 이를 크게 앞선다. 마오쩌둥(毛澤東, 1893~1976)을 위시한 중국 지도자들은 사회주의 과학기술 대국으로서의 위상을 가지기 위해 일찍부터 핵무기 개발에 관심을 기울였다. 건국 초기에 해외 유학에서 귀국한 과학자 중에 세계적인 수준의 원자력 전문가들이 있었는데, 이들도 핵무기 개발을 건의하였다.*

소련도 강력한 개발 동기를 부여하였다. 1950년 마오쩌둥이 우호동맹 체결을 위해 소련을 방문했을 때, 스탈린(Iosif Stalin, 1879~1953)이 핵실험 기록영화를 보여 준 것이다. 마오는 이를 소련이 사회주의 종주국으로서의 위상을 과시하고 중국을 복속시키려는 시도로 보았다. 이에 귀국 열차에서 마오가 핵무기 개발 검토를 지시하였고, 곧바로 기반 구축에 들어가게 되었다.

● 1956년 말 기준으로 총 1,805명의 과학자가 해외에서 귀국하였다.

2-2 중국의 핵개발 프로젝트 출범

중국은 건국 초기부터 기존 국내 기간산업과 일제 시기 만주 지역에 건설된 중화학공업을 조정하여, 현대적인 방위산업을 육성하려 하였다. 핵무기 분야에서도 한국전쟁 직전인 1950년 5월 19일에 고급 과학자들을 모아 중국과학원 근대물리연구소를 창설하였고, 이듬해에 유명한 핵물리학자인 첸싼창(錢三强, 1913~1992)을 소장으로 임명하여 1978년까지 장기 재직하게 하였다.●

이 연구소는 이후 계속 확장하여 1953년에 중국과학원 물리연구소로, 1958년에 중국과학원 원자능연구소로, 1984년에 중국원자능과학연구원으로 개편하면서 오늘에 이르고 있다. 중국과학원 산하 연구소들은 장기적으로 핵무기 분야의 기초과학 연구와 인력 양성 등에서 커다란 기여를 하였다.

1953년에 첸싼창이 원자력사업 발전을 건의하였고, 1954년 10월에는 지질학자 리쓰광(李四光, 1889~1971)의 총괄하에 중국지질부가 장시성(江西省) 영역에서 경제성이 있는 우라늄 광석을 발견하였다. 이에 중국 정부가 핵무기 개발의 분명한 의지를 가지고 구체적인 방향과 절차를 수립하게 되었다. 이를 위해 가장 먼저 접촉한 것은 소련이었다.

● 첸싼창의 역할은, 역시 중국과학원 역학연구소 초대 소장으로 임명되어 장기 재직한 미사일 분야의 첸쉐썬(錢學森)과 유사하다.

그림 2-1 **중국이 최초로 채취한 우라늄 광석**

1954년 10월 3일, 건국 5주년 축하 사절로 중국을 방문한 후르시초프(Nikita Khrushchev, 1894~1971)와 정상회담에서 마오쩌둥이 핵무기 개발 지원을 요청하였다. 그러나 소련은 이를 완곡히 거절하면서, 엄청난 경비가 소요되니 중국이 이를 개발하기 어렵고 외국의 핵공격 시에는 소련이 도와주겠다고 하였다. 이에 중국이 자립의 길을 가면서 개발을 시작하게 되었다.

1955년 1월, 극비리에 개최된 중앙서기처 확대회의에서 원자력산업 건설과 발전을 결정하였다. 이는 실제적인 핵무기 개발을 최고 통치기관에서 결정한 것이었다. 이에 1955년 11월 16일에 핵공업을 총괄하는 제3기계공업부*설립을 결정하였다. 당시에 수립되던 중국 최초의 중장기 과학기술계획인 "1956~1967년 과학기술발전 원경(远景)계획 요강(간칭 12년계획)"에도 "원자에너지의 이용"이 최우선 순위를 차지하면서, 정부의 집중적인 지

● 1958년 2월에 개편되면서 제2기계공업부로 명칭이 변경되었다.

원을 받게 되었다.

2-3 연합핵연구소(드부나연구소) 참여와 핵무기 개발 활용

사회주의 핵기술 개발경로는 냉전시기의 진영논리와 협력 협정, 공동연구소 등에 의해 여타 국가로 확산되었다. 대표적인 공동연구소인 JINR(약칭 드부나연구소)는 1956년 3월 26일에 모스크바에서 중국과 북한을 포함한 12개 사회주의국가들이 모여 창립하였다. 설립 목적은 협력 강화, 지식 창출, 신기술 이전, 교육훈련과 지식 전파 등이었고, 회원국들로부터 온 과학자들과 함께 공동연구를 수행하였다. 산하 연구소에는 이론 물리와 입자 물리, 핵반응, 고에너지, 중성자 물리, 방사, 정보 등 핵무기 개발에 필요한 기초 학문이 대부분 포함되었다.

중국은 중소 관계 악화로 철수하기 전까지 수년간 200여 명의 전문가들을 각 분야 별로 JINR에 파견하여, 체계적으로 핵무기 개발경로와 관련 지식을 학습하였다. 파견에서 복귀한 학자들의 80% 이상을 핵무기 연구에 직접 투입하여 개발 기간을 단축하였고, 핵무기 개발에 무엇이 필요한지를 파악해 필요 분야에 우선적으로 전문가들을 파견하였다. 이렇게 양성된 전문 인력과 중소협정에 의한 소련의 지원에 힘입어, 중국이 사회주의 국가 두 번째의 핵개발 국가가 될 수 있었다.

2-4 소련의 지원과 기반 구축

중국의 원자탄 개발은 소련의 대대적인 지원과 자주적인 노력, 후발국의 우세가 어우러져 수행되었다. 1957년에 후르시초프가 스탈린을 격하하면서 사회주의 진영이 분열되자, 중국의 지지를 유도하면서 첨단무기 제공을 약속하였다. 이를 기회로 군사, 원자탄, 유도탄, 항공기, 무선통신의 5개 분야, 40여 명의 중국 대표단이 소련을 방문하였고, 10월 15일에는 양국이 "신무기, 군사기술장비 생산과 종합적인 원자력공업 육성에 관한 중소 협정(국방 신기술협정)"을 체결하였다.

이 협정에 원자탄 설계도와 모형, 관련 공장과 설비, 기술지원, 인력훈련을 포함하는 핵무기 개발 지원 프로그램이 포함되었다. 중국의 대 소련 유학생들도 크게 확대되면서 드부나연구소 등에 파견되었고, 2백 명이 넘는 소련 전문가들이 중국에 와서 핵공업 기반 구축을 지원하였다. 첸싼창은 소련의 핵무기연구소 전문가들로부터 원자탄 관련 고급 정보를 입수하였고, 1959년 6월에는 억류에서 풀려난 푹스를 동독에서 만나 설계 관련 정보를 입수했다고 한다.[*]

1958년 초, 제2기계공업부 산하에 핵무기연구소(베이징 제9연구소, 현재의 공정물리연구원)가 설립되고, 이론, 실험, 설계, 생산 4개 분야에서 총 13개의 실험실을 구축하였다. 5월부터는 칭하이성(青

● Hawkins, Houstin T.(2013), History of the Russian Nuclear Weapon Program, p.34.

海省)의 진인탄(金銀灘) 초원에 "원자탄연구개발기지(간칭 221창)"를 건설하고, 베이징의 핵무기연구소를 이곳으로 이전하면서 대규모 인력과 자원을 집중하였다.

이와 함께, 이른바 "5창(廠)3광(鑛) 건설계획"에 따라, 소련의 지원 아래 우라늄 처리공장, 핵연료 가공공장, 우라늄 농축공장, 각종 부품 생산 공장, 핵무기 생산기지(221창)의 5개 공장과 3곳의 우라늄광산이 건설되기 시작하였다. 원자로와 핵연료 생산, 농축 등의 전방위적인 핵무기 생산체계를 구축하기 시작한 것이다. 무기급 핵물질은 천연우라늄의 기체확산법에 의한 HEU 농축과 원자로에 의한 Pu 생산을 병행하였다.

2-5 자주적인 핵무기 개발로 전환

그러나 이런 협력은 오래가지 못했다. 중소관계 악화로 1959년 6월에 소련 정부가 대 중국 핵무기 협력 중단을 통보하고, 1960년 8월에 모든 소련 전문가들이 철수한 것이다. 이에 격분한 중국 지도부는 소련이 지원 중단을 통보한 날짜를 따서 자국의 원자탄 개발계획을 "596"으로 명명하고, 자력으로 기한 내에 원자탄을 개발할 것을 강력히 지시하였다.

그러나 자주 개발은 쉬운 일이 아니었다. 당시 란저우(蘭州)우라늄농축공장이 건설되고 기본 설비도 들어왔지만, 기체확산법 농축에 가장 중요한 분리막이 없었다. 무기급 Pu의 생산은 HEU

보다 쉽지만, 핵심 설비인 원자로 건설이 부지 정리와 바닥 콘크리트 주입 정도에 그쳤고, 사용 후 핵연료의 재처리방안도 확정되지 않았다. 건설 진도에서는 HEU 생산설비가 더 빨랐지만, 기술적 어려움은 Pu보다 컸던 것이다.

이에 제2기계공업부의 고위층과 과학자들이 논의해 HEU 농축공장을 먼저 건설할 것을 결정하고, 여기에 필요한 분리막 개발에 전력을 집중하였다. 분리막 개발에는 분말야금과 기계가공, 금속부식 등의 핵심 기술이 필요했다. 당시 이 분야에서는 중국과학원 산하 상하이(上海)야금연구소가 가장 기술수준이 높았으므로, 원자능(原子能)연구소와 선양(瀋陽)금속연구소, 푸단(復旦)대학의 고급 과학기술자 50여 명을 여기로 이동시켜, 분리막을 집중적으로 개발하도록 하였다.

모든 것이 처음이고 기반이 없었으므로, 연구소와 기업을 뚜렷이 구분하지 않고 둘을 결합하는 방법을 사용하였다. 중국과학원이 산하 연구소들에 중간시험을 위한 소형 공장들을 건설하였고, 핵무기를 개발하는 제2기계공업부에서도 유사한 조치를 취했다. 이에 따라 핵무기연구소는 원료의 생산과 핵무기 이론 설계, 생산을 모두 포괄하는 연구소 겸 기업이 되었다.

우라늄 농축과 함께 Pu 생산 라인도 완전히 포기하지 않고, 관련 연구를 지속하였다. HEU 생산을 우선 추진하면서 Pu 생산에 필요한 기술도 축적한 것이다. 이러한 노력을 거쳐, 1962년 말에 기체확산법에 의한 HEU 생산과 원자탄 설계에 필요한 핵심 기술을 개발하는 데 성공하게 된다.

2-6 중앙전문위원회의 설립과 종합 조정

원자탄 개발이 본격화하면서 중앙정부 차원의 관리를 강화하고 효율적으로 업무를 추진하기 위해, 1962년 11월 7일에 "15인 전문위원회"가 구성되었다. 국정을 총괄하는 저우언라이(周恩來, 1898~1976) 총리를 위원장으로 하고, 7명의 부총리와 관련 7개 부의 장관이 위원이 되었다. 주요 임무는 원자력산업의 발전과 원자탄 개발에 관한 협력과 통일적인 관리였다.

이후 1965년 2월의 전문위원회 제10차 회의에서 양탄결합(원자탄과 유도탄의 결합, 즉 유도탄 탑재 원자탄)이 논의되면서, 유도탄과 인공위성 관련 5개 부의 부장(장관)과 국가계획위원회 제1부주임을 추가해 21명이 되었고, 명칭도 "중공중앙 전문위원회(간칭 중앙전위)"로 개칭하였다. 수소탄 개발이 본격화된 1967년 5월에는 유도탄 분야 핵심 과학자인 첸쉐썬(錢學森, 1911~2009)도 정식 위원이 되었다.

당시의 전문부서 부장(장관) 상당수가 해당 분야의 과학기술 전문가였으므로, 이 위원회는 수요자인 군과 무기를 개발하는 과학기술자, 최고 행정책임자를 망라한 기구였다. 따라서 중앙전위는 강력한 정책 결정과 조직, 집행력을 보유한, 당시 국방 첨단무기 개발의 최고 의사결정 기구가 되었다.

이 회의는 상당히 민주적이고 과학기술자들의 의견을 존중하면서 효율적으로 업무를 추진했다고 한다. 첸쉐썬은 훗날 "미국

캘리포니아공과대학에서 폰 카르만이 주재하는 학술회의와 인민대회당에서 저우언라이 총리가 주재하던 이 중앙전위 참가가 가장 행복했던 시기였고, 이 회의들은 민주적이면서 창의적 사고도 활발했다."라고 회고한 바 있다.

2-7 국가계획 수립과 개발경로 선택

자주적인 개발이 본격화되자, 1962년 9월에 제2기계공업부에서 "1963~1964년 원자무기, 공업건설, 생산계획 대강(약칭 양년 계획(兩年計劃))"을 제정하였다. 이 계획은 "자원집중과 돌파를 통해 가능한 한 1964년 내에, 늦어도 1965년 상반기까지는 최초 원자탄을 폭발시킨다."는 계획으로, 마오쩌둥의 적극적인 지지를 받았다.

원자탄 개발경로를 채택한 것도 이때였다. 미국이 맨해튼계획에서 "HEU는 포신형 기폭장치, Pu는 내폭형 기폭장치"로 구분한 것과 다른 길을 간 것이다. 포신형은 핵물질을 압축해도 표면적이 크고 밀도가 낮아 핵분열 연쇄반응 확률이 낮다. 핵분열이 발생하면 급속히 팽창하므로, 아직 분열하지 못한 핵물질까지 확산되고 핵물질 이용률이 낮아진다. 히로시마에 투하된 원자탄도 HEU 60kg에 15kt 위력으로, 핵물질 이용률이 1.2%에 불과하였다.

이에 비해 내폭형은 전방향에서 핵물질을 압축해 밀도를 높이므로, 포신형보다 기폭에 유리하고 핵물질 이용률이 높아 원료를 절약할 수 있다. 따라서 중국은 HEU에 내폭형 기폭장치를 적용해, 적은 원료로 확실한 폭발을 일으키는 방안을 채택하였다. 구소련이 1949년의 최초 핵실험에 미국식 내폭형 기폭장치와 Pu를 사용했지만, 1951년의 두 번째 핵실험에는 내폭장치에 HEU를 사용한 것을 모방한 것이다.

중국의 핵무기연구소에서는 "고급 쟁취, 저급 준비"라는 방안을 수립하고, 효율이 좋은 내폭형을 집중적으로 개발하면서 동시에 포신형도 연구하였다. 산하 이론연구실은 덩자센(鄧稼先, 1924~1986)의 지도하에 내폭형 원자탄의 물리적 과정을 계산하였고, 저우광자오(周光召, 1929~)는 폭약의 최대 효율을 계산해 이론적으로 계산의 정확성을 입증하였다. 이를 중국과학원의 전자계산기를 이용해 정확히 산출하는데 성공했다.

이에 1963년 초에 베이징의 제9연구소 핵심 인력들이 원자탄 이론 설계를 끝내고, 칭하이 진인탄 초원의 핵무기 생산기지(221창)로 이전하여 본격적인 생산에 돌입하였다.* 1963년 11월에 육불화우라늄(UF₆) 생산에 성공하였고, 동년 12월에는 1/2 축소모형에 의한 중성자 발생 실험에 성공하였다.

1964년 1월에는 란저우(蘭州)농축공장에서 기체확산법에 의한 무기급 HEU가 양산되기 시작하였고, 주취안(酒泉)원자능연합기업에서도 핵무기 부품들이 생산되기 시작하였다. 5월에 칭하이성의 핵무기생산기지에서 원자탄 핵심 부품 개발이 완료되었고, 6월 6일에 핵연료를 장입하지 않은 기폭장치 폭발실험에 성공

● 단, 수소탄을 연구하는 이론부는 베이징에 잔류하였다.

하였다.

곧 원자폭탄이 완성되어 9월 28일에 칭하이 기지를 떠나 시험장으로 향했다. 첫 원자탄 이름은 치우샤오지에(邱小姐, 미국의 Fat Man처럼 보안을 위해 붙인 이름)로 하였고, 만일을 대비해 2발을 제작하면서 그 기호를 596-1과 596-2로 하였다. 핵장치는 기차로 이동하였고, 핵연료가 든 피트는 항공기로 이동하였다.

2-8 최초 핵폭발 실험 성공

원자탄이 완성되자 핵실험 방법이 논의되었다. 핵실험위원회가 설립되고, 산하에 제품설계, 장외시험, 중성자점화, 기폭장치실험의 4개 소위원회가 구성되었다. 저우언라이 총리는 중앙전문위원회를 소집해, 최초의 폭발실험에 철탑 폭발 방식을 사용할 것을 결정하였다.

곧 신장 위구르자치주의 Lop Nor(羅布泊) 사막에 102m 높이의 철탑을 세워 상단에 기폭실을 설치하고, 칭하이에서 기차로 운송한 중량 1,550kg의 폭탄을 엘리베이터로 올려 설치하였다. 폭발 효과 파악을 위해 주변에 다양한 무기와 시설, 동물들을 배치하고, 폭발 후에는 방사화학 등의 효과 분석을 수행하기로 하였다.

1964년 10월 16일 오전 8시부터 36개의 뇌관 삽입을 시작하였고, 15시 정각에 폭발에 성공하였다. 폭발 위력은 22kt였다. 당일 저녁 인민대회당에서 열린 마오쩌둥의 "동방홍" 가무단 접견

그림 2-2 **중국의 최초 원자탄 뇌관 삽입**

장에서 저우언라이 총리가 핵실험 성공을 발표하였고, 밤 22시에
는 중앙라디오방송국이 뉴스를 통해 "중국은 어떤 상황에서도
핵무기를 먼저 사용하지 않는다."는 내용의 성명을 발표하였다.

2-9 실전배치를 위한 항공폭탄과 미사일 탄두 개발

원자탄 개발이 진척되면서 제2기계공업부와 항공부, 전자부, 병
기부 등이 공동으로 이의 실전배치 연구를 병행하게 되었다. 먼
저 항공기 투하용 원자탄 개발에 착수해 1961년 10~11월에 서
북종합미사일실험기지에서 모의탄 공중투하 실험을 수행하였
고, 1962년 말에는 실측 모형의 공중투하 실험을 수행하였다.
1963년에는 핵무기연구소와 공군이 협력해 기폭제어장치 공중
실험을 수행하였다. 결국 1965년 5월 14일에 원자탄의 공중투
하 폭발실험에 성공하였다.

1964년 4월부터는 "양탄(원자탄과 유도탄)결합"을 본격 추진하기 시작하였다. 당시에 개발한 동풍2호(DF-2) 미사일에 핵탄두를 탑재하는 방안이었다. 이는 핵탄두 소형화와 미사일의 신뢰성 개선, 이상 발생 때 자폭장치 탑재 등을 포함했는데, 폭약 사용량을 줄이면서 위력이 12kt로 낮아졌다. 결국 1966년 10월 27일에 원자탄을 탑재한 동풍2호갑(DF-2A)의 실전 발사시험에 성공하였다.[*]

2-10 수소탄 개발경로 선택과 폭발실험 성공

원자탄 개발에 성공하자, 수소탄 개발이 가속화되었다. 그 시작은 상당히 빨랐다. 1960년 12월에 제2기계공업부에서 "핵무기 연구소에서 원자탄을 집중으로 개발하고, 차기 단계인 수소탄의 이론적 선행연구를 원자능연구소에서 시작할 것"을 제안하였다. 이에 원자능연구소에서 "중성자물리 지도팀"을 설립해, 첸싼창 소장의 지도하에 기초연구를 시작하게 되었다.

원자탄이 성공하자 마오쩌둥은 1965년 1월에 "원자탄도 필요하고, 수소탄도 빨리 보유해야 한다."라고 하면서, 조기 개발을 지시했다. 이에 동년 2월에 제2기계공업부가 중앙전문위원회에 "핵무기 발전을 가속화하기 위한 보고"를 제출해, 원자탄 무기화와 수소탄 개발을 병행할 것을 제안하였다. 원자탄 개발에 주력했

● 양탄결합과 폭발시험에 대한 상세한 설명은 필자의 저서인 이춘근(2020), "러시아를 넘어 미국에 도전하는 중국의 우주굴기", 지성사. 참조

던 핵무기연구소에서도 수소탄 연구에 큰 힘을 기울이게 되었다.

여기에서도 개발 경로에 대한 심층 토론이 벌어졌다. 중국은 후발국의 우세를 활용해, 제1장에서 소개한, 1950년대 미국과 소련의 수소탄 개발경로 차이를 파악하고 있었다. 특히 중국이 당시까지 삼중수소(T)를 본격 생산하지 못하고 있었으므로, 자연스럽게 소련이 택했던 고체 상태의 중수소화리튬6(Li^6D)에 주목하게 되었다. 이에 발 빠른 대처로, 1964년 9월에 바오터우(包頭) 핵연료공장에서 Li^6D를 생산하는 데 성공하였다.

먼저, 소련과 같이, 직접 수소탄으로 가지 않고 원자탄 둘레에 핵융합물질을 감싸는 슬로이카(Sloika) 형식의 증폭탄을 구상했다. 핵융합은 이론연구에 수많은 계산이 필요한데, 당시 중국에는 상하이화둥(上海華東)계산기연구소에 오직 한 대의 J501계산기(계산속도 5만차/초)가 있을 뿐이었다. 이에 1965년 9월에 위민(于敏)이 이끈 제9연구소 13연구실이 이 계산기로 한 달 만에 Li^6D가 포함된 증폭형 원자탄 모델의 최적화 설계를 완성하였다.

이어서 이를 토대로 하는 2단 수소탄 개발 경로를 채택하고, 100일간의 분석 계산과 반복적인 논증을 거쳐 수소탄의 기하학적 형태와 이론 설계를 완성하였다. 수소탄 개발의 두 가지 경로 중 하나였던 증폭형 원자탄을 학습해 핵융합의 원리를 파악하고, 이를 토대로 빠르게 수소탄을 개발한 것이다. 기체(D, T) 대신 고체 상태의 Li^6D를 핵융합원료를 사용하는 소련식 수소탄 개발 경로가 중국에서도 채택된 것을 알 수 있다.

결국 전문가들이 원자탄 폭발 이후 1년 만에 수소탄 이론 설계를 완성하였다. 1965년 12월, 제2기계공업부가 신장 핵실험기지에서 전문가회의를 개최해 덩자셴과 위민(于敏, 1926~) 등이 제안한 수소탄 설계방안을 수정, 보완하고, 1966년 말까지 공중투하 방식으로 실험할 것을 결정하였다.

이후 원자탄 개발 인력들이 대거 수소탄으로 이전하였고, 세부설계와 생산을 동시에 추진해, 1966년 12월 28일에 수소탄 원리장치 기폭실험에 성공하였다. 1967년 6월 17일에는 서북핵실험기지에서 3Mt 위력의 항공기 투하 수소탄 폭발실험에 성공하였다. 중국이 후발국 우세를 잘 이용했으므로, 원자탄에서 수소탄까지 걸린 시간은 2년 8개월에 불과하였다.

2-11 핵잠수함 개발

중국은 건국 이후의 최대 과학기술 성과로 양탄일성(兩彈一星)을 내세운다. 양탄은 원자탄과 수소탄 또는 원자탄과 유도탄을 말하고, 일성은 인공위성이다. 이밖에 원자력 분야에서는 양탄일정(兩彈一艇)을 언급하기도 한다. 이는 원자탄과 수소탄, 핵잠수함을 지칭하는 말이다. 원자탄 생산에 엄청난 어려움을 겪은 것처럼 중국의 핵잠수함 건조도 상당한 역경을 거쳤기에, 이를 동일선상에서 기념하려는 것이다.

1957년 10월, 소련의 기술이전을 받아, 상하이장난(上海江南) 조선소에서 중국 최초의 디젤 동력 613형 잠수함(W급, 중국의 03

형)을 생산하였다. 그러나 당시 소련은 제2세대 잠수함인 641형(F급, 1,800ton)과 N급 공격용핵잠수함, E급 순항미사일핵잠수함, H급 탄도미사일핵잠수함 등을 개발하고 있었다. 이에 중국이 1957년의 중소 국방신기술협력 협상 과정에서 소련에게 핵잠수함 건조 지원을 요청하였다.

소련이 이를 거절하자, 마오쩌둥이 "백만 년이 걸려도 핵잠수함을 만들라."라고 강력히 지시하였다. 이에 1958년부터 해군과 제2기계공업부가 연합해 핵잠수함 건설을 추진하게 되었다. 마침 소련에 파견되어 핵동력을 전공한 40여 명의 전문인력들이 동년 4월에 귀국하였고, 6월 13일에는 베이징에 건설된 중국 최초의 실험용 중수로가 임계에 도달하였다.

1958년 6월 27일에 핵과 미사일 개발을 주관하던 녜룽전(聂榮臻, 섭영진 1899~1992) 원수가 마오쩌둥에게 "탄도미사일 핵잠수함 개발에 관한 보고"를 올렸고 빠르게 비준되었다. 핵심 내용은 641형 디젤 잠수함 관련 자료를 토대로 1961년 10월 1일까지 2,500ton급 핵잠수함을 시험 생산하고, 이어서 5,000ton급 핵잠수함을 설계한다는 것이었다.

1958년 10월에 중국 대표단이 소련 레닌그라드 196조선소의 641형 잠수함과 고르키 조선소의 644형 잠수함(R급, 중국의 33형)을 참관하였고, 1959년에는 블라디보스톡에서 629형 탄도미사일잠수함(G급, 중국의 31형)을 참관하였다. 다만, 핵잠수함은 보여주지 않고, 원자력쇄빙선인 "레닌"호와 내부 원자로를 보여주면서 핵연료 관련 자료를 제공하였다.

소련이 쇄빙선인 레닌호의 원자로를 토대로 핵잠수함을 개발했으므로, 중국 전문가들은 이의 참관에 커다란 의미를 두었다. 참관 후의 학습을 거쳐 1959년 2월 4일에 양국이 "24협정"을 체결하였고, 여기에 소련이 중국에 629형 탄도미사일잠수함과 633형 중형어뢰잠수함, 잠대지 탄도미사일 관련 기술자료를 제공한다는 조항이 포함되었다.

1958년 10월에 핵잠수함 개발기관인 핵잠수함설계조(대외명칭은 조선기술연구실)와 핵동력설계조가 설립되었다. 핵잠수함설계조는 해군함선수리부와 제1기계공업부 선박공업관리국이 연합해 30여 명 규모로 출범하였다. 이들이 선체, 동력, 전기의 3개 과를 설치하고 "09"로 명명된 개발 프로젝트를 시작하였다. 곧 수많은 대학 졸업생들이 배치되었고, 연구조도 국방부 선박연구원(제7연구원)에 편입되어, 군대 편제를 가지게 되었다.

핵동력설계조는 제2기계공업부 설계원과 원자력연구소가 연합해 18명의 기술간부로 출범하였다. 산하에 생산로, 반응로, 회로, 자동공제, 측량 등의 조직을 설치하고 12호로 명명된 개발 프로젝트(후에 09호로 통합)를 시작하였다. 여기에도 대학 졸업생과 미사일 관련 연구원이 가세하였고, 1963년 10월에는 핵잠수함설계조와 합병하여 국방부 산하의 잠수함원자력동력공정연구소가 되었다.

단기간의 타당성 연구를 거친 후 중국이 소련에 "탄도미사일 핵잠수함 연구 설계 초안"을 보내 기술적 자문을 요청하였고, 1959년 4월 상순에 소련이 이에 대한 회신을 보냈다. 여기에는 잠수함의 배수량을 3,500ton에서 4,200ton으로 확장하고 수중 연속항해 기간을 120일에서 70~80일로 단축하며, 탄도미사일은 수직으로 발사해야 한다는 것들이 포함되었다.

단 당시 중국의 전문가와 설비가 부족해 핵잠수함에 대한 이해가 깊지 못했고, 미국과 소련에서도 비밀로 취급해 어려움을 겪었다. 당시의 대약진 구호에 따라 과도하게 낙관적인 계획을 세웠으나, 이후 여러 차례 조정되었다. 결국 국가 투자가 원자탄에 집중되면서, 핵잠수함은 일부 역량만을 남겨둔 채 1963년부터 3년간 중단되었다. 계획이 재개된 것은 핵실험 성공 이듬해인 1965년부터였다.

핵잠수함의 핵심 설비인 원자로 건설과 운영에 경험이 없었으므로, 먼저 지상에 동일한 원자로를 건설해 가동하면서 문제점을 개선한 후 잠수함에 탑재하려 하였다. 이에 1965년부터 쓰촨(四川)성 심산유곡에 시험용 원자로를 건설해 1970년 4월에 완공하였고, 동년 8월 말에 전면 가동에 성공하였다. 초기 원자로 핵연료는 3% 농축우라늄으로, 잠수함의 연료전환 주기가 상당히 짧았다.

이후 1979년 퇴역할 때까지 핵잠수함 가동을 상정한 각종 가동시험을 수행하였고, 이를 통해 원자로 운영 경험과 초기 설계의 문제점 개선, 각종 성능 지표 확인, 1,000여 명에 달하는 인력 양성, 관련 설비 연구 등의 성과를 축적하였다. 다만, 안전 가동의 상하한선 설정에 어려움을 겪었고, 문화대혁명의 와중에 지상 원자로와 핵잠수함 개발이 거의 동시에 추진되어, 지상 시험로 가동 경험이 핵잠수함 설계에 제대로 반영되지 못했다.

핵잠수함 생산도 본격화하였다. 선형과 유도탄, 항법 등은 소
련에서 이전받은 629형 재래식 탄도미사일잠수함을 모태로 하
고, 첨단기술 연구와 자력갱생을 병행하였다. 1966년 말에 다
롄(大連)조선소의 629형 잠수함 생산 인력들이 핵잠수함건조장
으로 이전하였고, 여타 조선소 관련 인력들도 대거 충원되었다.

표 2-1 **육상시험 원자로와 첫 번째 핵잠수함 개발 시간 비교**

	육상시험 원자로	첫 번째 핵잠수함
타당성 조사	1958년 7월	
개발 승인	1965년 3월	
기지 건설 착공	1965년 말	1968년(핵잠수함 기지)
프로젝트 논증	1965년 이전	1965년 5월 ~ 1965년 8월
프로젝트 설계	1965년	1965년 8월 ~ 1966년 6월
초안 설계(1단계 설계)	1965년 하반기	1966년 7월 ~ 1966년 12월
기술 설계(2단계 설계)	1966~1967년	1967년 8월 ~ 1968년 5월
시공설계	1968~1969년	1968년 ~ 1970년 6월
착공	1968년 1월	1968년 11월
설비 안장 및 조정	1969년 말 ~ 1970년 4월	1970년 4월 ~ 1971년 4월
비임계 가동시험	1970년 5월 ~ 1970년 7월 (6월 하순 장전; 6월 28일 냉각 임계도달; 6월 30일 고온임계 도달)	1971년 4월 ~ 1971년 8월 (부두 정박시험; 4월 말 장전; 5월 냉각임계도달; 6월 고온임계도달)
원자로출력 향상 시작	1970년 7월 25일 (26일 발전기 전력공급)	1971년 7월 1일 원자력발전 출력 향상, 1971년 8월~1972년 4월 시험운행
첫 최고출력도달	1970년 8월 30일	1988년(수중고속운전시험)
퇴역	1981년	2000년

1969년에는 목재와 금속, 플라스틱으로 실제 크기의 모형 잠수함을 만들어 내부 설비와 케이블을 안장하는 시험을 하였다.

1968년 5월부터 실제 핵잠수함 건조에 착수해, 1970년 4월에 외형을 완성하고 설비 안장을 시작하였다. 1970년 12월 26일에 중국 최초의 어뢰공격형핵잠수함(한급)을 진수하고, 1971년 4월 1일부터 7월 1일까지 정박 상태에서의 가동시험(최초 임계)을 실시하였다.

1971년 8월 23일부터 항해 시험에 진입하였다. 다만, 9월 13일에 "린뱌오(林彪, 1907~1971) 반란 사건"이 발생하고, 문화대혁명 와중에 설비고장이 속출하였으며, 증기발생기와 배관 파손 등으로 승무원이 고온과 강한 방사선에 노출되는 사고를 겪었다. 부식과 증기발생기 균열에 의한 증기 누출, 밸브와 응축기, 감속기어 등에서의 결함, 재료 선정과 정밀설계, 용접 가공 등에서의 한계도 자주 노출되었다.

핵잠수함 건조에 따라 1969년 7월에 36명으로 구성된 부대가 창설되었고, 1974년까지 2,000여 명으로 확대되었다. 우여곡절 끝에 1974년 8월 1일 건군절에 버하이(渤海)만에서 중국 최초의 핵잠수함 "장정1호(401호)"의 명명식이 거행되고 해군에 인도되었다. 동급 두 번째인 402호가 1977년에 취역하고 문제점도 개선되었으나, 근본적 문제는 여전히 존재하여 장기간 제대로 된 성능을 발휘하지 못했다.

탄도미사일발사형 핵잠수함은 1981년 7월에 정박상태 가동 시험이 시작되고, 1983년 1월부터는 항해 시험이 시작되었다.

1983년 8월 25일에 해군에 인도되어 명명식(406호)을 갖고 훈련에 투입되었다. 이후 잠수함발사탄도미사일(SLBM) 탑재가 추진되어 1984년, 1985년, 1988년에 미사일 수중 발사 시험을 했고, 마침내 성공하였다. 중국이 세계에서 5번째로 탄도미사일핵잠수함을 가지게 된 것이다.

2-12 3선 건설과 문화대혁명

중국의 초기 핵무기 개발은 3선 건설과 문화대혁명 등으로 엄청난 어려움을 겪었다. 먼저 1960년대 소련과의 관계 악화와 국경충돌로, 핵심 국방산업의 대규모 내륙이전(3선 건설)이 추진되었다. 1964년부터 핵무기 개발기관들의 3선 건설이 시작되어, 산하 연구소, 기업들 상당수가 사천, 서안 등의 내륙으로 이전하였다.

3선 건설은 전쟁 임박 상황에서 상당히 빠른 속도로 추진되어, 관계자들의 생활 여건 정비가 지연되고 수많은 사건, 사고가 발생하였다. 이 과정에서 핵 원료와 설비의 완전 국산화가 추진되었고, 이에 따라 기술 수준이 낮은 개발 경로의 대규모 확산과 장기 누적 현상이 발생하게 되었다.

설상가상으로 1966년부터 문화대혁명이 시작되고, 이어진 폭발 사고와 비밀 누출, "린뱌오 반란 사건"이 더해져 가혹한 사상검열이 진행되었다. 결국 핵무기 개발의 안정적 추진을 위해, 1967년 5월부터 1973년 7월까지 제2기계공업부에 대한 군사관

리제가 시행되었다. 산하 핵무기 연구, 생산기지들이 국방과학
기술위원회 산하로 이관하였고, 1973년이 되어서야 다시 제2기
계공업부로 복귀하였다.[•]

2-13 중성자탄 개발과 폭발 실험

NATO 회원국들이 소련의 대규모 기갑부대의 위협에 직면한 것
같이, 중국도 소련과의 사이가 악화되었을 때, 양국 국경 지역에서
소련의 대규모 기갑부대 위협에 직면하였다. 기갑부대의 진격 속
도가 빠르므로 유사시 주요 전투가 중국 내에서 벌어질 것이고,
이때 일반 원자탄을 사용하면 자국 민간인이 큰 피해를 입고 대
규모 방사능 오염지대가 형성될 것이 자명하였다. 이에 중국도
수소탄 개발 역량을 발전시켜 중성자탄을 개발하게 되었다.

　그러나 중국의 핵무기 개발 경로와 상황이 소련과 유사했으므
로, 중성자탄 개발에서도 소련과 유사한 상황에 직면하였다. 미
국이 기체 상태의 D, T를 집중 사용하면서 수소탄을 개발한 것
과 달리, 소련은 염가인 고체 상태의 Li^6D를 사용해 수소탄을 개
발하였다. 따라서 고가의 T 사용량이 많고 취급이 불편한 중성
자탄을 개발하고도 실전배치를 하지 않았다.

　중국도 마찬가지였다. 1982년부터 5차에 걸쳐 핵복사를 강화

● 3선 건설과 문화대혁명에 대한 내용은 필자의 책인 이춘근(2020), "러시아를 넘어 미국에 도전하
　는 중국의 우주굴기", 지성사. 참조

한 개량형 원자탄을 실험하였고 1984년에는 지하핵실험장에서 중성자탄 원리실험을 수행하였다. 마침내 1988년 말에 2.5kt 위력의 중성자탄을 실험하는 데 성공하였다. 개발된 중성자탄은 "동풍-15(DF-15)"고체추진제 단거리 미사일에 탑재해 대만을 공격할 수 있다고 한다. 다만 소련과 같이, 가격이 비싸고 유지보수가 복잡해 대량생산과 실전배치는 하지 않았다.

2-14 전문인력 양성

1949년 건국 초기, 중국의 대학에는 핵무기 개발 관련 학과가 없었고 양성된 인력도 거의 없었다. 이에 소련과 협의하여 이미 파견된 유학생 중에서 핵 유사 전공 수백 명을 선발해 핵과학과 핵공정기술 분야를 학습시켰고, 추가로 대규모 인력을 파견해 국내 핵무기 개발에 적용하였다. 일부 고급 인력들은 국내 각 대학의 핵 관련 학과 교수로 임명하여 청년 인력들을 양성하였다.

중소 협력협정 체결 이후에는 소련의 전문가들이 중국에 파견되어 핵무기 개발과 공장 건설 등을 지도하였고, 교육 분야에도 800명의 전문가가 중국 대학에 파견되어 150개의 과목을 개설하면서 500여 개의 실험실을 구축하였다. 이와 함께 소련식 교과과정을 도입하고 소련 교재들을 대대적으로 번역, 편집해 국내 교과서와 전문 도서들로 활용하기 시작하였다. 중국과학원 근대물리연구소 등을 중심으로 전문인력을 소련에 파견해 단기

학습을 추진하기도 하였다.

국내 대학에서의 전문가 양성도 크게 확충하였다. 건국 직후 중국 교육부 주도로 전국 대학을 국립화하고, 대대적인 대학, 학과 구조조정(원계조정)을 실시하였다. 핵심 내용은 종합대학을 잘라 독립 단과대학 위주로 개편하고, 학과를 실무 중심으로 세분화하면서 이공계를 크게 늘린 것이었다. 이에 따라 전국의 대학생과 전문대학생 수가 급속히 증가하였다.

핵 분야에서는 1955년 초 중국 교육부에 "핵교육 영도소조"를 설립하고 부부장(차관)이 주도하면서 중국과학원의 첸싼창이 협력하도록 하였다. 동년 7월에 베이징(北京)대학과 란저우(蘭州)대학에 물리연구실(후에 기술물리학부로 개편)을 개설하고, 최고의 전문가들을 교수로 유치하였다. 칭화(淸華)대학에도 공정물리계를 개설하고, 전국 이공계 대학에서 백여 명의 고학년 재학생들을 선발해 학습과 원자탄 이론연구를 병행하도록 하였다.

베이징지질학원(대학) 등의 지질 관련 대학에도 우라늄광 관련 학과들을 설립하여, 1956년부터 핵공학을 전공한 다수의 졸업생들이 배출되었다. 1956년부터는 소련 유학에서 귀국한 대학원생들과 고학년 재학생들을 선발해 핵공학으로 전과하도록 하였다. 소양과 업무능력이 출중한 관련 전공의 우수 교사들을 선발해 핵에너지 전공 연수를 받게 하기도 하였다.

이후 관련 학과들이 급속히 늘어나 1959년에 핵 관련 학과를 개설한 대학이 27개교가 되었고, 지질과 야금 분야 학과들도 크게 확대되었다. 1963년부터는 방사의학 관련 학과들이 개설되어 제2기계공업부 산하로 이전되었다. 핵 관련 중등직업기술학교도 크게 확대하여 7개가 되었고, 기능공학교도 15개로 증가하였다. 초기수요가 충족되자, 1964년에 일부를 조정해 핵학과를 개설한 대학을 18개로 줄였고, 입학생도 매년 3,000명에서 2,000명으로 감축하였다.

그러나 이어진 문화대혁명이 핵교육에 커다란 악영향을 미쳤다. 1969년에 베이징대학 기술물리계(학과)가 산시(陝西)성으로 이전하면서 정상수업을 하지 못했고, 칭화대학 공정물리계도 연구소와 합병하면서 정상수업을 하지 못했으며, 대부분의 제2기계공업부 소속 전문학교들과 중등전문학교, 기능공학교들이 폐쇄되었다. 상당수의 교원들은 57간부학교 등으로 하방하여 노동에 종사하기도 하였다.

1970년에 핵교육이 일부 회복되어, 칭화대학 공정물리계가 학생을 모집하였고, 이후 전국 9개 대학과 핵의학, 지질 관련 학교들도 정상 수업을 재개하였다.[*] 1978년부터는 문화대혁명이 종료되면서 전국의 대학입학시험과 신입생 모집이 정상화되었다. 이에 13개의 핵학과 보유 대학들이 회복되었고, 대학원 교육도 정상화되었다.

● 1970년의 대학입시에서 한 농촌 응시생이 백지답안을 내면서 "이 시험은 자본가 자녀들만 답할 수 있다."라 주장한 것이 받아들여져, 전국 시험을 무효로 하고 한동안 노동자, 농민, 군인 중에서 추천을 받아 입학시켰으므로 대학 정상화가 지연되었다.

2-15 중국의 핵무기 개발경로와 특성

중국의 핵무기 기술개발 경로는 소련이 초기에 선택했던 경로를 거의 그대로 답습한 것으로 보인다. 미국 등의 선진국 개발경로를 제대로 반영한 것은 개혁개방 이후였다. 건국 초기에 기술적 토대가 약해 소련의 경험을 무비판적으로 수용했으나, 후에 기술력이 발전하면서 더 좋은 경로를 선택할 수 있는 능력이 생겼기 때문이다. 그 내용은 다음의 몇 가지로부터 유추할 수 있다.

먼저, 중국 최초의 원자탄이 소련이 택했던 경로와 유사하다. 중국은 옛 소련에게 핵무기 설계도와 기술을 전달한 간첩 푹스와 접촉해, 미국과 소련이 채택했던 원자탄 설계를 획득했다고 전해진다. 따라서 처음부터 포신형 기폭장치보다 압축 효과가 좋은 내폭식을 채택하였고, 여기에 Pu 대신 대량생산이 용이한 HEU를 사용하였다. 내폭식에 HEU를 사용하면 포신형보다 핵물질 이용률이 높아져 소량의 핵물질로 커다란 폭발위력을 달성할 수 있고, HEU 원자탄의 소형화에도 유리하다.

둘째로, 수소탄 개발경로도 소련과 유사하다. 중국의 원자탄이 내폭형이고 이를 기반으로 하는 소련의 슬로이카 모델을 알고 있었던 것으로 보인다. 따라서 소련과 유사하게 증폭탄을 거쳐 원폭실험 2년 8개월 만에 수소탄을 개발하였고, 미국식의 지상실험이 아니라 소련 최초의 수소탄처럼 항공 투하 방식을 사용하였다. 핵융합 원료도 기체 상태의 T가 아니라 고체상태의

Li^{6}D를 사용하였다.

셋째로, 중국은 후발국의 우세를 활용하면서 처음부터 미사일 탑재가 가능한 소형 원자탄을 개발하려 하였다. 이는 중국이 1964년의 핵실험 이전에 사거리 1,000km 정도의 동풍2호(DF-2)를 개발하는데 성공했기 때문이다. 따라서 수소탄 개발 이전에 원자탄을 소형화하고, 미사일에 탑재해 발사, 폭발시키는 데 성공하였다.

다만, 우라늄 농축은 오랫동안 기체확산법에 의존하였다. 이는 중국이 대량의 원자탄 생산을 목표로 하지 않았고, 소련이 원심분리 기술을 제공하지 않았기 때문으로 보인다. 중국이 원심분리법을 도입한 것은 원자력발전소의 대량 건설로 우라늄 농축 수요가 급증한 1990년대 이후였다. 이때도 러시아로부터 장비와 기술을 도입해, 경제성과 운용 편이성, 수명을 중시하는 사회주의 기술개발 경로를 따라가는 모습을 보였다.

정보가 엄격히 통제되는 핵무기 개발에서 이렇게 체계적인 경로를 선택한 것은 그리 흔한 일이 아니다. 이는 중국이 사회주의 진영의 역학관계 변화를 효과적으로 이용하면서, 기회를 틈타 소련의 기술과 설비를 빠르게 학습했기에 가능했다. "중소 국방 신기술 협정" 체결과 연합핵연구소(드브나연구소) 참가, 다양한 전문가 교류와 유학생 파견 등이 이를 뒷받침하였다. 비슷한 기회를 가진 북한이 이러한 경로를 따라갔다고 생각되는 것도 이런 까닭이다.

3장

경로 전환 사례
– 중국의 핵공업 개편과 민수 전환

중국의 원자탄 연구개발기지(구 221기지) 박물관(칭하이)

　냉전 해소와 사회주의 국가들의 체제 전환 이후, 카자흐스탄과 우크라이나 등의 동유럽 국가들이 핵무기를 포기하고 관련 시설을 민수로 전환하였다. 카자흐스탄에 있는 구소련 최대의 핵실험 기지, 세미파라친스크 폐쇄와 처리 과정도 많이 알려지고 있다. 그러나 정권이 안정적인 국가에서, 국방 위주의 원자력산업이 민수 분야로 개편된 사례는 많이 알려지지 않았다.

　본 장에서는 중국을 대표적인 사례로 들어, 사회주의 국가의 원자력산업 민수 전환과 현재의 핵무기 개발 및 운용체제를 소개한다. 원자력산업 민수 전환에는 상업용 원자력발전소 건설과 전력 산업 재편, 인력양성체제 개편 등이 포함된다. 핵무기 관련 조직에서도, 원료 분야가 민수로 전환되고 국방 분야는 응용과 개발에 집중하면서 보다 전문화된다.

3-1 중국 국내외 정세 변화와 개혁개방 추진

1976년에 마오쩌둥이 사망하면서 문화대혁명이 종식되고, 무기 개발 일변도의 원자력산업도 합리적인 조정에 들어가게 되었다. 다만, 문화대혁명 기간의 대학생 모집 중단으로 고급인력에 커다란 연령 단절이 발생하였고, 이것이 세대 간 대화와 지식 전수를 어렵게 하였다. 지식인 경시 풍조와 하급 기술의 광범위한 확산, 경쟁이 없는 대형 국유기업의 독점과 혁신역량 부족도 해결해야 할 과제였다.

대외적으로는 1979년의 미중 수교로 안보 정세가 완화되고 경제에 집중할 여력이 생겼다. 미국을 방문한 덩샤오핑(鄧小平, 1904~1997)은 중국이 국제사회에 얼마나 뒤처져 있는지를 여실히 깨달았다. 1979년의 중월전쟁도 중국군의 장비와 운용체계가 얼마나 낙후했는지를 깨닫게 하였다. 이어진 소련 붕괴와 사회주의 국가들의 체제 전환, 천안문사태에 대한 국제사회의 비난 등으로 자국의 위상에 대한 위기감까지 가지게 되었다.

이에 중국 지도자들은 1978년부터 대대적인 개혁개방을 통해 내부 체제개혁과 대외 개방을 추진하게 되었다. 개혁의 핵심은 초기의 사회주의 계획경제 회복에서 80년대 중반의 사회주의 상품경제, 90년대 초반의 사회주의 시장경제 등으로 점진 발전하였다. 이에 따라 서구 자본주의 국가들과의 교류가 급증하고 경제도 급속히 발전하였다.

덩샤오핑은 "과학기술은 생산력", 나아가 "과학기술은 제1생산력"이라는 명제를 확산시켜, 과학기술계가 정치 파동에서 벗어나 경제발전에 기여하도록 했다. 아울러 "지식인도 노동계급의 일부분"이라고 선언하여, 고급 지식인 양성과 적극적인 역할을 지원하고 이들을 우대하는 정책을 추진하였다. 이에 따라, 첨단기술산업이 발전하고 전통산업의 고도화도 이루어졌다.

3-2 군수산업의 구조조정과 칭하이(靑海) 핵무기 개발기지 폐쇄

개혁개방으로 사회주의 현대화 바람이 일면서, 각 기관에서 "조정, 개혁, 정돈, 제고"라는 명의의 대대적인 개혁이 추진되었다. 군수산업에서도 이전의 "군용품 생산 위주"에서 벗어나, "군수와 민수의 결합, 군수 기술의 민수 이전(軍民結合, 保軍轉民)"을 추진하게 되었다. 이에 따라 기술 수준이 높은 대형 군수 기업들에서 민수용품 생산과 판매가 급속히 확대되었다.

　과거의 군수산업은 국가가 수요를 제기하고 경비와 자원을 제공해 완성품을 가져가는 체제였다. 그러나 시장경제하에서, 민수용품은 민간이 수요를 제기하고 기업이 경비와 자원을 동원해 생산한 후 경쟁을 통해 판매해 이익을 남겨야 했고, 여기서 성공해야 재투자와 지속 성장이 가능했다. 이런 상황에서 국가적인 구조조정과 경제발전에의 투자 집중으로, 군수 분야에 예산 압박이 심해졌다.

결국, 1985년에 개혁이 본궤도에 진입하자, 핵공업 분야에서도 제2창업을 선언하면서 대대적인 구조조정에 들어가게 되었다. 그 핵심은 1)군수 감축과 민수 증가, 2)핵 원료 지질탐사 감축, 3)경제성이 부족한 핵연료 생산 감축, 4)연구 범위 축소와 핵심 분야에의 집중, 5)민수 분야 기술 서비스 강화, 6)산하 기업 조정, 7)인력 양성의 핵심 분야 집중, 8)대외 개방과 기술 교류 추진 등이었다.

특히 과잉투자가 심각한 지질 탐사와 핵연료 생산 분야의 감축에 주력하였고, 이 과정에서 수많은 반발과 사건, 사고가 발생하였다. 이 분야 종사자들이 장기간 국가 핵심 임무에 종사하였고 1960년대 3선 건설로 산간벽지로 이전하면서 수많은 고초를 겪었으므로, 국가적인 대규모 구조조정을 받아들이기 어려웠던 것이었다.

중국 최초의 핵무기 연구기지(221창)도 폐쇄하게 되었다. 1987년에 국무원과 중앙군사위원회에서 "핵공업부 칭하이 221창 폐지에 대한 통지"를 하달하였다. 주요 조치로, 먼저 9,400명에 달했던 시험기지 인력들을 감축하였다. 이 중 4,878명이 퇴직 후 관리를 받고 있었고 4,522명이 재직하고 있었는데, 가족들을 합하면 모두 3만여 명에 달했다. 이들을 전국의 28개 성, 직할시에 분산시키고, 최종 조치로 핵무기연구소인 공정물리연구원 산하로 이관하였다.

다음으로, 각종 시설들을 폐기하였다. 방사성 물질들을 수거해 콘크리트 고화 작업을 거친 후 영구 처분장에 매립하였다. 기타 설비들은 재료별로 분류해 창고와 방벽 등에 보관하였고, 지하 배관들도 모두 인출해 오염을 처리하였다. 이를 완수한 후, 1993년의 환경영향 평가를 받아 통과하였다.

마지막으로, 통제구역 내의 전체 부지와 건물, 발전소, 철도, 도로 등 당시 가치 4.5억 위안의 설비들과 유지보수비 2,400만 위안을 칭하이성 산하의 지역 자치주 정부로 이관하였다. 현재 이 기지에 핵무기박물관이 설립되었고, 공장과 지하 지휘소, 기폭실험장, 폭약시험장, 기차역 등과 함께 애국주의교육기지로 활용되고 있다. 최근에는 Lop Nor의 핵실험장도 일반인들에게 개방하고 있다.

3-3 원자력산업으로 제2창업 선언과 추진

이런 상황에서 국가 투자가 정체되거나 대폭 감축되었으므로 구조 조정과 함께 자체 수익을 창출해야 하는 처지가 되었다. 이에 따라 군수 기술 민수 이전의 핵심 내용으로, 원자력발전소 건설과 생산된 전력의 판매를 통한 수익 창출에 주력하게 되었다.

개혁개방 이전인 1970년에도 저우언라이 총리가 원전 건설을 지시했으나, 문화대혁명 상황에서 정상적으로 추진하지 못했었다. 중국에서 상업용 원전 건설이 본격화된 것은 개혁개방 이후였다. 초기에는 자주개발 노형을 추진했으나, 1979년 미국의 드리마일 원전사고(Three Mile Island Accident) 이후 안전 문제가 중시되어, 외국기술 도입과 흡수, 개량, 자주 개발로 전환하였다.

　중국의 원자로는 독자 개발한 저출력의 CNP300, CNP600 등과 해외에서 도입한 M310, CANDU, VVER, AP1000, EPR 및 기

표 3-1 **중국의 원자력 발전 주요 이력**

시간	대표적 사건
1970년 12월	저우언라이 총리, 원전발전 지침 지시 : 안전성, 실용성, 경제성, 자력갱생
1980년 1, 2월	원전사업 주관부처를 제2기계공업부로 확정, 2월 핵공업부로 개명
1984년 10월	국가핵안전국 설립
1985년 3월	30만kW급 친산(秦山)원전 착공
1987년 8월	다야완(大亞灣) 원전 착공 (프랑스 M310 기술 도입)
1988년 9월	중국핵공업총공사 설립
1993년 8월	중국 최초로 파키스탄에 상용 원전 수출, 착공
1998년 6월	친산(秦山) 3기 원전 착공(캐나다 CANDU 6 중수로 기술 도입)
1999년 7월	중국핵공업총공사가 중국핵공업집단공사와 중국핵공업건설집단공사로 분리
1999년 10월	톈완(田灣) 1호 원전 착공(러시아 AES-91 가압수형 원자로 기술 도입)
2007년 3월	3세대 원전 자주화를 위해 미국 Westinghouse사의 AP1000 기술 도입
2008년 8월	국가에너지(능원)국을 신설해 원전 산업을 이관
2009년 4월	산먼(三門) 원전 1기 착공(AP1000 원전)
2009년 12월	타이산(台山) 원전 착공(중국과 프랑스 협력)
2010년 3월	최초의 고온가스 냉각로(HTGR) 원전 스다오완(石島灣)에서 착공
2010년 7월	중국 최초의 고속중성자증식로(CEFR) 임계에 도달
2010년 9월	자주 개발원전 링아오(岭澳)원전 2기 1호기 상용화
2017년	핵공업집단공사와 핵공업건설집단공사가 유한공사로 개편
2018년	두 유한공사가 중국핵공업집단유한공사로 합병

술 도입 후 개량한 CPR1000, CAP1400 등이 혼재되어 있다. 이밖에 고속증식로(FBR), 고온가스냉각로(HTGR), CNP1000, CP1000, ACP650, CAP1700, 진행파원자로(TWR), 융합로 등도 있어, 가히 세계 유명 원자로의 총집합이라고 할 수 있다.

원자력발전소의 위치도 초기의 연해주 위주에서 점차 내륙으로 확산하고 있는데, 냉각수 부족이 우려되는 내륙 소재 원전의 안전성 문제가 국제사회의 이슈로 떠오르고 있다. 중국도 원자력 안전을 극히 주요시한다. 2011년의 일본 후쿠시마 원전 사고 이후에는 한동안 전체 건설을 중지하고 대대적인 안전 검사를 실시하기도 하였다. 최근에 다시 안전성이 강화된 원전 건설을 확대하고 있다.

3-4 행정 기관과 부처간 업무 분담

정부 조직 개편으로 기업이 행정에서 분리되면서, 1988년에 중국핵공업총공사가 탄생하였다. 1999년에 핵공업집단공사와 핵공업건설집단공사로 분리되었으며, 2017년에 유한공사로 변경되고 2018년에 다시 합병해 핵공업집단유한공사가 되었다. 부처 간 업무 조정으로 2008년에 전력 업무가 국가에너지국(能源局)으로 이관되고, 원자력 안전 업무가 분리되어 생태환경부 산하 국가핵안전국으로 이관했다. 핵무기 관련 업무는 신식산업부 산하 국방과학기술공업국에서 주관한다.

중국의 원자력 관리체제는 국가능원(에너지)국, 국방과기공업국, 국가핵안전국의 3부분으로 나뉘고, 무기는 로켓군(火箭軍, 구제2포병)에서 담당한다. 국가능원국은 발전개혁위원회 산하 기관으로, 국가 전반의 에너지 발전과 정책 및 계획을 담당하고 있다. 산하 원자력발전사(核電司)에서 원자력 발전 계획과 진입 조건, 기술 표준, 원자력 발전소 분포 및 중요 프로젝트에 대한 정책을 수립한다.

공업신식화부 산하의 국방과기공업국*은 인민해방군 장비발전부와 함께 원자력과 항공, 우주, 병기, 선박, 전자 등의 국방과학기술과 관련 산업을 관리한다. 원자력 관련 업무는 산하의 "계통공정2사(국)"에서 담당하는데, 이 조직이 "국가원자능(력)기구" 역할도 수행한다. 국가원자능기구는 원자력 분야에서 외국 정부 및 국제기구의 교류와 협력, 국가 원자력 사고의 응급관리 업무를 담당한다.

원자력안전 업무는 생태환경부의 핵전안전관리감독사, 핵설비안전관리감독사, 복사원안전관리감독사, 생태환경감시측정사, 국제협력사 등에서 담당한다. 이 부서들은 국가핵안전국 산하 기관이기도 하다. 핵전안전관리감독사 산하에 지역별 감독조사국과 지역별 원자력/방사능 안전감독기지를 설치해 실시간으로 방사능 측정 결과를 홈페이지에 공개한다.

● 중국의 정부 조직은 장관급의 부 아래에 우리의 국에 해당하는 사(司)를 두고 그 아래에 처(處)를 설치하는 것이 일반적이다. 다만, 공업신식화부 산하의 체계공정1사(우주)와 체계공정2사(핵)는 부급 사라 하여, 장관급의 위상과 역할을 가지고 있다.

3-5 주요 연구기관 개편

개혁개방 이전에는 핵공업부(구 제2기계공업부) 산하의 연구기관 대부분이 핵무기를 개발했고, 그 명세도 공개되지 않았다. 개혁개방 이후 민수에 참여하면서 새로운 수요에 따라 상하이(上海) 핵공정연구설계원과 상하이핵공업제8연구소, 핵공업계산기응용연구소, 핵공업표준화연구소 등이 설립되었다. 1984년 기준으로, 핵공업 분야의 연구소 19개, 연구설계기관 6개, 기업 소속 연구소 20개 등에 총 38,000여 명(이 중 과학기술인력 15,900여 명)이 종사하고 있었다.

개혁개방으로 민수가 확대되면서, 공정물리연구원 등의 핵심 기관을 제외한 대부분의 연구 기관들이 기업으로 전환하였다. 현재 핵무기 관련 연구소들은 인민해방군 직속기관과 공업신식화부 산하의 국방과기공업국, 국유기업인 중국핵공업집단유한 공사, 중국과학원 등에 집중되어 있다.

1949년에 설립된 중국과학원은 핵무기 개발 초기에 기초연구와 고급인력 양성, 대형 설비 운용, 미래 핵심 기술 연구 등에 종사하면서 많은 기여를 했다. 개혁개방 이후의 조직 개편으로 산하 연구소들이 직접적인 핵무기 개발에서 멀어졌으나, 아직도 그 영향력은 상당히 크다.

3-6 중국핵공업집단유한공사 산하 연구소

중국핵공업집단유한공사는 원자탄을 개발했던 구 핵공업부 산하 기업들을 모태로 설립되었다. 민수 전환에 따라 1990년대에 구 핵공업부의 제2연구설계원과 제4연구설계원이 기업으로 전환하였다. 2000년대에는 제6연구원이 폐쇄되면서 난화(南華)대학과 베이징화공야금연구원으로 이전하였고, 제7연구설계원과 상하이핵공정연구설계원이 기업으로 전환하였으며, 제5연구설계원의 핵심조직도 기업화되었다.

이러한 개편으로 핵공업집단유한공사의 핵무기 개발 역량이 대폭 감축되었으나, 핵원료와 농축, 가공, 원자로 등의 원자력주기 전반에서는 여전히 중국을 대표하는 기업으로 자리 잡고 있

표 3-2 **중국핵공업집단유한공사 산하 주요 연구소**

순	연구소명/소속	설립일	소재지
1	중국핵동력연구설계원(제1연구원)	1965년	청두(成都)
2	핵공업 제8연구소	1963년	상하이(上海)
3	핵동력운행연구소(105연구소)	1982년	우한(武漢)
4	중국복사방호연구원	1961년	타이위안(太原)
5	중국원자능과학연구원(401연구소)	1950년	베이징(北京)
6	핵공업 시난(西南) 물리연구원(585연구소)	1958년	러산(樂山)
7	핵공업 이화공정연구원	1964년	톈진(天津)
8	핵공업 베이징화공야금연구원	1950년대	베이징(北京)
9	핵공업 베이징지질연구원	1950년대	베이징(北京)

다. 따라서 산하 연구소 가운데 핵무기와 관련이 있는 것들도 상당히 많다.

중국핵동력연구설계원(제1연구원)은 1960년대의 3선 건설로 청두(成都)에 세워진 핵연료 생산 관련 연구소로서, 원자로 공정 연구와 설계, 실험, 운행 및 소규모 생산이 일체화된 대형 종합 과학연구기지이다. 중국 핵동력 공정의 요람으로, 5개의 연구소와 90여 개의 실험실에 대학원을 보유하고 있다. 재직 인력이 3,700여 명인데 이 중 고급 인력은 1,600여 명이다.

핵공업 제8연구소는 핵 관련 전용 소재 연구소로서 분말야금, 고분자막 여과 소재, 전자 소재, 복합소재 및 자성 소재의 응용연구와 기술개발에 강점이 있다. 4개의 실험실과 4개 기업을 보유하고 있고, 기업을 제외한 직원 170명에, 연구인력 70여 명이다.

핵동력운행연구소(105연구소)는 핵동력 운전기술 연구기관으로서 비파괴검사와 증기발생기 및 각종 압력용기의 설계/테스트/보수유지기술, 시뮬레이션기술 등의 3대 기간 사업을 형성하고 있다. 국가 또는 부처급 중점실험실 3개와 과학기술제품 수출입경영 자격을 보유하고 있다. 고용인력 400여 명이며, 이 중 각종 전문기술인력 비중이 86%를 차지한다.

중국복사방호연구원은 핵무기 개발 초기에 설립된 핵공업 복사방호 관련 종합성 연구기관으로 방사선 측정, 방사성 폐기물 처리, 방사의학 등의 연구에 주력한다. 4개의 연구소와 4개의 과학기술기업, 과기정보센터 및 병원을 보유하고 있다. 재직 인력은 1,100여 명이며 이중 고급 연구인력은 280여 명이다.

중국원자능과학연구원(제401연구원)은 1950년에 설립된 중국 과학원 산하 근대물리연구소의 후신이다. 중국 핵무기 개발의 발상지이자 핵심 기술 연구기지였으나, 근래에는 상업용 원자로 개발과 국산화에 주력하고 있다. 중국 최초의 중수형 원자로와 사이클로트론을 설치하였고, 자체 건설한 원자로(CARR)와 실험 고속로(CEFR)가 2010년에 임계에 도달했다. 산하에 5개 연구소와 7개 공정기술연구부, 20여 개 기업이 있다. 재직 인력은 3,000여 명이고, 이 중 고급 공정기술인력이 700여 명이다. 대학원을 설립해 자체로 고급인력을 양성한다.

핵공업 시난(西南)물리연구원(585연구소)은 헤이룽장(黑龍江)성 원자물리연구소를 모체로 1958년에 설립되었다. 1965년에 3선 건설의 하나로 여타 기관들과 합병해 쓰촨성 러산(樂山)시로 이전하였고, 1985년에 청두로 이전하면서 확장 개편하였다. 1988년 10월에 민영화하면서 핵공업 시난물리연구원으로 개명하였고, 현재 중국 최대의 핵융합 및 플라즈마물리 연구기관으로 알려져 있다. 국제핵융합실험로(ITER) 프로젝트에 참여하는 중국 양대 기관 중 하나이고 직원 1,700여 명인데, 이 중 과학 기술인력 1,100여 명, 고급 연구인력 190여 명이다.

핵공업 이화공정연구원은 톈진(天津)에 위치한 동위원소 분리, 농축 관련 연구소로서, 수학, 물리, 화학, 정밀화공, 레이저, 전자 등 60여 개의 주력 연구분야를 보유하고 있다. 중국 우라늄 농축 기술 개발의 본산으로, 산하에 1개의 연구소, 9개의 연구실, 2개 연구개발센터, 3개 공장을 보유하고 있다. 총 인력 1,800여 명인데 이 중 고급 연구인력은 200여 명이다.

핵공업 베이징화공야금연구원은 핵무기 개발 초기에 설립된 우라늄 채광, 선광, 습식우라늄야금기술 연구와 관련 설비 개발, 정밀화학, 유기재료 연구를 주도하는 연구소이다. 현재 중국 유일, 최대의 천연우라늄 화학화공 중심의 연구원으로 자리 잡고 있다.

핵공업 베이징지질연구원은 핵무기 개발 초기에 설립된 연구소로서 우라늄광산 위주의 지질을 연구하는 다학과 종합 연구기관이다. 현재, 우라늄광 지질과 리모트센싱 응용, 고준위방사성폐기물 처리, 분석, 측정 등을 연구하는 중국 핵지질 연구의 중추 기관이 되었다.

베이징에 있는 중국핵과기신식(정보)및경제연구원은 핵 과학기술 정보연구와 계획 및 경제 연구에 종사하고 있다. 이밖에 핵공업집단유한공사 산하에 핵공업 표준화연구소, 핵공업 계산기응용연구소, 핵공업 다롄(大連)응용연구소와 6개의 지역성 지질탐사연구소,* 1개 항공탐사기관(핵공업 항공측량리모트센싱센터), 3개 공정 기술 연구 설계기관** 등이 있다.

3-7 중국공정물리연구원(제9연구설계원)

공정물리연구원은 중국 핵무기 개발의 총본산이라고 할 수 있

● 203연구소, 230연구소, 240연구소, 270연구소, 280연구소, 290연구소
●● 중국핵전공정유한공사, 핵공업제4연구설계유한공사, 중핵신능(신에너지)핵공업공정유한책임공사

다. 1958년에 베이징제9연구소로 설립되어 1964년에 칭하이(靑海)성 221기지로 이전하면서 제2기계공업부 제9연구설계원으로 개명하였다. 문화대혁명 중인 1968년에 인민해방군으로 귀속되면서 제9연구원이 되어, 이듬해 쓰촨(四川)성으로 이전하였다. 1973년에 다시 제2기계공업부 제9연구원이 되었다가 1985년부터 대외적으로 공정물리연구원이라는 명칭을 사용하게 되었다.

공정물리연구원은 중국 최초, 최대의 핵무기 이론, 연구, 실험, 개발, 생산 종합 개발기관으로, 산하에 12개 연구소와 100여 개의 연구실, 30여 개 생산 공장, 3만 여대의 생산 설비를 보유하고 있다. 주요 연구 영역은 충격파와 폭발 물리, 핵물리, 플라즈마, 레이저, 소재, 전자 및 광전자, 화학 화공, 컴퓨터 등이다. 역대 재직자 중에서, 위민(于敏), 왕간창(王淦昌), 덩자셴(鄧稼先), 주광야(朱光亞), 천넝콴(陳能寬), 저우광사오(周光召), 귀융화이(郭永懷), 청카이쟈(程開甲), 펑환우(彭桓武) 등의 양탄일성 공훈과학자들이 배출되었다.

그림 3-1 **중국 핵무기 개발의 총본산인 공정물리연구원**

5개의 국방과기중점실험실과 대학원, 9개의 박사학위 수여 전공과 21개의 석사학위 수여 전공, 3개(물리, 수학, 원자력)의 박사 후 유동기지를 보유하고 있으며, 최근 들어 군수 기술의 민수 이전 형식으로 대외 개방과 협력을 추진하고 있다. 총인원 23,000여 명(2017년)에 전문기술인력 10,000여 명(고급 2,000명), 기능인력 9,000여 명이고, 중국과학원 원사 14명, 중국공정원 원사 14명이 있다.[*]

주요 산하 연구소에는 유체물리연구소, 핵물리 및 화학연구소, 화공재료연구소, 총체(總體)공정연구소, 전자공정연구소, 기계제조공예연구소, 재료연구소, 북경응용물리 및 계산수학연구소, 응용전자연구소, 계산기(컴퓨터)응용연구소, 상해레이저플라즈마연구소, 레이저핵융합연구센터 등이 있다.

먼저, 유체물리 연구소(제1연구소)는 핵무기 개발 관련 유체역학 실험 및 측정, 폭발물리, 충격파, 핵무기 설계, 핵실험 등을 연구하고 있다. 쓰촨성 몐양(綿陽)에 위치하며, 직원은 750여 명이다. 핵물리 및 화학연구소(제2연구소)는 핵물리와 방사화학 중심의 연구소로서, 핵물질 생산과 플라즈마물리, 중성자물리, 원자로물리, 가속기물리, 방사화학과 동위원소, 복사방호, 분석화학 등에 주력한다. 몐양에 위치하며 직원은 800여 명이다.

화공재료연구소(제3연구소)는 고성능 폭약, 신형 화공품, 고분자 재료, 둔감화약, 에너지함유 신소재, 극한 소재, 안전 등에 주력한다. 몐양에 위치하며 전체 직원은 1,000여 명이다. 총체(總體)공

● 2017년 이후의 통계가 공개되지 않고 있다.

정연구소(제4연구소)는 과거의 구조역학연구소를 개편한 것으로 보이며, 핵무기 개발과 생산 관련 총 설계, 시험, 평가 등을 수행한다. 핵장치 무기화와 핵무기 유지보수, 안전, 기계설계와 고체역학, 공정역학, 분석 측정, 재료 등 20여 개의 전문 기술 영역을 보유하고 있다.

전자공정연구소(제5연구소)는 전자, 통신, 전자파, 핵기술 및 응용, 신관, 물리전자, 전자회로, 자동제어와 시스템공정, 레이더, 화학전지, 항복사 등을 연구한다. 몐양에 위치하며 직원은 1,000여 명이다. 기계제조공예연구소(제6연구소)는 정밀가공과 검측, 특수가공, 컴퓨터보조설계와 제조, 재료가공과 수치모사, 표면처리, 고정밀 치공구 등에 주력한다. 몐양에 위치하며 직원은 1,000여 명이다.

재료연구소(제7연구소)는 1969년에 설립되어 핵무기 관련 재료와 부품 개발, 생산, 실험, 응용 및 퇴역 임무에 종사한다. 쓰촨이징(四川艺精)과기(집단)유한공사라는 이름의 군수 기술 민수 이전 기업으로 변모하여, 기계전자와 인쇄회로판, 경질재료 등을 생산하고 있다. 직원은 약 1,000명이다.

레이저핵융합연구센터(공정물리연구원 제8연구소)는 2000년 4월에 설립되었고, 고밀도레이저물리와 고성능 레이저, 첨단광학 등에 종사하는 전문 레이저핵융합 관련 연구소이자 수소폭탄 개발기관이다. 몐양에 위치하며, 직원은 400여 명이다. 응용전자학연구소(제10연구소)는 핵무기 개발과 관련한 광전자, 자유전자 레이저, 반도체레이저, 마이크로파, 복사 이미지, 전자가속기 등에 주력한다.

그림 3-2 **레이저핵융합 장치 일부**

상하이레이저플라즈마연구소(제11연구소)는 공정물리연구원 소속 기관이지만 중국과학원의 상하이광학정밀기계연구소와 협력하는 독립사업법인 자격이 있다. 1984년에 설립되었고, 고성능 레이저 발진기와 관성 레이저, 플라즈마 관련 연구에 종사하고 직원은 50여 명이다.

베이징응용물리 및 계산수학연구소는 핵무기 관련 이론 물리, 입자 물리, 핵물리 플라즈마 물리, 레이저 물리, 유체 등과 관련한 이론과 슈퍼컴퓨터를 동원한 계산을 수행한다. 전체직원은 650여 명이다. 계산기(컴퓨터)응용연구소(제12연구소)는 인터넷 관리와 보안, S/W, 보안자료 회복과 수리 등에 종사한다. 몐양에 위치하며, 직원은 700여 명이다. 베이징고압과학연구센터(중심)은 2014년 5월에 설립되었고, 고압 물리와 관련 설비, 초경질재료 개발 등에 주력한다. 직원은 80여 명이다.

3-8 인민해방군 시베이(西北)핵기술연구소(제21연구소)

중국 최대의 핵실험 관련 연구소이다. 인민해방군 장비발전부 소
속으로 1963년에 신장(新疆) 마란(馬蘭) 핵실험장에서 핵실험 수
행과 종합 측정, 분석기관으로 설립되었고, 이후 시안(西安)으로
이전하여 오늘에 이르고 있다. 핵기술응용, 공정역학, 물리전자,
핵복사, 레이저, 전자파, 신호처리, 무기화학, 폭파이론 및 응용,
진동, 기기분석 등의 종합성 연구기관이다.

재직 인력은 약 1,000명인데, 이중 고급 연구인력이 400여 명
이고 중국과학원과 중국공정원 원사 10명을 보유하고 있다. 펄
스원자로와 중성자발생기, 가속기, 슈퍼컴퓨터 등의 대형 실험
설비를 보유하고, 대학원을 개설해 관련 분야에서 중국 최고 수
준의 인재들을 유치, 양성하고 있다.

3-9 중국과학원 산하의 핵 관련 연구소

중국은 1949년의 건국과 함께 과학원을 설립하고, 핵무기와 인
공위성, IT, 기계, 생명공학 등에서 많은 업적을 남겼다. 현재 중국
과학원은 11개의 분원과 100여 개 연구소, 3개 대학에서 약 7만
명의 연구인력과 8만 명의 대학원생들이 중장기 기초연구와 전
략과제, 핵심 과제를 연구하고 있다. 중국과학원이 민수 분야로

개편되었지만, 핵무기와 직간접적으로 관련이 있는 연구소들도 상당수 존재한다.

중국과학원 상하이응용물리연구소는 1959년에 중국과학원 상하이이화연구소라는 이름으로 설립되었으나 1963년에 제2기계공업부와의 공동 관리로 전환하면서 상하이원자핵연구소로 개명하였다. 1978년에 다시 중국과학원에 귀속되면서 제3세대 레이저핵융합장치와 첨단 전자빔 연구에 집중하게 되었고, 2003년에 현재 이름으로 개명하였다.

민수 위주로 핵 관련 기초, 응용연구와 융합연구를 수행한다. 핵분석기술연구실, 핵물리연구실 등의 6개 실험실과 방사기술응용연구센터, 응용가속기연구센터 등의 6개 연구센터를 보유하고 있으며, 방사성소재와 방사성약물, 핵설비 분야 첨단기술기업을 보유해 연구 성과를 산업화하고 있다. 2021년 말 통계로 재직인력 712명인데, 이중 과학기술인력이 459이고 교수급 연구인력도 90여 명이다.

중국과학원 물리연구소는 구 중앙연구원 물리연구소와 베이핑(北平)연구원 물리연구소를 통합해 1950년에 응용물리연구소로 설립되었고, 1958년에 현 이름으로 개명하였다. 중국의 물리 분야 연구 본산으로 많은 관련 연구소들의 모태가 되었으며, 현재는 응집물리 위주의 연구를 수행하고 있다. 본부 직원은 약 500명이며, 중국과학원 원사 14명, 중국공정원 원사 1명이 있다.

중국과학원 이론물리연구소는 1978년에 설립되어 1985년에 대외에 문호를 개방하였다. 이론 물리 위주의 연구를 수행하고 직원은 70여 명이다. 중국과학원 고에너지(高能)물리연구소는 1950년에 설립된 근대물리연구소를 원자능연구소로 개명하였다가, 1973년에 일부 조직을 분리해 설립한 것이다. 고에너지 물리와 첨단 가속기, 방사선 연구 등에 주력하며 전체 직원은 1,400여 명이다.

중국과학원 역학연구소는 1956년에 설립되었고, 우주기술의 대부인 첸쉐썬(钱学森)이 초대 소장을, 핵개발 핵심 인물인 궈융화이(郭永怀)가 부소장을 역임하였다. 전체 직원은 490여 명이다. 중국과학원 상하이광학정밀기계연구소는 1964년에 설립된 중국 최초, 최대의 레이저과학 연구기관이다. 레이저핵융합 연구로 수소탄 개발에 큰 기여를 했으며, 전체 직원은 1,000여 명이다.

중국과학원 허페이(合肥)물질과학연구원은 이전의 안후이(安徽)광학기계연구소와 플라즈마연구소, 고체물리연구소, 지능기계연구소를 합병해 2003년에 설립하였다. 핵융합, 대기환경, 강자장, 핵에너지와 핵안전, 특수 재료, 로봇, 현대농업, 의학 물리 등에 주력하며, 전체 직원은 2,700여 명이다.

중국과학원 시안(西安)광학정밀기계연구소는 1962년에 설립된 중국 서북지역 최대 연구소로서 기초광학과 광전자, 우주광학간섭 스펙트럼 등에 주력한다. 1960년대에 초고속카메라를 개발해 핵무기 실험에 기여했다. 전체 직원은 950여명인데, 이중 고급 연구인력이 400여 명이고 중국과학원 원사 1명이 있다.

중국과학원 근대물리연구소는 1957년에 중국과학원 란저우(蘭州)물리연구실로 설립되었고, 핵무기 개발의 중요 연구기지가 되면서 1962년에 개명하였다. 중이온가속기 연구의 선두 주자로서 중이온 의학과 임상에도 기여하고 있다. 2022년 7월 통계로 재직 인원 998명인데, 이중 중국과학원 원사 3명, 중국공정원 원사 1명이 있다.

3-10 고급 전문가 양성

중국의 대학은 1)교육부 직속 대학과 전국에서 신입생을 모집하는 중점대학, 2)부처 소속의 전문성 심화대학, 3)지방정부 소속 대학, 4)합의에 의한 위탁교육 등으로 구분할 수 있다. 구 핵공업부 소속 대학들이 상당히 많았으나, 행정기관 축소와 기업화 등으로 크게 개편되어 교육부 또는 지방정부 소속으로 이전되었다.

핵 관련 학과를 설치한 중점대학으로는 교육부 직속의 베이징대학, 칭화대학, 톈진(天津)대학, 상하이교통대학, 시안(西安)교통대학, 푸단(復旦)대학, 난징(南京)대학, 란저우(蘭州)대학, 쓰촨(四川)대학, 지린(吉林)대학 등이 있다. 중국과학원 소속의 중국과기대학과 개별 부처 소속의 하얼빈공정대학 등도 핵 관련 우수 중점대학에 속하였다.

1990년대 이후의 대학 구조조정으로 많은 변화가 있으나, 이들 대학에서 연간 1,000명 정도의 핵 관련 고급인력들을 양성하였다. 근래에는 중국의 대학 신입생 대폭 증가로 연간 입학생이 2,000명을 크게 넘어서고 있다. 초기 핵 관련 학과와 교과과정은 구소련을 거의 그대로 답습하였으나, 최근의 개혁으로 수업연한이 초기의 5~6년에서 4년으로 줄었고 우수 학생들은 대학원에서 교육하고 있다.

교과과정은 사회주의 교육의 특징인 "교육과 연구, 생산 일체화 이론"을 도입하여, 생산 현장과 밀접히 연계하고 있다. 핵무기가 국방과 직결되므로 정치사상 교육과 보안 교육도 철저히 수행하고, 외국학생들은 특정학과 입학이나 특정 수업 수강이 제한된다.

대학원 교육은 전국 범위의 우수대학과 관련 연구소에 집중된다. 핵 관련 박사학위 거점들은 대부분 1980년대 중반에 형성되었고, 지속적으로 개선하면서 오늘에 이르고 있다. 베이징대학

표 3-3 옛 핵 관련 박사학위 수여 대학과 학과(전공) 사례

대학	학과, 전공	대학	학과, 전공
베이징대학	원자핵물리	란저우대학	원자핵 물리 및 핵기술
칭화대학	분리 공정	푸단대학	원자핵 물리
	핵재료		방사화학(물리화학)
	원자로 공정 및 안전	난징대학	방사성 지질
	동위원소 분리		원자핵 물리
	화학공정	청두지질학원	방사성 지질
중국과기대학	이론 물리	원자능(력)과학 연구원	핵물리
	원자핵 물리 및 핵기술		가속기 물리
	플라즈마 물리		중성자조사 응용
	가속기 물리 및 기술		핵화학 화공
	방사화학		원자로 공정 및 안전
수저우(蘇州)	내과학		동위원소 연구 및 발전
의학원	외과학	길림대학(구 베쑨 의과대학)	방사의학

은 이론에 강하고 칭화대학은 응용, 공학 분야에 강하며, 중국과
기대학은 플라즈마와 가속기 분야에 강점이 있다. 응용 분야, 특
히 핵연료와 원자로 분야는 원 핵공업부 산하였던 원자능(력)과
학연구원이 강점이 있다.*

1990년대 중반부터는 핵공업집단유한공사가 칭화대학, 시안
교통대학, 란저우대학 등과 협정을 맺어 핵공업 분야 대학생들
을 양성하기 시작하였다. 일례로 1996년부터 졸업 후 핵공업집
단공사 취업을 전제로 칭화대학 공정물리계와 매년 60명의 "핵
공정 및 핵기술"전공 학생들을 특별 양성하였고, 우수 졸업생은
시험 면제로 칭화대학이나 집단공사 내부 대학원에 진학시키고
국제교환학생, 외국 시찰 등의 특혜도 주었다. 시안교통대학, 하
얼빈공업대학 등의 4개 대학에서는 3학년 재학생을 선발해 목
표지향적인 교육 후 채용하고 있다.

3-11 옛 핵공업부 산하 대학 구조조정

1980년대 중반까지 핵공업부에는 쑤저우(蘇州)의학원과 헝양(衡
陽)공학원, 화둥(華東)지질학원의 3개 대학이 있었다. 개혁개방 이
후, 핵공업부가 폐지되고 기업화되면서, 이들 직속 대학들이 크
게 개편되고 소속 부서도 지방정부 등으로 이전되었다.

쑤저우의학원은 핵공업부와 장수(江蘇)성 정부의 이중관리를

● 핵무기 관련 핵심 인력 교육은 핵무기연구소인 공정물리연구원 내부 대학원에서 수행한다.

받으며 의학(핵의학과 방사의학), 기술(핵기술과 생물기술) 특화대학으로 육성되었고, 2000년대에 쑤저우대학과 합병해 동 대학의 의학부가 되었다. 핵공업부 시기의 특성을 살려 중국 유일의 방사 의학 분야 국가중점학과를 가지고 있고, 15개 학과와 대학원, 병원에서 관련 연구와 의료 행위를 하고 있다.

헝양공학원은 1958년에 제2기계공업부 소속으로 설립된 헝양광업야금학원의 후신이다. 1983년에 헝양공학원으로 개명하면서 핵공업부와 호남성의 이중 관리로 전환하였고, 2000년에는 광산 채굴, 야금 특화대학인 중난(中南)공학원과 합병하여 난화(南華)대학으로 개편되었다. 2002년에 우라늄 탐사와 채광 전문인 핵공업제6연구소를 난화대학으로 합병하였고, 우라늄광산 의료와 직업병 전문의 핵공업부415의원과 핵공업위생학교를 대학 부속병원으로 개편하였다.

최근의 난화대학은 후난(湖南)성 정부 소속으로 8개 단과대학에 73개 학과를 가진 종합대학이고, 학부 재학생 33,000여 명, 대학원생 3,300여 명이다. 구 핵공업부 시기의 특성을 살려 "국방과학기술학원(단과대학)"을 설립하였고, 여기서 매년 2,000여 명의 학생들을 입학시킨다. 대학에 합병시킨 핵공업부 소속 병원을 발전시켜, 핵의학뿐만 아니라 내과, 외과, 독물 중독, 종양 등의 다분야 연구와 임상을 수행한다.

화둥지질학원은 1956년에 방사성물질 탐사 전문 교육기관으로 설립된 타이구(太谷)지질학교의 후신이다. 1959년에 대형 우라늄광 보유지인 푸저우(撫州)로 이전하면서 푸저우지질전과학교로 개명하였고, 1982년에 핵공업부 소속의 화둥지질학원으로 개명하면서, 방사성물질 탐사와 암석 분석, 공정 위주의 15개 학과 재학생 3,700여 명으로 확장하였다.

1990년대 말에 장수(江蘇)성 정부 소속으로 이전하였고, 2000년대에 들어서면서 당시의 국방과학공업위원회와 공동건설 협의를 맺으면서 둥화이공대학으로 개편되었다. 현재 전체 70여 개 학과 중에서 11개의 국방공업 전문학과를 보유하고 있고, 재학생은 30,000여 명이다.

3-12 기술 인력 양성

광대한 우라늄 탐사와 채광, 야금 등에 막대한 기술자들이 필요하므로, 1956년에 제3기계공업부(후의 핵공업부)에서 창사(長沙)지질학교와 타이구(太谷)지질학교를 설립하였다. 1958년부터 64년 사이에 시안(西安)기기제조학교, 난징건축공정학교, 허페이(合肥)화학공업학교 등의 5개교를 설립하였고, 1980년대 초에는 9개의 중등직업학교와 2개의 간호학교에 25개 학과, 재학생 6,100여 명이 되었다.

1980년대의 개혁개방과 대규모 원자력발전소 건설로 원자로, 컴퓨터, 복사방호, 자산관리 등의 신흥 학교와 학과들이 개설되었다. 다만 이들이 기업과 연계된 현장교육과 취업에 유리했으나, 일반학교에 비해 규모가 작고 통합교육이 어려워 민영화와 함께 대대적인 통폐합 대상이 되었다.

　창사공업학교는 개혁개방 이후의 새로운 수요에 따라 1985년에 핵공업부 광업야금국에서 설립하였고, 1998년에 후난성 국방과학공업사무실 산하로 이전하였다. 2000년대 초반에 핵공업 위주의 17개 학과에 49개 학급이었고, 재학생은 2,100여 명에 달했다. 2002년에 창사항공직업기술학원에 편입되어 인민해방군 공군 장비부 소속이 되었으며, 핵공업과 항공 위주로 재학생 9,200여 명의 대규모 중등직업학교가 되었다.

　난징(南京)공업학교는 1983년에 구 핵공업부 소속으로 설립되었고, 1999년에 관리권이 장수(江蘇)성 정부로 이전되었다. 2000년에 전문대학으로 승격한 난징공업학교와 난징고등전과학교, 난징전력고등전과학교를 합병해 난징공정학원을 설립하였다. 이 학교는 52개 학과에 재학생 25,000여 명이고, 현장지향형으로 계속 교육을 통해 양성하는 공정석사 80여 명이 있다.

3-13 기능공학교

1960년대의 핵공업 급속 발전에 따라 일선 기능공들을 양성하는 학교들도 급속히 확장하였다. 1964년까지 15개 기능공학교에서 6,000여 명을 양성하였고, 문화대혁명 이후 지속 확장하여 22개교, 46개 전공에서 7,200여 명을 양성하였다. 현장 적응력 배양을 위해 실습 위주의 교육을 진행하였는데, 80년대 민영화와 종합화 추세에 따라 기능공 교육도 개혁 대상에 오르게 되었다. 주요 사례는 다음과 같다.

1964년에 장시(江西)야금국 지원으로 핵공업 702기공(기능공)학교가 설립되었으나 1968년의 구조조정으로 폐쇄되었다. 1980년에 다시 개교하였고 1986년에 부지를 이전하면서 장시광업야금기공학교로 개명하였다. 1999년 핵공업집단공사 인가를 받아 장시핵공업기공학교가 되었으나 2001년에 장시상업학교에 합병되면서 장시성 소속으로 이관되었다. 통합시의 재학생은 729명이고 교직원은 95명이었다.

광둥(廣東)성에도 1986년에 광업야금 위주의 기능공학교가 설립되었고, 1988년에 핵공업 광둥광업야금기공학교가 되었다. 1999년에 핵공업광둥남방기술학교로 개명하였고, 핵공업부의 행정기능 축소에 따라 2003년에 광둥성 정부로 소속이 이관되면서 광동성 남방고급기공학교로 개명하였다. 기계전자, 화학공학, 컴퓨터 위주의 33개 학과에 8,900여 명이 재학 중이고, 핵공업 전문영역을 넘어 첨단학과로 개편하고 있다.

3-14 인민해방군 산하 대학과 로켓군(火箭軍, 구 제2포병) 편제

인민해방군 내에는 상당히 많은 직속 대학(군사학교)과 연구기관들이 있다. 학교들은 지휘 관련 학교들과 비 지휘 관련 학교, 사관학교로 구분된다. 지휘 관련 학교는 초급, 중급, 고급 과정이 있는데 중급과 고급은 연수 과정이고, 비지휘 관련 학교에는 공정기술학교와 군사의과대학 등이 있다.

소속 관계별로는 군사위원회 직속의 국방대학과 국방과기대학, 훈련관리부 소속의 19개 병과학교, 정치공작부 소속의 2개 정치학원과 1개 예술학원, 후근보장부 소속의 9개 병과학교, 장비발전부 소속의 5개 병과 학교들이 있다. 이 밖에 해군 소속의 8개 병과학교, 공군 소속의 15개 병과학교, 로켓군 소속의 3개 지휘 및 공정학교가 있고, 전구 산하에도 군사학교가 있다.

육군화생방학교(陆军防化学院)는 1950년에 설립된 인민해방군 화학병학교의 후신이다. 1958년에 방화학병학교로 개칭하였고, 1969년에 방화학병공정학원과 합병하여 방화기술학교가 되었다. 1978년에 방화학원으로 승격하였고 1986년에 방화지휘공정학원으로, 2011년에 방화학원으로 개명하였으며, 2017년에 소속이 전환되어 육군방화학원이라 칭하게 되었다. 복사방호와 핵안전, 작전지휘의 2개 대학 학부 전공이 있다. 공학 분야는 핵공정, 화학, 장비공정, 복사방호 및 핵안전, 생물방호공정, 장비보장 등의 세부 전공이 있고, 군사학은 작전지휘 1개이다.

로켓군(火箭军) 사령부는 베이징 근교의 칭허(清河)에 있고, 산하 부대 총 병력은 약 13만명이라고 알려져 있다. 유도탄부대 50,000명, 기술장비부대 17,000명, 공병 20,000명, 방사화학병 5,000명, 통신병 5,000명, 군수지원 20,000명, 훈련 및 연구기관 10,000명 등이다. 편제는 기지(基地) 산하에 루(旅, 여단), 잉(营, 대대), 련(连, 중대)으로 내려가고, 별도로 직할 공병부대와 군수지원부

대, 5개 연구소, 4개 교육기관이 있다. 이밖에 1개의 예비 지하지
휘소(陝西省 太白)가 있고, 시험 및 훈련기지는 3곳(甘肅 五威, 双子城,
山西 伍寨)에 있다.

　미사일 발사부대로 8개의 기지가 있는데 발사기지 6개(51~56)
와 기술지원 및 훈련기지 2개(22, 28)이다. 이밖에 공개된 총 조립
기지(25호 기지)가 있고, 잠수함발사탄도미사일(SLBM)은 칭다오(青
島)와 하이난(海南)에 배치되었다고 전해진다.[*]

　산하에 미사일여단 25개(80개 이상의 발사진지)가 있는데, 사거리
1만km 이상의 전략미사일여단이 9개이고 나머지 15개는 중, 단
거리와 순항미사일여단이다. 전형적인 미사일여단은 1개의 기
동 지휘소와 1개 창고, 1개 장비운영기지, 수개의 사전 준비(측정)
발사장과 수 개의 예비발사장을 보유한다.

　여단 산하에 3~4개의 발사 대대(营)가 있고 각 대대마다 3~4
개의 발사 중대(连)가 있는데, 미사일 유형에 따라 중대가 패(排, 소
대)로 구성되기도 한다. 매 중대나 소대는 적어도 1대의 발사차
량과 1대씩의 전원차(电源车), 측정차, 통신지휘차, 미사일 운반차
가 있고, 여단은 27~64대의 발사차량을 보유한다.

　배치된 미사일의 유형에 따라 편제가 달라지는데, 기본적으로
각 미사일여단은 3-3제, 3-3-3제 또는 4-4제의 발사대를 보유
한다. 3-3제는 9개의 발사대, 3-3-3제는 27개의 발사대, 4-4제
는 16개의 발사대를 보유하는데, 1차 발사 후에 재장전 하는데
40~120분이 소요된다고 한다.

● 최근 들어 확대, 개편되고 있다고 전해진다.

이밖에 적어도 2개의 전구 산하 미사일여단이 존재하는데, 로켓군 산하 여단에 비해 발사 단위가 적고 1개 이상의 대대(营)와 1개의 훈련단을 보유한다. 독립적인 작전 능력을 보유하고 단거리 고체추진제 둥펑-11(DF-11)을 장비하고 있으며, 대만을 주요 목표로 한다. 알려진 전구 산하 미사일여단은 동부전구의 미사일1여단(导弹1旅)과 남부전구의 미사일2여단(导弹2旅)이라고 한다.•

3-15 중국의 핵공업 개편과 민수 전환의 특성

중국은 안정적인 정권하에서 장기적으로 핵공업을 개편해 군수 위주에서 민수 위주로 전환한 대표적인 국가이다. 이 과정에서 행정 기관을 축소하고 광업과 핵연료 가공, 무기 분야를 중심으로 인력을 대폭 감축하였으며, 대규모 원자력발전소 건설로 높은 수익을 창출하였다.

민수 분야의 발전과 새로운 수요 창출로, 막대한 희생과 경비가 소요되는 군수 분야의 감축을 비교적 원만하게 수행할 수 있었다. 먼저 민수와 군수 양 분야에 공통으로 필요한 광업과 핵연료 가공, 원자로 분야를 과감하게 민간 기업으로 전환하였다. 핵공업집단 유한공사를 중심으로 일부 국방분야를 위한 조직과 설비, 인력들이 남아 있지만, 그 주류는 민수용 기업이라고 할 수 있다.

● 2022년 8월의 펠로시 방문 직후 대만 근해를 향해 발사한 미사일들도 DF-11로 알려져 있다.

국방 분야는 공정물리연구원과 인민해방군 위주로 재편하였다. 특히 공정물리연구원은 대규모 조직과 설비, 인력을 보유해, 명실상부한 중국 핵무기 개발의 총본산으로 자리매김하고 있다. 고등교육체제 개편과 현대화의 일환으로 핵 관련 인력양성체제도 크게 개편하였다. 기업과 유사하게, 일반 공통 분야를 교육부와 지방정부 산하로 이전하고, 국방 분야를 특화한 별도의 조직과 협정을 통해 육성하고 있다. 고급 인력들은 연구소와 기업 내부의 대학원을 통해 육성한다.

최근 들어 미중 패권경쟁과 남중국해, 대만 등을 둘러싼 긴장이 고조되면서, 공정물리연구원과 로켓군의 역할도 더 강조되고 있다. 이에 중국이 핵탄두 수량을 크게 확장하면서 로켓군 산하 조직과 미사일, 발사대 수량도 증가하고 있다. 이와 함께 가동 원자로 수가 크게 증가하면서 옛 사회주의 핵기술 개발경로의 취약점인 삼중수소(T) 부족도 해소될 것으로 보인다. 최근 들어 중국이 단/중거리 핵 탑재 미사일들을 크게 확충하고 있는데, 여기에 T를 활용하는 소형화 방법이 채택될 수 있다.

중국의 이러한 개편 사례는 평화적 목적의 핵공업 유지를 주장하는 한편으로 대대적인 핵역량 확대를 추진하는 북한의 핵기술경로 분석과 비핵화 방안 도출에 상당한 시사점을 줄 수 있다.

2부

핵실험과
핵폭발 피해

4장

경로 확인
– 핵실험과 실험장

카자흐스탄의 옛 소련 세미파라친스크 핵실험장 전시 모형

핵무기는 고도의 불확실성이 있어 폭발실험이 필수적이다. 이에 따라 대부분의 핵 개발국에서 다양한 유형의 핵실험을 수행하였다. 그러나 대량파괴무기에 대한 국제사회의 비난과 핵실험으로 발생하는 방사능 오염이 국제적 이슈가 되면서, 이를 금지하는 조약들이 탄생하였다. 이에 많은 나라들이 핵실험장을 폐쇄하고 오염을 처리하여 민간에 개방하고 있다.

북한이 채택한 지하핵실험은 일반인들이 이해하기 어렵고, 방사성물질 유출과 관련해 상당히 많은 오해가 발생하기도 한다. 따라서 본 장에서 지하핵실험에 대한 기초 지식을 소개해 일반인들의 이해를 돕고, 불필요한 오해와 논쟁을 줄이려 한다. 아울러 국제 비확산 협력을 통한 카자흐스탄 핵실험장 폐쇄 사례를 간단히 소개하여, 북한 풍계리 핵실험장에 대한 이해를 돕고자 한다.

4-1 핵실험의 목적

국내에서는 핵실험 방법론에 대한 논의가 적은 데 비해, 핵무기 선진국들은 핵실험으로 무엇을 할 수 있는지, 어떻게 하는지에 주목한다. 이들이 다양한 핵실험을 수행하면서 그 목적과 방법론, 이를 통한 기술 진보 등을 잘 이해하고 있기 때문이다. 따라서 핵무기의 성능 분석도 핵실험에 대한 이해가 있어야 더 정확히 수행할 수 있다.

핵실험의 목적에는 1)새로운 핵무기 개발, 2)핵무기 성능 평가, 3)평화적 목적의 핵폭발 등이 있다. 평화적 목적의 핵폭발은 개발 초기에 도로 건설 등의 대규모 토목공사와 지하 석유저장 시설 건설 등을 위해 수행되었으나, 대규모 오염 등의 피해가 알

그림 4-1 **중국의 핵실험 목적과 절차**

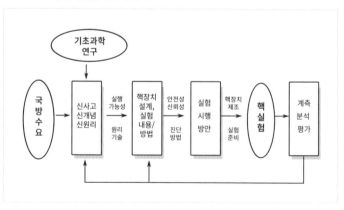

● 자료 : 春雷(2000), "核武器槪論", 原子能出版社, pp.107~116.

려지면서 중단되었다. 핵무기 성능 평가도 지상 핵실험에서의 방사능 피해가 알려지면서 지하에서의 간접 평가로 전환하였다.

아래 그림은 중국 인민해방군 장비발전부 자료에 있는 핵실험 목적과 절차를 정리한 것이다. 핵실험은 국방 수요와 관련 기초과학 진보를 토대로 추진한다. 국방 수요에 맞추어 핵무기 개념을 정립하고, 이에 따라 핵실험 장치와 방법, 내용을 설계하며, 핵실험 후에는 계측과 분석을 통해 결과를 얻고 이를 피드백한다. 필요하면 추가 실험을 수행한다.

4-2 핵실험 유형과 핵실험금지조약

핵실험은 크게 지상에서의 실험(고공, 공중, 지면, 수중)과 지하에서의 실험(수직갱도, 수평갱도)으로 구분할 수 있다. 1945년의 최초 핵실험 이후 최근까지 파악된 2,065회의 핵실험을 유형별로 정리하면, 거의 80% 가까이가 지하에서 수행된 것을 알 수 있다. 이를 시기별로 정리하면, 실험 유형이 공중 실험에서 수평갱도형 지하핵실험으로, 다시 수직갱도형 지하핵실험으로 전환하는 것을 알 수 있다.

지상 핵실험의 장점은 시공이 간편하면서 짧은 시험주기와 적은 비용으로 폭발 효과를 쉽고 정확하게 파악할 수 있다는 것이다. 실험장에는 비행기와 탱크, 차량 등의 군사 장비와 동물을 배치해 직접적인 피해를 관찰하였다. 여기에 미국과 소련은 여러 번에 걸

표 4-1 **핵실험의 유형과 특성**

구분	특성	장점	단점
대기	– 30km> 예정고도 – 항공기, 로켓, 기구 이용 – 철탑 이용(소형)	– 시공 간편, 경비 절감 – 폭발효과 직접 관찰 – 측정 공간 충분활용 – 각종 효과 정량평가	– 대기오염 확산 – 설계비밀 노출 – 기상조건 영향 – 주변국 항의
우주	– 우주/공기 희박층 실험	– 직접 인명 피해 극소 – 적 미사일 파괴효과 – 인공위성 파괴 효과	– 광범위한 EMP 피해 – 인공위성 피해
지면	– 충격파 파괴효과 – 방사능 낙진 형성	– 건물/엄폐효과 측정 – 각종 지하기지 파괴 (토양 유출 및 변형)	– 심각한 오염지대 형성 – 주변국 항의
지하	– 화구/폭발생성물 봉쇄 – 수직/ 수평갱도 사용 – 안전심도(m)>120kt1/3	– 환경오염 최소화 – 근거리 관측/정찰 – 안전/기밀유지 유리	– 기술/비용/시간 증가 – 측정설비 방수문제 – 살상효과 판단 곤란 – 대형무기 실험 곤란
수중	– 천수/심수 실험	– 함선/항만/잠수함 파괴	– 해양오염 확산

처, 실전용 원자탄을 투하하면서 대규모 군사훈련을 하였다.

지상 핵실험의 단점은 1)방사능 오염이 크고 넓게 발생하고, 2)오염 확산 감축과 측정을 위해 기상이 양호해야 하며, 3)주변 국들의 감시가 용이해 보안이 어렵다는 것이다. 우주 핵폭발은 적 ICBM의 중간 요격을 위한 실험으로 시작되었는데, 이를 통 해 광범위한 지역의 EMP 피해가 관찰되기도 하였다.

1963년 10월 10일에 발효된 "부분 핵실험 금지조약(Partial Test Ban Treaty, PTBT)" 전까지는 주로 공중에서 실험을 하였다.* 당시까

● 부분핵실험금지조약(Partial Test Ban Treaty, PTBT)은 1963년 10월 10일에 발효되었는데, 당사 국 국경 밖으로 방사능 낙진을 떨어뜨릴 수 있는 대기와 우주, 수중에서의 핵실험 금지가 주 내용이다.

지 미국은 202차의 공중핵실험과 102차의 지하핵실험을 했고, 소련도 163차의 공중핵실험과 2차의 지하핵실험을 했다.

그러나 공중 핵실험은 당사국 국경을 넘어 상당히 먼 지역까지 방사성 오염을 유발하였고, 수중에서의 핵실험도 광범위한 오염과 수중 생태계 파괴를 일으켰다. 미국의 수중 핵실험에서 일본인 어부들이 피해를 입기도 하였다. 이에 PTBT를 통해 대기 및 우주, 수중에서의 핵실험을 금지하게 되었고, 이 협약을 주도한 미소 양국의 핵실험이 지하로 들어가게 되었다.

다만, 이 조약은 초기 핵개발국들의 기술 진보를 막고 비핵보

표 4-2 유형별 핵실험 횟수*

	총 회수	공중	고공	수중	지하
미국*	1,032	188	14	5	825
소련	715	158	5	1	551
프랑스	210	45			165
영국	45	21			24
중국**	45	23			22
인도	6				6
파키스탄	6				6
북한	6				6
합계	2,065	435	19	6	1,605

* 미국의 공식 실험 횟수는 1,054회로 알려져 있으나 여기에서는 다른 국가들과의 비교를 위해 유형이 확인된 것만 수록하였다.
** 중국의 실험 회수는 47회로 알려져 있으나 중국 정부는 45회를 주장한다.

● 많은 소형 핵실험과 다수 탄두의 동시폭발 및 핵폭발의 평화적 이용에 관한 실험 등이 포함되지 않았을 수 있다.

유국들의 핵개발을 제한하려는 의도로 비쳤다. 이에 핵개발 초기 단계였던 중국과 프랑스가 조약에 가입하지 않고, 일련의 추가 공중핵실험을 거친 후 순차적으로 지하핵실험으로 전환하였다. 지하핵실험에서도, 초기에는 수평갱도에서 실험하면서 제반 기술을 습득한 후, 수직갱도로 전환하였다. 단순한 실험에서 복잡한 실험으로, 낮은 기술수 준에서 높은 기술 수준으로 전환한 것이다. 결국 국제적인 제한협정과 기술의 발전으로, 핵실험이 지하로 들어갔다고 볼 수 있다.

4-3 고고도 핵폭발 실험

고도 30km 이상의 고고도 핵폭발(High Altitude Nuclear Detonation)일 경우에는 화구가 지면에 접촉하지 않으므로 폭풍파와 방사능 낙진 피해가 경미하고, 넓은 범위에서의 광복사 피해가 발생한다. 이와 함께 강력한 X선과 감마선에 의해 전자기펄스(EMP)가 발생하여, 넓은 지역에서의 통신 교란과 IT 설비 파괴, 인공위성 기능 저하 등을 유발한다. 이러한 현상은 고도에 따라 대기 밀도와 성분이 크게 달라지기 때문에 나타난다.

고도 약 10km 이상의 성층권에서는 고도가 높아질수록 밀도와 압력이 급격히 감소하고 오존함량이 증가하며, 120km 이상에서는 산소가 원자 상태로 해리하고, 600km 이상에서는 질소가 주성분이 된다. 고도 80km 이상에서는 태양에너지에 의해 대기 원소들이 이온화되면서 자유전자가 밀집된 이온층을 형성하고 이것이 무선통신과 레이더 등에 영향을 미친다.

대기권의 전자 밀도가 고도별로 높아지면서 D층(75~95km)과 E층(95~150km), F층(150~450km)*을 형성하고, 각층별 영향을 받는 통신 주파수 대역이 달라진다. 형성된 이온의 최대 밀도는 시간(계절, 주야)과 지리적 위치(극, 중위도, 적도), 태양 활동 등에 따라 달라지는데, 고고도 핵폭발은 이온층에 특히 커다란 영향을 미친다. 지구에 남북으로 향하며 형성된 지구 자장도 고고도 핵폭발의 영향을 받는다.

이런 특성은 냉전이 한층 격화된 냉전 시기에 미소양국이 고고도 핵폭발 실험을 하면서 발견되었다. 미국은 1956년부터 1963년의 부분핵실험금지조약(PTBT) 체결 이전까지 모두 10~11차의 고고도 핵폭발 실험을 수행하였다. 이중 3차는 핵폭발에 따른 우주와 대기 물리 및 지구 물리 변화 특성을 연구하기 위한 것이었으며, 나머지는 모두 군사 목적이었다.

초기에는 탄도미사일 방어의 일환으로 고고도 핵폭발이 상대방의 탄도미사일을 성공적으로 요격할 수 있는지를 검증하였다. 1960년대에는 고고도 핵폭발이 통신과 인공위성, 지상 설비 등에 미치는 피해 유형과 정도를 분석하고, 이를 핵전쟁에 활용하는 방안을 병행 연구하였다. 동 시기에 소련도 고도 10~300km에서 위력 1.2~300kt 범위로 모두 8~14차의 고고도 핵폭발 실험을 수행하였다. 다만, 문헌마다 폭발 고도가 다르고 자료가 부

● F층은 F1층과 F2층으로 구성되는데, 밤이 되면 그 경계가 사라져 합쳐지고 D층도 사라진다.

표 4-3 **미국의 고고도 핵폭발 실험**

순	일시	시험명	장소	위력 (kt)	고도 (km)	비고
1	1958.08.01	Teak	Johnston Island	3,800	77	Redstone 미사일 활용
2	1958.08.12	Orange		3,800	43	폭격기 발사 미사일 활용
3	1958.08.27	Argus I	남대서양	1~2	480	Polaris 잠수함에서 X-17 미사일 발사
4	1958.08.30	Argus II				
5	1958.09.06	Argus III				
6	1962.07.09	Starfish	Johnston Island	1,400	400	Thor 미사일 활용
7	1962.10.20	Checkmate		<1,000	56	
8	1962.10.25	Bluegill Tripleprime		<1,000	50~60	
9	1962.11.01	Kingfish		<1,000	32~48	
10	1962.11.04	Tightrope		<29	65	

주 : 개별 자료들에서 폭발위력과 고도가 일부 차이를 보임

족해 상세히 다루지는 않는다.

1960년대의 고고도 핵실험 당시에는 과학기술 수준과 인식이 낮았으므로, 현대 IT 기기들에 주는 영향을 세밀히 파악하기 어려웠다. 이에 최근 들어 IT가 고도로 발달한 선진국 산업기반을 EMP로 훼파(毀破)할 수 있는 고고도 핵폭발 공격방안이 연구되고 있다. 특히, 중국 등과 같이 고고도 핵실험 경험이 없는 핵보유국들이 관련 정보 수집과 정리, 이론화, 간접 실험 등의 방법으로 이를 연구하는데 몰두하고 있다. 지하핵실험을 통해 이를 간접적으로 연구하기도 하였다.

4-4 지하 핵실험의 장단점

지하핵실험은 수평갱도와 수직갱도로 구분한다. 수평갱도의 장점은 시공이 간편하고, 폭발로 생성되는 열복사의 관찰과 각종 모사 실험을 원만하게 수행할 수 있다는 것이다. 단 지형 조건의 한계가 있고 동일 지역에서 많은 시험을 할 수 없으며, 폭발위력이 큰 핵실험이 곤란하다는 단점이 있다.

수직갱도는 지형 제한이 적고 동일 지역에서 다수의 실험을 할 수 있으며, 큰 위력의 핵무기도 실험할 수 있다는 장점이 있다. 미국은 5Mt 규모의 핵무기도 수직갱도에서 실험한 바 있다. 단, 갱도 굴착과 핵무기 안장, 밀봉 등에 특수 설비가 필요하고 기술 수준이 높아야 하며, 상부 노출로 인해 비밀 유지가 곤란하고 지하수 유입으로 높은 수압과 오염이 유발되는 단점이 있다.

이때 전문가들이 주목하는 것은 "핵무기 현대화와 기술 개선을 위한 핵실험은 수평갱도를 이용하는 방법이 가장 유리하다."라는 것이다. 수평갱도 지하핵실험에서는 핵장치를 넓은 기폭실 내에 설치한 후, 장치 외벽이나 진공, 비진공 측정관을 연결해서 필요한 측정 장치를 부착할 수 있다. 이른바 근거리 물리를 적극적으로 활용할 수 있다는 것이다.

원하는 거리에 필요한 장치를 설치하고 전자기펄스 등의 어떠한 외부 간섭 없이 폭발 효과를 측정할 수 있다. 측정관이 암석을 통과해 기폭실과 연결되므로 다양한 간섭방지효과, 예를 들어 핵복사 차폐나 전자복사 방호 등에 필요한 측정환경을 제공해 준다. 핵실험 측정에서의 간섭 방지를 위한 대대적인 공사를 할 필요가 없는 것이다.

이러한 근거리 핵물리 진단은 지상, 공중, 수중 핵폭발이나 다른 실험으로는 수행할 수 없다. 이렇게 지하핵실험이 여타 방법으로 대체할 수 없는 장점을 가지고 있기에, 지금까지 진행된 2천여 차례의 핵실험 중 80%가 지하에서 수행되었다. 이 중 대부분이 핵무기 발전을 위한 실험이었다.

대량의 근거리 핵물리, 핵진단은 핵무기 진단과 발전에 극히 중요하다. 실험한 핵무기에 관한 대량의 정보를 제공하고 핵무기 수치모사를 위한 기초자료를 제공하며, 신원리 핵무기의 발전을 촉진하고, 무기 성능을 제고하면서 핵탄두 소형화에도 기여한다.

이러한 목적 지향적 측정 항목에는 핵반응동력학 측량, 핵융합 중성자 발생량과 스펙트럼 측량, 고에너지 감마선 측량, 중성자 또는 감마선 화상진단, X선 휘도와 조도 및 스펙트럼 측정 등이 있다. 더 나아가 지하, 특히 수평갱도실험에서는 핵환경 생성 기술을 이용해 고공실험에서 발생하는 특정 핵환경도 구현할 수 있다. 예를 들어 특정한 중성자나 감마선 조사, 핵 환경 하에서 물체에 가해지는 피해와 그 방호기술을 연구할 수 있다.

고고도 핵폭발에서 발생하는 EMP(NEMP) 피해 검증과 같이, 전자부품과 시스템에의 영향과 방호기술의 유효성을 검증하고, 다양한 중성자 손상 정도를 파악할 수도 있다. 폭발 순간의 측량

뿐 아니라, 폭발 원점 굴착을 통한 주기적인 시료 채취 분석을 통해, 핵환경의 장기적 영향과 파괴 메커니즘, 중장기 방호조치 효과 등도 연구할 수 있다.

X선과 감마선은 고공폭발의 중요 살상 요소인데, X선의 열역학 효과와 방호기술의 유효성을 연구하는 것은 수평갱도 실험에서만 가능하다. 실험실에서는 X선의 직접모사 실험이 극히 어렵고, 저에너지 상태에서 간접 모사하는 데 그치고 있다. 따라서 수평갱도 지하핵실험을 통해 개체 재료에 대한 X선 효과 수치를 확보하는 것은 상당히 중요한 것이다.

이런 것들을 설치하기 위해, 기폭실의 핵장치를 중심으로 수많은 파이프망이 형성되며, 어느 정도의 규모가 있는 실험실처럼 된다. 북한도 6차례의 핵실험을 통해서 이러한 근거리 물리실험을 수행했다고 말할 수 있다. 주요 목표는 폭발위력 증가와 탄두 소형화 및 표준화, 핵융합 등에 필요한 핵물질의 내폭 원리와 장치, 이를 폭발시켰을 때의 계측 수치 등을 확보하는 것이다.

4-5 지하 핵실험장 선정과 실험 절차

지하 핵실험장은 민간인 거주지에서 멀고 측정이 용이하며 기상환경이 좋은 곳을 선택한다. 유용 광물 매장지나 도로, 전력선 통과지역, 요충지 등 경제적, 군사적 가치가 높은 곳도 피한다. 미국과 소련이 사막이나 황무지 등의 못 쓰는 땅에 실험장을 건설한 것도 이 때문이다.

아울러 갱도 봉쇄와 방사능 오염을 줄이기 위해 1)대규모 단층이 없는 두꺼운 단일 암석, 2)충분한 두께의 암석으로 둘러싸인 기폭실, 3)지하수위가 낮고 유속이 느린 곳, 4)핵폭발로 대규모 천연지진이 발생할 수 있는 지각 단층이 없는 곳, 5)열분해로 다량의 CO_2 기체가 발생하는 석회암이 없는 곳, 6)기상 조건이 양호한 곳 등을 선택한다.

실험 일정이 정해지면 1)갱도 굴착, 2)설비 안장, 3)측정 설비 안장과 영점 조정, 4)되메우기, 5)구역 봉쇄 및 보안 조치, 6)실험 일시 확정 7)최종 준비 및 인력 대피, 8)핵폭발, 9)온도 하강 후의 굴착과 시료 채취, 10)환경 평가와 오염지역 처리, 11)구역 봉쇄와 중장기 시료 채취, 12)종합 평가 등의 순서로 진행된다.

실험 날짜를 정할 때, 대기 중 실험만큼은 아니지만, 지하핵실험에서도 기상 조건을 고려한다. 이는 갱도 봉쇄에 실패했을 때, 방사능이 유출되어 넓게 퍼지는 것을 방지하기 위한 것이다. 양호한 기상 조건은 폭발 효과의 안전하고 유효한 측정과 방사능 오염지역 축소, 지역주민 오염 방지 등에도 유리하다. 일례로 큰 비가 내리거나 천둥 번개가 치면 전기를 사용하는 장비의 오작동이나 사고가 발생할 수 있다.

일례로 측정 구역과 거주민 지역에 폭발 원점의 0~90도 방향일 때 필요한 기상 조건은 1)지상풍 풍향이 반대 방향이고, 풍속이 3m/s 이상으로 6~11시간 이상 불지 않을 것, 2)고도 600m의 저고도 풍향과 풍속 조건이 위와 같으면서 지속시간이 12시간 이하일 것, 3)수평 가시거리가 20km 이상으로 청명할 것, 4) 지상에서 600m 고도까지 기온의 역전이 없거나 약할 것, 5)시험 12시간 전부터 천둥 번개가 없고, 12시간 후까지 비가 오지 않을 것 등이다.

4-6 기폭실 깊이와 핵폭발 봉쇄 효과

기폭실의 깊이는 안전성과 측정 용이성, 비용 등을 종합적으로 고려해 결정한다. 깊이가 너무 낮으면 방사선 유출량이 늘어날 수 있고, 너무 깊으면 인력과 비용이 낭비되고 시험장 이용률이 저하된다. 따라서 지하핵실험을 수행하려면 핵폭발 생성물의 효과적인 차단 연구가 필수적이다.

핵폭발이 일어나면, 고온고압으로 기폭실 주변 암석이 기화해 커다란 동공이 형성된다. 이것이 신속하게 외부로 팽창하면서 충격파가 동공 반경 3배 정도의 암석들을 모두 부서뜨려 거대한 파쇄구를 형성한다. 이후 충격이 크게 감소해 동공 반경 7배 정도 밖으로는 거의 부서지지 않고, 충격파도 탄성파에 가깝게 전파된다.

폭발로 부서진 기폭실 주위의 암석은 일정 두께의 구형 각질체를 형성한다. 각질체 안쪽표면이 외부보다 확장 속도가 월등히 빠르므로, 각질이 압축되면서 동공을 안정 상태로 확장시켜 내부 방사성 기체의 외부 유출을 막는다. 이렇게, 부서진 암석층이 압축되어 안정한 층이 유지되는 상태를 "봉쇄각질(containment cage)"이라 칭하고, 이러한 현상을 봉쇄 효과(containment effect)라 칭한다.

봉쇄 효과가 작동하면 방사능이 차폐된다. 봉쇄 효과의 작동 여부는 폭발 깊이와 깊은 관계가 있다. 기폭실이 충분히 깊어지면, 핵폭발로 형성된 충격파가 지면에서 반사되어 다시 동공에 도달하기 전에 동공 팽창이 정지한다. 돌아온 반사파가 아주 약하고 동공의 팽창이 멈춘 상황이므로, 형성된 봉쇄각질체가 안정을 유지한다.

반대로 깊이가 얕아 돌아온 반사파가 동공에 도달할 때 동공이 여전히 팽창 상태이면, 운동이 자유로운 외부 방향의 동공이 가속 팽창해 봉쇄 각질체가 와해되고 방사성 물질이 유출된다. 따라서 핵실험에서 충분한 깊이를 유지해야 이런 현상을 방지할 수 있다.

깊이가 같을 때, 폭발로 인한 충격파가 지면에서 돌아와 다시 동공에 도달하는 시간은 충적토 등의 부드러운 암석(연암)에서 길게 나타난다. 화강암, 사암, 석회암 등의 단단한 암석(경암)은 압축과 인장에 대한 저항강도가 크고 공극율(porosity)도 작아 응력파의 전파속도가 빠르다. 따라서 핵폭발 봉쇄는 연암이 경암보다 쉽다.

봉쇄각질체 형성뿐 아니라, 폭발이 끝난 후에도 충격파로 동공이 파괴되지 않을 정도로 두꺼운 암석층이 남아야 한다. 깊이가 낮으면 폭발로 형성된 암석파쇄구역과 지면 반사파로 형성

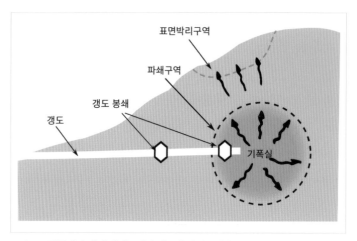

그림 4-2 **핵폭발시 암석 파쇄구역과 지표면 박리구역의 형성**

된 표면박리구역(剝離區域)*이 중첩되고, 이로 따라 동공이 무너지면서 화구가 팽창해 방사성 물질이 크게 분출된다. 즉, 위 그림의 3)과 4)가 충분한 암석층으로 격리되어야 한다.

기폭실이 상당히 깊은 대형 핵실험에서는 폭발로 생성되는 고온고압 기체가 지상으로 나가는 과정에서 냉각되고 압력이 줄어들면서 흡수되어, 외부로 유출되는 양이 크게 줄어든다. 반면, 깊이가 얕은 소위력 시험에서는 충격파가 빠르게 지면에서 반사되어 동공에 도달할 때, 동공이 여전히 팽창하여 봉쇄가 어려워질 수 있다. 북한의 핵실험에서도, 위력이 작은 제1차의 경우 방사성기체가 탐지되었으나, 위력이 커진 후속 실험에서는 탐지하지 못한 것도 이 때문이라 할 수 있다.

● 충격파가 지면에서 반사되고 이것이 뒤이어 오는 충격파들과 만나 진동하면서 지표면이 부서진다.

4-7 지하 핵폭발에 따른 굴뚝(chimney)의 형성

폭발 일정 시간 경과 후 동공압력이 저하하여 상부 암석의 정압과 같아질 때, 붕괴가 시작된다. 이러한 상부의 붕괴로 굴뚝(chimney)이 형성되는데, 그 모양과 크기는 갱도 형태나 암석의 성질에 따라 달라진다. 즉, 수직갱도에서는 상하로 긴 원뿔형이 되고, 수평갱도에서는 다소 납작하면서 뚱뚱한 모양이 된다.

염암(소금)에서는 장기적으로 붕괴하지 않는 원형 동공이 형성되고, 부드러운 충적토와 응회암 등에서는 동공이 지면까지 붕괴돼 지표면 함몰이 나타날 수 있다. 화강암, 사암, 석회암 등의 경암에서는 동공이 수 초에서 수 십초 사이에 붕괴하기 시작하여 수십 분 후에 정지하고, 원뿔형의 굴뚝이 형성된다. 일반적으로 굴뚝 높이는 암석의 전단파열구역을 초과하지 않고, 반경은 동공 반경과 유사하다.

굴뚝 내부의 물질분포는 대략 다음의 4개 구역으로 나뉜다. 먼저 하단부는 주로 고온으로 녹아내린 용융 암석이 굳은 유리체와 잡석으로 구성된다. 동공 유지 시간이 길면 온도가 높아 유리체가 많아지고 잡석이 적다. 핵폭발로 형성된 방사성 분열생성물의 절대 다수가 이 유리체에 갇히게 된다. 따라서 이 구역의 방사선 선량이 상당히 높아, 폭발 후 수일까지 시간당 수천 쿨롱(C) 정도가 된다.

둘째로, 폭심 상부 1/2 동공 반경에서 하단부 유리체까지는

80~90%의 물질이 동공 상부에서 낙하한 잡석이고, 나머지 10 ~20%가 용융 암석이다. 건조한 암석일 경우 폭발 후 수일 내에 이 구역의 평균온도가 500~600도 사이이고, 수분이 많을 때는 다소 낮다. 폭발 후 수일 내의 방사선 선량은 시간당 수백 쿨롱 정도이다.

셋째로, 폭심 상부의 1/2 동공 반경에서 굴뚝 꼭대기 동공 사이에는 상부에서 떨어진 잡석이 쌓이고 용융 암석이 거의 없다. 이 구역은 폭발 후 수일 내에 평균온도가 100~200도이고, 방사선 선량도 낮아 시간당 수 미리 쿨롱 정도이다. 마지막으로, 굴뚝 상부의 빈 공간이 있다. 이 구역은 폭발 후 수일 내에 온도가 100~200도 정도이고, 수분이 높으면 폭발 후 수일까지 압력이 대기압의 수증기보다 높다.

4-8 갱도의 굴진 및 봉쇄

실험 갱도의 굴진과 봉쇄는 상당히 어려운 기술적 과제를 안고 있다. 매 실험마다 요구조건이 다르고, 지질상황과 측정항목, 설비조건 등도 다르기 때문이다. 따라서 지하핵폭발시의 갱도 굴진과 봉쇄는 세밀한 설계와 안정적인 봉쇄, 방사성기체 누출 방지 등을 모두 고려해야 한다.

수평갱도 유형에는 낚시바늘형(또는 달팽이형), 직선형, 점진확대식 원추형 등이 있다. 실험 초기에는 다음 그림과 같이 기폭실 부근의 갱도가 낚시바늘형(또는 달팽이형)인 갱도를 많이 사용하였다.* 북한 역시 이와 유사한 갱도를 보여준 바 있다. 갱도 초기 부분을 구부려서, 갱도로 전파되는 유체충격파가 차단점(A, B, C)에 도달하기 전에 암석 매질로 전파되는 충격파가 갱도를 압착해, 자체적인 차단 봉쇄를 하도록 한 것이다. 이로써 고온고압의 방사성기체 유출을 방지한다.

차단점의 설계는 암석매질과 폭발위력에 따라 달라진다. 폭심에서 차단점까지의 거리는 반드시 암석의 액화 반경보다 커야 한다. 따라서 폭발위력이 커질수록 기폭실에서 차단점까지의 거

그림 4-3 **낚시바늘(달팽이)형 수평갱도**

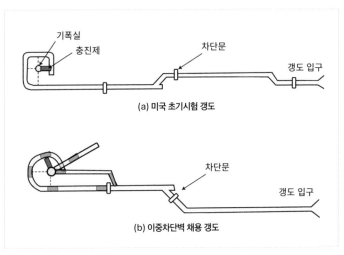

자료 : 中國人民解放軍總備部(2002), "地下核實驗及其應用", 國防工業出版社, p.155.

● 미국의 Rainier 핵실험장에서도 초기에는 (a) 형의 수평갱도를 사용하였고, 이후 기술과 설비가 발전하면서 직선형으로 전환하였다.

리 즉, 곡율 반경이 커지게 된다. 단, 자체차단점이 폭심으로부터 너무 멀면 안 된다. 암석매질을 통해 이곳에 전달되는 충격파의 강도가 낮아, 효과적으로 갱도를 압축할 수 없기 때문이다.

낚시바늘형 갱도는 작업량이 많고 시공이 어려우며 물리적 측정이 어렵다. 이를 극복하기 위해 직선형 갱도로 전환하게 되었다. 직선형에서는 폭발 유체 전파로 갱도가 확장되는 것을 막고 말단에 위치한 측정 장치를 보호하기 위해, 다단계 차단벽을 설치한다. 여기에서도 핵폭발로 인해 주변 암석으로 전파되는 충격파가 갱도 차단벽으로의 충격파보다 빠르게 전파되어, 갱도가 압축되어 봉쇄된다.

미국의 다단식 차단벽 실험은 주로 응회암 같은 연암 매질에서 수행되었다. 연암은 밀도와 응력파 전파속도가 작으므로, 화강암 등의 경암보다 갱도의 봉쇄가 쉽다. 따라서 경암 중에서 실험할 때에는 충진하는 모래주머니를 자갈이 들어간 콘크리트로 대체하거나, 차단벽을 더 두껍게 하는 방법을 사용한다. 이를 통해 충진재와 갱도 벽면의 마찰력을 크게 하고, 갱도 중의 충격파 속도를 느리게 하는 것이다.

4-9 측정관 설치한 갱도의 봉쇄

지하 핵폭발에서는 물리적 측정이나 폭발효과 시험을 위해 다양한 직경의 측정관을 연결한다. 이때, 폭발초기에 고온고압 기체가 측정관을 통해 흐르면서 암석매질로 전파되는 충격파보다 빨라, 자체 차단이 어려워질 수 있다. 이를 해결하기 위해 다음과 같은 조치를 하게 된다.

1)폭발로 인한 충격파가 측정관에 진입하기 전에 원통형 덮개나 고성능 폭약으로 측정관을 봉쇄한다. 2)플라스틱 관으로 측정관을 만들면, 유체충격파가 빈 갱도에 도달할 때 플라스틱 관이 파괴되어 충격파가 확산되면서 압력이 저하한다. 다단계 차단으로 이를 여러 번 발생시키면 효과적으로 자체 차단을 실현할 수 있다. 차단벽 뒤에는 폭발로 생성된 방사성 기체가 갱도를

그림 4-4 **측정관을 설치한 직선형 수평갱도**

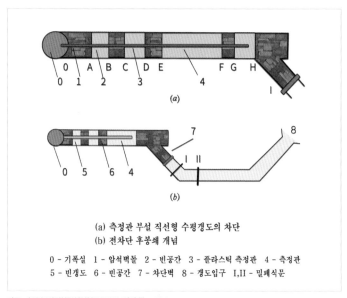

(a) 측정관 부설 직선형 수평갱도의 차단
(b) 전차단 후봉쇄 개념

0 - 기폭실 1 - 암석벽돌 2 - 빈공간 3 - 플라스틱 측정관 4 - 측정관
5 - 빈갱도 6 - 빈공간 7 - 차단벽 8 - 갱도입구 I,II - 밀폐식문

자료 : 中國人民解放軍總裝備部(2002), 앞의 책, p.164.

따라 누출되는 것을 막기 위해 밀폐식 기밀문을 설치한다.

지하 핵폭발을 통해, 고공 폭발 때 핵복사 환경과 EMP에 의한 전자기기 및 핵탄두 파괴 효과, 대기 중 핵폭발 때 무기 장비 파괴 효과 등을 측정하기 위한 모사 실험을 하는 경우가 있다. 이를 위해 대구경 측정관을 사용하면서 봉쇄에 어려움을 겪기도 한다. 일례로, 직경 1m의 대구경 측정관을 사용한 미국의 Marvel 시험에서는 충격파가 120m 거리에 도달하고 압력이 높아 갱도가 확장되는 일이 벌어졌다.

따라서 미국에서는 대구경 측정관으로 핵복사 효과를 측정할 때 항력이 높은 고강도 알루미늄 자동 차단문을 설치하고, 충격파가 도달하기 전에 마이크로초(μs)의 극히 빠른 시간 안에 갱도를 차단한다.[*] 이런 차단 장치들은 상당히 비싸고 첨단기술이 필요하므로, 기술 수준이 낮은 나라들은 쉽게 채용할 수 없다. 따라서 후발국들은 측정관을 많이 사용하는 지하핵실험 수행에서 상당한 어려움을 겪게 된다.

4-10 수직갱도의 굴착 및 충진

수직갱도 지하핵실험에서는 가장 아래의 기폭실에 폭발 장치를 안장한 후, 갱도를 완전히 메워 차단한다. 최근까지 수행한 수직

- U.S. Congress, Office of Technology Assessment(1989), "The Containment of Underground Nuclear Explosions, OTA-ISC-414."

갱도 시험은 크게 1)핵무기 발전을 위한 실험, 2)평화적 목적으로 활용하기 위한 실험으로 구분할 수 있다. 평화적 목적이란 핵폭발을 이용해 석유와 천연가스를 증산하거나 대규모 공정폭파 등을 수행하는 것이다.

목적에 따라 갱도 굴착 방법이 다르다. 일례로 석유 채굴을 위한 실험에서는 수직갱도 직경이 30~40cm 정도로 가늘고 깊이는 2,000m 이상으로 상당히 깊다. 따라서 안전한 봉쇄가 용이하다. 핵무기 시험에서는 직경이 2m 정도로 굵고, 깊이는 수백 m 정도에 그친다. 따라서 안전한 봉쇄를 위해, 상당히 엄밀하면서 기술 수준이 높은 차단 방법들을 찾게 된다.

미국은 가장 많은 수직갱도 실험을 한 것으로 유명하다. 미국의 수직갱도 시험은 크게 4단계를 거치면서 발전해 왔다. 첫째 단계는 1962년 이전의 탐색단계로서, 갱도의 봉쇄는 기본적으로 굴착 시에 파낸 흙과 돌로 하였다. 두 번째는 1962년에서 1965년 사이로서, 자갈을 위주로 하면서 필요한 곳을 시멘트로 봉쇄하는 방법을 사용하였다.

세 번째는 1965년에서 1970년 사이인데, 자갈과 모래를 섞어 충진 하고, 시멘트는 고화되는 과정에서 방출되는 수화열이 측정설비와 케이블에 영향을 주는 것을 방지하기 위해 사용을 억제하였다. 또한 모든 곳에 같은 재료를 채우지 않고, 잡석과 고운 모래를 다단계로 충진한 후, 지면 가까이와 폭발 장치 상부에는 모래를 충진했다.

네 번째는 1970년에서 최근까지이다. 다년간의 실험을 거쳐 미국의 수직갱도 시험방법이 정비되고 재료가 규격화되면서, 상대적으로 고정된 2개의 충진 방식이 자리를 잡게 되었다. 즉 로렌스 리버모어 국립연구소에서 사용하는 연속식 충진 방법과 로스알라모스 국립연구소에서 사용하는 다단식 충진 방법이다.[*]

이 밖에 방사성 기체의 유출을 막기 위해 보다 진보된 기술적 조치들이 취해졌다. 여기에는 케이블 통과 부위의 기밀 처리, 굴착 깊이의 증가, 시험장 지질 연구 강화 등이 있다. 이에 따라 1970년 이후에는 대량의 방사능 유출 사고가 없었고, 기본적으로 안정적인 봉쇄를 실현할 수 있게 되었다.

4-11 연속식(Homogeneous Stemming)과 다단식(Layered Stemming) 충진법

먼저 연속식 충진법은 핵폭발장치 부근과 일부 구간에 고분자물질(에폭시) 차단재를 사용하고, 나머지는 모두 동일한 혼합재료로 충진하는 방법이다. 로렌스 리버모어 국립연구소에서 초기 상당 기간 동안 이러한 방법을 사용하였다. 다만, 기술이 발전하면서 이 연구소에서도 점차 다단식 충진 방법으로 전환했다.

연속 충진 방식의 큰 문제는 물에 젖은 재료가 공기를 포함한 채 빠르게 충진되면서 내부에 빈 공간을 형성하는 것이다. 이러

● Pitts J. H., "Effectiveness of Layered Stemming in Comparison with Homogeneous Stemming", UCID-17123, 1976

한 공간이 상부의 압력을 받을 때 붕괴하고, 때로는 내부 케이블을 손상시켜 실험에 악영향을 미친다. 이에 과학자들은 재료의 규격화와 수분에 대한 엄격한 기준을 적용하고, 충진 속도를 아주 느리게 하였다. 단, 이로 인해 공정비용이 증가하고, 작업시간이 크게 늘어나게 된다.

다단식은 폭발 장치와 측정 장치를 부설한 철주 주변에 연속식과 동일한 재료를 넣고, 여타 부분은 여러 개의 단으로 나누어 충진을 달리하는 방법이다. 통상 18m를 한 단으로 해서, 이 중 15m는 통기성이 좋은 잡석 등을 충진하고 나머지는 통기성이 낮은 고운 모래 등을 충진한다. 갱도 내의 적당한 위치에 고분자 물질을 주입해 차단하는 것은 연속식과 같다.

이 방식의 장점은 통기성이 높은 잡석 등을 충분히 이용할 수 있고, 갱도 내에 빈 공간 형성을 억제하면서 충진 속도를 빠르게 할 수 있다는 것이다. 통기성이 낮은 고운 모래와 고분자물질 충진재는 방사성 기체 유출을 막는 기밀장치 역할을 한다. 이 방법은 사용하는 재료에 대한 특수 요구가 적어 경비도 절약된다. 따라서 미국의 수직갱도 시험이 다단식으로 통합되었다.

4-12 수직갱도의 폭발 생성물 봉쇄와 자체 차단

수직갱도 시험은 지질 조건과 굴착 방법, 충진 재료 외에 갱도 내에 물이 있는가 없는가가 상당히 커다란 영향을 미친다. 미국의 네바다핵시험장은 지하수위가 아주 깊어 대부분의 수직갱도 핵실험을 물이 없는 상태에서 수행한다. 지하수위가 낮아 갱도 내에 물이 들어올 경우에는 철제 박스 등에 기폭장치와 측정 장치를 넣어 밀봉하기도 한다.

핵폭발이 일어나면 상당한 양의 고온고압 기체와 엄청난 충격파가 발생한다. 수직갱도에서도 수평갱도에서와 같이, 이 충격파가 전파될 때 갱도 주위 암석에서의 전파속도가 갱도 내부 충진재에서의 속도보다 월등히 빠르다. 따라서 폭심에서 일정 거리 내에서 갱도 주변의 암석들이 갱도 안의 충진재를 압축하면서 자체 차단이 실현된다.

자체 차단 정도는 충진재 성격에 큰 영향을 받는다. 시멘트 두께가 너무 두꺼우면 갱도 내에서의 충격파 감쇄와 충진재 마찰력 강화에 불리하다. 또 충진재 중에 다량의 물이 들어와 있으면, 건조할 때보다 충진재 중의 충격파 속도가 빠르고 갱도 외부 암석이 갱도 안의 충진재를 압축하는 것도 어려워지므로, 자체차단이 어려워진다. 갱도 대부분 영역에서 물은 마찰력 감소의 커다란 원인이 된다.

미국은 수직갱도 실험에서의 방사성 기체 유출을 방지하기 위해 충진 재료에 대한 규격을 엄격히 적용하고 있다. 자갈과 모래의 입도는 고온고압에서의 액화와 갱도 내에서의 마찰력 강화에 큰 영향을 미친다. 시멘트는 수화열과 팽창으로 케이블을 손상시켜 한동안 사용하지 않았으나, 저온미팽창시멘트의 개발과 함께 일부에서 사용하기도 하였다. 전에 사용하던 고분자물질을 개량된 시멘트로 대체하는 것이다.

폭발 장치와 측정 장치, 케이블 등을 안전하게 보호하면서 원만한 실험과 측정을 하려면 관련 기술 수준이 상당히 높아야 한다. 핵장치를 안정하게 장착하기 위해 강도가 높은 체인을 사용하고, 측정 장치들을 장착, 보호하기 위해 특별히 설계한 철주를 사용하기도 한다. 측정 장치 설치 공간이 갱도 직경의 제한을 받으므로, 이런 작업을 하면서 핵폭발시 가스 누출을 방지하는 것이 그리 쉬운 일은 아니다.

4-13 핵폭발 따른 지진파와 국제 감시망의 구축

핵폭발로 강한 충격파가 형성되고 이것이 확산하면서 탄성파(elastic wave)로 변하며, 최종적으로는 지진파로 멀리까지 전파된다. 지진파는 실체파(body wave, mb)와 표면파(surface wave, ms)로 구분한다. 실체파는 지구 내부로 전파되는 파로서 종파(P파, longitudinal wave)와 횡파(S파, transverse wave)로 구성되고, 표면파는 지표면으로 전파되는 파로서 LR파(Rayleigh wave)와 LQ파(Love wave) 등으로 구성된다.

지진파 관측을 통해 진앙(epicenter)과 진원(hypocenter)*을 알아내는 방법에는 3점 이상 관측법과 한 지점 관측법과 등이 있다. 지진계에 기록된 P파와 S파의 전파속도에 약 1.7배의 차이가 있으

● 지진이 발생한 지하의 원래지역을 진원이라 하고, 그 상부의 지표점 위치를 진앙이라고 한다.

므로, 이로부터 지진계에서 진앙까지의 거리를 산출할 수 있다. 3곳 이상에서 P파와 S파의 도달시간 차이를 측정하고, 이를 반경으로 하는 원을 그린 다음, 이들이 만나는 점을 찾아 진앙으로 한다.

지진의 크기를 대표하는 수치로는 절대적 개념인 "규모(magnitude)"와 상대적 개념인 "진도(seismic intensity)"를 사용한다. 규모는 지진 발생 때, 그 자체의 크기를 정량적, 객관적으로 나타내는 수치로서 진동에너지에 해당한다. 진도는 어떤 장소에 나타난 진동의 세기를 사람의 느낌이나 주변의 물체 및 구조물의 흔들림 정도를 상대적 수치로 표현한 것이다.

핵폭발로 형성되는 지진파는 천연지진으로 인한 지진파와 상당히 다르므로 쉽게 구별할 수 있다. 먼저, 지하 핵폭발은 하나의 원점에서 발생해 외부로 강한 압력을 전파하므로, 원거리에서 측정한 모든 초기 지진 파형이 크게 나타난다. 반면, 천연지진은 긴 단층이 갑자기 요동하는 것이므로 어떤 방향에서는 외부로 압력이 전파되고 다른 어떤 방향에서는 내부로 압력이 전파된다. 또, 천연지진 파형이 복잡한데 비해 핵폭발 지진파는 간단하면서 높은 주파수와 짧은 지속시간을 나타낸다.

지진파 측정에 다수의 측정소가 필요하므로, 이를 연결하는 국제조직이 탄생하게 되었다. 이는 국제 핵실험금지조약과 밀접한 관계가 있다. 1963년 주요 12개국 사이에 "부분핵실험금지조약"이 체결되었고, 1974년 3월에는 미소 양국이 "지하핵실험 제한 조약"을 체결하였다. 이와 함께 양국이 상대국의 간섭이나 승인 없이 자기 고유의 수단을 이용해 상대국의 실험 상황을 감시할 수 있게 되었다.

1996년에는 유엔에서 "포괄적 핵실험금지조약(CTBT)"이 채택되었다. 이 조약에 따라 비밀 핵실험을 감시하기 위해 전 세계적으로 수백 개의 관측소가 설립됐다. 여기서 측정된 자료들은 바로 조약기구가 있는 비엔나에 전달되고 국제자료센터(IDC)에서 분석하게 된다. 이 감시망의 하나로 주요국들이 자국 내에 국가자료센터(NDC)를 설치해 유사한 업무를 수행하고 있다. 한국에서는 지질자원연구원이 국가자료센터(NDC)로 지정되어 이 업무를 수행하고 있다.

4-14 지진파를 통한 핵폭발 위력의 산출

단, 지하 핵폭발 위력을 지진파로 세밀하게 계산하는 것은 상당히 어렵다. 위력은 통상 지진파의 최대치와 주기로 계산하는데 지진파가 통과하는 암석의 매질에 따라 커다란 차이가 있다. 따라서 현재 사용하는 핵폭발과 규모 관계식도 상당히 많다. 많은 경우 위력을 알고 있는 실험을 반복해서 산출한 경험식을 채용한다.

이는 지하 핵폭발로 방출된 에너지 상당 부분이 주변 암석을 기화, 액화하는데 소요되고, 전체 중 일부만이 충격파로 전파되기 때문이다. 이 충격파도 많은 에너지를 주변 암석 매질을 압축,

파괴하는 데 사용되고, 최후의 일부가 지진파로 멀리 전파된다. 따라서 지하 핵폭발로 형성된 지진파 에너지는 전체 에너지의 상당히 작은 부분이고, 이 안에서도 주변 암석 특성에 많은 영향을 받는다는 것을 알 수 있다. 전반적인 실측 결과를 보면, 지진파로 변환된 에너지가 전체의 5%를 넘지 않는다.

암석의 수분 함량도 큰 영향을 미친다. 건조한 암석은 공극과 균열이 많아 응력파가 가해질 때 압축되고 메워지면서 상당한 에너지가 소모되고, 결국 지진파 규모가 낮아진다. 반면 습윤 암석은 공극과 균열에 물이 채워져 압축을 위한 에너지 소모가 적으므로 지진파 규모가 높다. 마찬가지로 공극률이 높은 연암 매질에서는 소모되는 에너지가 경암보다 크다.

일례로 경암 중에서의 폭발 mb=4일때 1kt 내외이지만, 연암인 충적토일 때는 mb=4에서 위력이 10kt를 넘는다. 충적토에서의 변환계수가 경암의 1/10 인 것이다. 따라서 각국의 시험장마다 위력 대비 규모가 다르게 나타난다. 미국 네바다 핵시험장은 연암(응회암) 매질이므로 측정된 규모 대비 위력이 소련과 프랑스보다 상당히 크다. 소련과 프랑스는 매질이 유사해 지진파 규모 대비 위력이 상당히 유사한 경향을 보인다.

4-15 핵실험 감시 회피기술의 발달

CTBT 계획에 따라 전 세계적인 감시망이 구축되었으나, 핵실험 탐지를 회피하는 기술들도 발전하였다. 지진파감시 회피(은폐) 기술은 모종의 조치로 지하 핵폭발로 생성되는 지진 신호를 약화시키거나 천연 지진과 유사하게 변화시켜 감시에서 벗어나는 것을 말한다. 여기에는 다음과 같은 몇 가지 방법이 있다.

가장 잘 알려진 방법은 기폭실 동공을 확장해 폭발이 주변 암석에 주는 에너지를 감소시켜 지진파를 줄이는 방법이다. 기폭실 깊이가 상당히 깊으면 작은 동공으로도 거의 완전한 은폐를 할 수 있다. 깊은 곳일수록 동공주위의 응력이 커서 폭발충격파가 이를 극복하는데 필요한 압력이 크기 때문이다. 단, 지하에 대규모 동공을 만드는 것은 작업량이 엄청나게 많고 높은 기술을 필요로 한다. 적당한 크기의 동공으로 규모를 줄여 관측 위력이 실제보다 낮게 하는 것은 충분히 가능하다.

다음으로 다양한 폭발로 지진파 파형을 변조하는 방법이 있다. 먼저 소위력의 폭발로 작은 P파를 형성한 후 수초 간격으로 위력이 큰 폭발을 일으키면 중첩되는 표면파가 발생해 ms가 크게 나타난다. 천연지진과 상당히 유사하게 되는 것이다. 그러나 지하 핵폭발로 생성된 지진파가 상당히 복잡해, 그 모든 특징들을 천연지진과 유사하게 만들기는 극히 어렵다.

다음으로 지진 신호 감쇄가 큰 건조 연암에서 실험하는 방법이 있다. 건조한 충적토와 응회암 매질이 있는 지역을 찾아 소규모 핵실험을 함으로써 국제적인 감시를 피할 수 있다. 미국의 네바다사막 지하 핵실험장이 이에 해당하므로, 규모가 작은 핵실험을 외국에서 파악하기 어렵다고 한다.

핵실험 감시는 지진파뿐 아니라 유출되는 방사성 기체의 탐지로도 수행할 수 있다. 따라서 기체 유출을 방지하기 위해 열분해 생성물이 적은 지형을 선택하고, 기폭실의 깊이를 깊게 한다. 굴착한 동공을 철근콘크리트 등으로 피복하면 소규모 핵폭발로 동공이 붕괴하지 않고 중복 사용하면서 방사성 기체도 효과적으로 봉쇄할 수 있다.

4-16 지하 핵폭발 때, 방사성 물질 생성과 분포

핵무기는 핵분열로 생성되는 거대한 에너지를 이용하는 것이다. 이때의 핵분열로 일정 수량의 방사성 물질들이 생성되고, 같이 생성된 중성자들이 핵무기 구조 재료나 주변 물질들에 들어가 별도의 방사성 물질들을 산출한다. 분열되지 않은 HEU, Pu 등의 핵물질들도 존재한다. 이러한 것들이 핵폭발 후의 방사성 물질을 구성하는데 감시 기구들이 이들을 검출하고 농도와 감쇄 속도, 특정 원소들의 비율 등을 측정해 핵실험 여부를 판단한다.

핵폭발로 생성되는 다양한 핵종들의 구성과 비율은 사용하는 핵물질의 종류와 분열 방식에 따라 많은 차이가 있다. 대체로 핵폭발 후 약 390여 종의 방사성 핵종들이 존재하는데, 이중 상당수 핵종들은 반감기가 극히 짧아 쉽게 검출되지 않는다. 중요한 핵분열 물질들에는 Kr^{85}, Xe^{133}, Xe^{135}, I^{135}, I^{131}, I^{132}, I^{133}, Sr^{90}, Sr^{89}, Y^{91}, Zr^{95}, Mo^{99}, Ru^{103}, Ru^{106}, Sb^{125}, Te^{132}, Cs^{137}, Ba^{140}, Ce^{141}, Ce^{144},

Nd^{147} 등이 있다.

지하핵실험 봉쇄 기술의 발전으로 대부분의 방사성물질들을 봉쇄된 지하에 가두어 놓을 수 있게 되었다. 특히 물에 잘 녹지 않는 난용성 핵종들 대부분은 암석이 용융되어 생성된 유리체 안에 갇히고, 휘발성이 있는 방사성 기체들(Xe^{133}, Kr^{85}, Xe^{135} 등)도 상당수가 굴뚝(chimney) 안의 잡석들에 흡착된다. Sr^{90}, Sr^{89}, Y^{91}, Cs^{137} 등의 핵종은 추가 분열로 기체의 모체가 된다.

일부 방사성 기체들은 지층을 통과해 대기 중에 유출된다. 증폭형 핵무기와 수소탄 사용되는 삼중수소(T, H^3)는 물에 쉽게 용해되므로 그 대부분이 수증기나 삼중수소화 수증기 형식으로 존재하며 일부가 굴뚝에 기체 상태로 남아 있게 된다. 불활성기체들은 파열된 갱도나 균열을 통해 완만하게 대기 중으로 유출된다.

폭발 심도가 상당히 깊고 지질구조에서 단층이 없으면, 방사성 기체가 파열된 암석 구역을 통해, 지면으로 유출되는데 상당한 시간이 걸린다. 이는 핵실험 봉쇄에 성공했을 때, 불활성기체나 휘발이 쉬운 동위원소들만 유출된다는 것을 의미한다. 여기에는 Kr^{85}, Kr^{87}, Kr^{88}, Xe^{133}, Xe^{135}, Xe^{138} 및 반감기가 빠른 Kr^{89}, Kr^{90}, Xe^{137} 등이 있다.

이러한 방사성 물질들의 대기 중 유출량은 폭발 심도와 암석 성질, 지질구조, 시공 품질 등과 깊은 관련이 있다. 일반적으로는 폭발 깊이가 깊을수록, 또 암석이 규산염이고 지질구조의 안정성이 높을수록 대기로 유출되는 방사성 양이 적다. 방사능 누출 사고는 고온 열분해로 다량의 기체(CO_2, CO)를 발생시키는 석회

암에서의 실험이나, 다수의 측정관 사용, 단층 지역, 낮은 기폭실
등에서 주로 발생하였다.

4-17 지하 핵실험 누출사고 대기 중 방사능 오염과 피해

지하핵실험의 봉쇄에 실패하면 방사능 물질이 대규모로 분출되
고 풍향을 따라 확산하면서 넓은 지역을 오염시킨다. 실험 현장
인력들이 오염에 노출될 수도 있다. 지하 핵폭발로 대기 중에 유
출되는 주요 방사성 동위원소들은 요오드와 불활성기체 핵종
($I^{131}, I^{132}, I^{133}, Kr^{85}, Kr^{88}, Xe^{133}, Xe^{135}$ 등) 및 2차 분열생성물(Ar^{39}, C^{14}), H^3 등
이다. 이것들이 방사성 구름을 형성해 풍향을 따라 이동하고, 이
동한 후에는 지역 내의 방사선 방출도 사라진다. 이것이 고체 방
사성 물질의 지면 확산과 다른 점이다.

Kr, Xe 등의 불활성기체들이 인체 내에 용해되는 정도는 상당
히 작다. 이들이 주로 호흡기를 통해 인체에 들어오면서 인체 내
의 방사선 조사량이 올라가지만, 조사 총량은 그리 많지 않다. 다
만, 요오드 동위원소 중 I^{131}은 상당히 위험한 물질에 속한다. 이
것은 인체에 들어온 후 약 30%가 체적이 작은 갑상선 내에 축적
되므로, 이 부위가 높은 방사선 조사를 받게 된다.

T도 위험한 물질이다. T의 용해도가 높으므로 지하수의 방사
성 물질에서 T가 차지하는 비중이 높다. 미국과 소련의 핵실험
장에서도 고여 있는 지하수의 T 농도가 특히 높아 문제가 된 사

례가 있었다. 이것이 유발하는 외부에서의 방사선 조사는 무시할 수 있지만, 인체 내부로 들어온 후에는 문제가 달라진다. T가 포함된 물은 식물과 음용수, 호흡기 등을 통해 인체에 들어와 단기간 내에 인체 내의 수분 안으로 확산한다. 단, 정상 신진대사로 수분이 배출되므로, 삼중수소의 인체 내 유효 반감기는 12일 정도라고 한다.

이상의 논의를 종합하면, 지하 핵폭발로 대기 중에 유출된 방사성 물질이 사람에게 주는 위험은 주로 방사선 조사라는 것을 알 수 있다. 봉쇄에 성공하면 지하핵실험의 방사능 유출 위험은 그리 현저하지 않다. 핵실험은 기상 조건이 좋을 때 진행하므로 오염지역이 광범위하게 확산하지도 않는다.

4-18 지하수의 방사능 오염과 감소 위한 조치

폭발로 형성된 동공과 굴뚝이 지하수위보다 낮을 때는 지하수가 방사능에 오염된다. 반대로 지하수위보다 높고 봉쇄가 잘 되면 지하수 오염이 거의 발생하지 않는다. 지하수의 방사능 오염 농도는 핵폭발로 생성된 방사성 동위원소와 암석의 물리화학적 특성 및 전파, 확산 작용 등과 밀접한 관계가 있다.

암석 매질이 규산염(화강암, 충적토, 응회암 등)이면, 고열로 형성된 용암 내에 대부분의 방사성 물질들이 잡히고 이것이 냉각과 함께 굳어 고착된다. 실제 실험에서도 견고한 유리체에 99.5%의 방사성 미립자들이 들어가고, 수백 년 후에도 지하수에 침출되어 밖으로 나오지 않는다고 한다.[*] 단, 탄산염 매질에서 폭발이 일어날 때는 산소, 칼슘, 산화마그네슘 등이 물과 반응해, 용융체에 물이 쉽게 침투한다.

유리체에 갇히지 않으면서 지하수 오염을 유발하는 방사성 동위원소에는 Sr^{90}, Cs^{137}, T 등이 있다. 단, 방사성 동위원소들의 지하수 내 이동속도가 물의 이동속도보다 크게 늦어, 대규모 지하수 오염은 일어나지 않는다고 한다. Sr^{90}, Cs^{137}는 지하수를 따라 이동하다가 자연계에 존재하는 많은 광물질에 흡착된다. 흡착된 동위원소가 미 오염 지하수와 만나 다시 수중으로 이동할 수 있지만, 이 과정이 반복되면서 수중 이동속도가 현저히 저하된다.

실측 결과는 보면, 연간 평균 이동속도가 Sr^{90} 9.6m, Cs^{137} 0.88m, H^3 91.25m, 천연 우라늄 2.21m였다. 삼중수소는 암석에 흡착되기 어려우므로 비교적 빠르게 이동하지만, 대표적인 오염 물질인 Sr^{90}, Cs^{137}의 수중 이동속도는 상당히 느리다. 따라서 지하 핵폭발로 동공과 굴뚝 부근 지하수가 오염되는 것 외에는 방사능 물질의 지하수를 통한 확산이 크지 않고, 일정 거리를 벗어나면 거의 무시할 정도가 된다.

이와 함께, 오염된 지하수와 오염되지 않은 지하수가 만나 혼합되면서 수중의 방사선 농도가 희석된다. 방사성 물질은 계속 분열하므로 스스로 줄어들기도 한다. Sr^{90}, Cs^{137}의 반감기가 비

● Bazel R. E., "J. Geophys. Res.", 1960, 50(9) 및 Higgins G. H., "J. Geophys. Res.", 1959, 64(10) : 1509

교적 길지만(약 28~30년) 지하수 중에서 암석에 흡착되고 이동속도가 느리므로, 유출되기 전에 상당 부분이 분열하게 된다. 따라서 시간이 흐를수록 이들에 의한 오염 정도가 감소한다.

방사능 오염을 줄이기 위한 기술도 발전하고 있다. 먼저, 사용하는 핵물질을 조정해, 핵분열반응을 줄이고 핵융합반응을 늘리는 방법이 있다. 미국과 소련은 1960년대부터 핵물질의 95%를 핵분열로 하고, 5%를 핵융합으로 하는 방법을 사용한 바 있다. 이때 동일 방사선량의 오염 농도가 100km에서 10km로 줄어드는 결과를 얻었다. 붕소(B)로 핵물질의 외곽을 둘러싸 폭발시 방출되는 중성자를 흡수하고 방사성 물질의 생성을 감축하는 방법도 사용하였다.

무엇보다 생성된 방사성 물질들을 지하에 잘 가두는 방법을 많이 고려한다. 규산염 매질에서의 실험으로 방사능 물질을 가두는 유리체 형성을 촉진하고, 기폭실을 깊게 하며, 유리한 기상 조건을 선택해 오염지역 확대를 방지한다. 방사능 농도는 시간에 따라 감소하므로 지역 내 안전 표준을 잘 설정해 그 이하로 내려온 후에 인력의 진입을 허용한다.

4-19 세미파라친스크 핵실험장 폐쇄

소련 해체로 1991년에 독립한 카자흐스탄은 전략핵탄두 1,410개와 ICBM 104기, 전략폭격기 40대, Pu 생산용 원자로와 풍부한 우라늄 자원, 핵실험장, 바이코누르 우주발사장 등을 포함해 세계 4위권의 핵무기를 보유하고 있었다. 그러나 구소련이 세미파라친스크 핵실험장((Semipalatinsk Test Site, Polygon)에서 실시한 456회의 핵실험으로 50여만 명의 피폭자가 발생해 지역 주민들의 반발이 극히 컸다.

이에 당시의 나자르바예프 대통령은 국내 보수파와 아랍권의 핵무기 보유 주장을 거부하고 핵 포기를 결단하였다.[*] 여기에는 국제사회로부터 안전을 보장받고 핵위협감소(CTR) 프로그램으로 미국 국방위협감소국(DTRA)의 지원을 받으며 20년간 약 2천억 달러의 투자 유치로 경제 성장을 이룩할 수 있다는 점이 크게 작용하였다. 주요 조치에는 핵탄두와 HEU 반출(Sapphire Project), 핵무기 생산용 원자로 등의 설비 해체, 핵실험장 폐쇄 등이 있었다.

특히 미국, 러시아 등과의 국제협력을 통한 세미파라친스크 핵실험장의 처리와 봉쇄는 제반 내용이 투명하게 공개된 유일한 사례라는 점에서 큰 주목을 받았다.[**] 이 실험장은 18,500km²의 넓은 지역을 차지하고 있었고, 1947년에 설립되어 1991년에 폐쇄될 때까지 공중 86회, 지면(지표) 30회, 지하 340회, 합계 456회의 핵폭발실험을 수행하였다.

- 나자르바예프 대통령은 "우리 자손들이 핵무기 피해를 받으며 살게 할 수 없다."고 주장하였다. 북한의 김정은 국무위원장도 "우리 아이들이 핵무기를 지고 살게 할 수 없다."고 말했다 한다.
- 핵실험장 개요와 처리, 폐쇄 전 과정을 정리해 3권의 책으로 출판하였다. N.A. Nazarbayev el.al. (2017), "Science, Technical and Engineering Work to Ensure thr Safety of the Former Semapalatinsk Test Site", Kurchatov, National Nuclear Centre of Kazakhstan. I, II, III 참조.

시험장은 크게 3구역으로 나누어졌다. 먼저 1949년의 최초 핵실험 이후 부분적핵실험금지조약 전까지 116회의 대기권(공중과 지상) 실험을 했던 북서쪽의 실험장 구역(Experimental field site)이 있다. 이 지역은 비교적 조기에 실험을 중지하였고 오염이 넓은 지역으로 확산하여, 현재는 비교적 넓은 지역에 일반인 출입이 가능해졌다. 필자도 2019년 9월에 카자흐스탄 정부의 초청으로 동지역을 참관한 바 있다.

다음으로 784km² 면적에서 108회(1963~1989)의 핵실험을 수행한 동남부의 Balapan 구역이 있다. 여기서는 주로 직경 820~1440mm, 깊이 270~1,200m의 수직갱도 실험을 하였다. 폭발위력은 15~140kt 정도였고 폐쇄될 때까지 13개의 수직갱도가 미사용으로 남아 있었다. 이 지역에서는 대규모 굴착 등의 평화적 목적으로 낮은 심도에서의 핵실험이 수행되어, 방사능 오염이 심한 호수(Lake Chagan)가 발생하기도 하였다. 따라서 통제구역이 비교적 넓다.

마지막으로 수평갱도 지하핵실험을 수행한 서남부의 Degelen과 Sary-Uzen 구역이 있다. 면적 300km²의 Degelen 구역에서는 1961년부터 1989년까지 181개의 수평갱도에서 모두 209회의 핵실험을 하였고, Sary-Uzen 구역에서는 23회를 실험하였다. 소련 철수 후 이 실험장을 조사하면서 갱도의 재사용과 잔류 핵물질의 탈취 가능성이 거론되기도 하였다.[*]

● Eben Harrell & David E. Hoffman(2013), "Plutonium Mountain", Belfer Center(Harvard University).

갱도와 컨테이너 안에서 일부 분열하지 않은 HEU와 Pu가 무더기로 발견된 것이다. 이는 화재 등에 의한 핵무기 폭발 여부 실험이나 최소폭약 시험 등에서 폭발하지 않거나 부분 폭발이 일어나 상당량의 핵물질이 남은 것이다. Pu가 들어 있는 핵장치를 폐기한 것도 있었다. 이에 미국과 카자흐스탄 정부의 협의에 따라 2012년까지 대대적이고 장기적인 위협감소 프로그램이 추진되었다.

카자흐스탄은 미국과 Omega Project를 통해 세미파라친스크 핵실험장에서 수차례 화학 폭발 실험을 수행하고, 이를 통해 소련 핵실험 지진파와 폭발위력의 상관관계를 파악하였다. 아울러 Degelen, Balapan 지역의 핵실험용 수평갱도와 수직갱도들의 형상, 핵실험 목적, 핵물질 종류와 사용량, 폭발 효율 등을 파악하고, 방사성 물질 확산 정도와 잔류 오염 등도 조사, 분석하였다. 최종적으로 모두 폭파하고 콘크리트로 봉쇄하였다.

이후에는 통제 구역 설정, 철조망과 감응장치 설치, 레이더와 무인기 등을 통한 3단계의 지역방호 시스템을 구축하고, 안전을

그림 4-5 **Degelen 구역 수평갱도 봉쇄**[•]

● V. Dmitropavlenko, "Nuclear Non-proliferation Support", 대한민국-카자흐스탄 공동 심포지엄, 2019. 9

관리하고 있다. 현대 기술이 가미된 차단시설 개발과 구축, 주야 간 원격 감시, 무인 경계와 수시 모니터링, 중앙에서의 원격 조종, 비상시 응급 출동 등의 제반 시스템도 구축되었다.

4-20 핵실험과 북한에 대한 시사점

핵실험은 개발한 핵무기의 성능을 검증하고 새로운 무기로 개선하는 데 필수적이다. 지금까지 핵무기 선진국들이 수천 번에 걸쳐 다양한 핵실험을 한 것도 이 때문이다. 그러나 대기 중에서의 핵실험은 광범위한 방사능 오염을 일으키고 인접국까지 피해를 받게 하는 문제가 발생하였다. 이에 국제 협약을 통해 핵실험이 지하로 이전하게 되었다.

지하핵실험은 지상에서 파악하기 어려운 여러 가지 효과들을 파악하고 핵무기 기술을 발전시키는데 유익한 정보들을 제공하였다. 따라서 후발 핵무기 개발국들이 다양한 방법으로 지하핵실험을 감행하였고, 국제적으로 이를 감시하고 분석하는 기구들이 설립되었다. 이렇게 측정된 정보들은 해당국의 핵무기 기술 개발 경로와 수준을 파악하고 진로를 예측하는 데 상당히 유용하다.

기술과 자본이 풍부한 미국은 핵실험 분야에서도 대기권을 탈피해 지하 수평갱도, 수직갱도로 순차 이전하였다. 이후 핵실험장 건설과 실험을 규격화하여 좁은 면적에서 다수의 실험을 안전하게 수행하였다. 소련과 중국 등의 사회주의 국가들도 수직갱도를 이용하였으나, 상대적으로 수평갱도의 비중이 높고, 첨단 금속제 차단벽보다는 되메우기에 의한 봉쇄 방법을 많이 사용하였다.

핵실험 중지로 실험장을 처리하고 폐쇄하는 국가들도 나타나고 있다. 일례로 카자흐스탄은 핵실험장 폐쇄 이후 러시아, 미국 등과 협력하여 광범위한 핵실험장과 주변 지역에 대한 방사선 오염 조사를 수행하였다. 이를 토대로 오염지역과 안전 지역을 구분하고, 지역 주민과 동물, 식물, 지하자원 등에 대한 영향 파악과 시계열 역학조사를 수행하면서 이를 활용하는 방안을 추진하고 있다.

이러한 조사는 현 시간에도 진행 중이고 앞으로도 상당 기간 지속될 것이다. 국제과학기술협력센터(International Science & Technology Cooperation Center, ISTC)를 설립해 핵무기 기술자들의 직업 전환과 보유 기술의 평화적 이용을 지원하기도 한다. 미국은 이러한 국제협력을 통해 소련의 핵기술 개발경로를 파악하고, 대안을 수립하기도 하였다.

이러한 사례를 북한의 풍계리 핵실험장 폐쇄와 비교하면 많은 시사점과 교훈을 찾을 수 있다. 먼저 카자흐스탄은 핵무기를 포기한 후 절차에 따라 핵실험장을 철저히 폐쇄하였다. 이에 비해 북한은 핵을 포기하지 않은 채 실험장만을 폐쇄한다고 선언하여 부분적인 폐쇄에 그쳤다.

다음으로 카자흐스탄은 미국 등의 국제공조와 경비지원을 받아 상당히 과학적으로 장기간에 걸쳐 핵실험장을 폐쇄하였다. 이 과정을 투명하게 공개하여 전세계의 신뢰를 받았다. 이에 비해 북한은 자체적으로 갱도 입구와 내부 두 곳만을 폭파하는 데 그쳤다. 전문가 공개를 하지 않아 철저한 폐쇄 여부에 상당한 의구심을 남겼다.

여기에 카자흐스탄은 내부 폭파와 입구 봉쇄, 지역 출입 차단 등의 다단계 보호조치를 취해 완전에 가까운 핵실험장 폐기를 한 데 비해, 북한은 일부만을 폭파하면서 재사용 여지를 남겼다. 결국 최근 들어 북한이 단기간에 이를 복구하면서 당시의 폐쇄가 철저하지 못하고 일종의 기만이었다는 것이 드러나고 있다.

5장

핵폭발 피해 유형과 특성

히로시마 원자탄 피해

핵폭발은 엄청난 파괴 효과를 가진 궁극(窮極)의 무기이다. 일본 히로시마와 나가사키에 투하된 원자탄으로 수십만 명의 인명 피해가 발생하였고, 도시가 초토화되었으며, 오랫동안 사람이 살기 어려운 방사능 오염을 발생시켰다. 냉전 시기에는 초기 원자탄의 수십 배, 수백 배 위력을 가진 수소탄들이 개발되었고, 이제는 대규모 핵전쟁이 인류 멸망을 가져올 것이라는 전 세계적 공감대가 형성되었다.

한편으로는 핵무기 관련 지식을 공유하면서 피해를 줄이려는 노력과 연구도 상당히 진전되었다. 따라서 핵폭발 피해를 줄이기 위해 이를 유형별, 분야별로 구분해 상세히 살펴볼 필요가 있다. 필자는 군 복무 시절에 육군화학학교(현 육군화생방학교)를 졸업하고, 3년 동안 화생방 방호와 병기, 탄약 업무를 수행한 바 있다. 당시의 기억을 되살리고 새롭게 개발된 지식을 덧붙여, 핵폭발 피해 유형과 특성을 소개한다.

5-1 핵폭발 피해 유형과 정도

일반적인 화학 폭탄은 충격파와 파편에 의한 피해가 크고, 중심 온도도 수천도 정도에 그친다. 이에 비해 원자탄은 약 1/3의 에너지가 광복사(열복사) 형식으로 방출되어, 화구 온도가 태양 표면 온도(약 6,000도)보다 월등히 높은 수십만도 이상이다. 화구 표면에서 방출되는 광복사가 빛의 속도로 전파되어 충격파 다음으로 커다란 피해를 몰고 온다.

원자탄이 폭발할 때 입는 피해를 분야별로 살펴볼 필요가 있다. 많이 거론되는 것에 충격파와 광복사, 방사선, 전자기파의 4가지이다. 혹자는 여기에 "핵겨울"을 포함시키기도 한다. 대량의 핵폭발로 도시와 산림 등에서 대규모 화재가 발생하고, 재와 연기가 태양을 가리면서 지표면 일조량을 크게 줄인다는 것이다. 이로써 농업 소출을 급감시키고 인류와 동물의 생존까지 위협한다고 한다. 단 지금까지 400Mt 이상의 대기 중 핵실험이 있었는데도 큰 기후 변화가 없다는 반론도 있다.

핵폭발 피해는 핵무기의 종류와 위력, 폭발 고도 등에 따라 크게 달라진다. 흔히 볼 수 있는 것은 일본 히로시마, 나가사키에서의 초기 원자탄 피해 유형을 정리한 것이다. 당시 히로시마에는 15kt 위력의 HEU 원자탄이 지상 600m 정도의 공중에서 폭발해 약 16만 명이 사망하였고, 나가사키에는 20kt 위력의 Pu 원자탄이 약 500m 고도에서 폭발해 약 8만 명이 사망하였다. 부상자와 후유증으로 인해 수명이 단축된 피해자들은 이 규모를 월등히 초과한다.

요인별로는 사망자의 약 50%가 폭발로 인한 폭풍 피해였고, 이어서 광복사(열복사) 35%, 방사능과 낙진 14%(순간 4%, 잔류 10%), 전자기파 1% 정도였다. 히로시마의 경우, 낙진이 30~40km에 도달한 것을 제외하면 대부분의 피해가 폭심 반경 3~4km, 극심한 피해는 1.5km 이내에서 발생하였다. 이를 토대로 우리나라 대도시에 원자탄이 투하되었을 때의 피해 규모를 예측하기도 한다. 그러나 원자탄 피해 유형과 정도는 상당히 다양하고 복잡하며 피해국의 방호 정도에 따라 크게 감축되기도 한다.

핵무기 폭발위력이 커져도 피해 범위가 비례해서 커지지 않고, 위력 증가 대비 파괴 범위가 줄어드는 경향이 나타난다. 또한 위력이 커질수록 광복사에 의한 피해 거리가 다른 유형을 넘어서는 경향이 나타난다. 시설 파괴와 인명 살상이 목적일 경우에는 화구가 지면에 접촉할 정도의 저공폭발이나 지상 폭발을 선호한다. 이때는 폭풍파와 광복사에 의한 피해가 크고, 대량의 방사능 낙진이 널리 퍼져 오염지대를 형성하면서 지속적인 피해를 유발한다.

일반적으로 폭발 순간에 광복사가 발생하고, 수초 내에 폭풍파가 지나간 후 화구가 상승하면서 폭심 방향 폭풍이 지나가며 낙진은 풍향과 풍속에 따라 2시간 내에 집중해서 낙하한다. 히로시마에서는 첫날에 광복사와 폭풍파 위주로 사망자 전체의 70.3%(나가사키는 56.4%)가 발생하였고, 이후 사망자는 방사능 위

그림 5-1 20kt 원자탄 저공 폭발시 피해 유형과 거리

주로 96%가 20일 이내에 발생하였다.

광복사는 화구 발광으로 강력한 빛이 발생해 순식간에 태양광처럼 직선으로 전파되는 것을 말한다. 폭발위력에 비례해 화구가 커지고 발광시간이 길어지는데, 저공폭발에서 가장 피해가 크다. 일례로 10kt 위력에서는 화구 최대 반경 170m에 발광시간 1.81초 정도이고, 100kt에서는 388m에 4.77초 정도가 된다. 맑은 날과 대낮에 피해가 크고 눈/비/안개 상황에서 크게 감소하며, 거리가 멀어질수록 피해가 감소한다. 지표면 폭발 시에는 흙, 물 등이 에너지를 흡수해 피해가 감소한다.

노출된 피부의 화상과 화구 목격에 의한 안구 화상, 열기 흡입에

● 이춘근(2017), "북한의 핵위협 증가에 대응하는 핵방호 및 민방위체제 개선방안", STEPI Insight Vol. 217

의한 기도 화상이 발생하는데, 모자와 긴팔 옷을 착용하고 차폐 건물 뒤나 산악 후사 면에 있으면 피해가 크게 감소한다. 3도/1도 화상 피해를 입는 거리는 20kt 위력에서 2.5/4.2km, 1Mt에서 12/19km 정도이고, 화구 목격에 의한 시력 손상 거리는 각각 10km, 60km 정도이다.

목재나 가연성 건물 등에서 화재가 발생하고 핵폭발 태풍으로 급속히 전파되며, 밀집 건물에서는 10m 거리의 인접 건물로도 화재가 전파되어, 2차 인명 피해가 발생한다. 가스, 유류 저장소, 화학물질 등에서는 폭발을 동반한 화재가 발생하고, 노출된 차량에서도 화재가 발생한다.

저고도나 지표면 폭발 시에는 폭풍파(충격파) 피해가 가장 크다. 광복사에 이어 초음속 충격파와 30~50m/s의 폭풍파가 수 초 내에 지나가며, 고온 진공상태의 화구가 상승하면서 폭심 방향으로 제2차 폭풍이 다시 지나간다. 20kt 저공폭발일 때, 충격파가 2초 만에 1km, 5초에 2km, 8초에 3km 거리에 도달하고, 순간적인 압력상승으로 근거리 인력의 고막 파열과 내장/심혈관 손상이 발생한다.

앞서가는 폭풍파의 압력과 뒤따르는 진공 구역의 요동으로 구조물이 대량으로 파괴되며, 그 잔해물과 유리 파편 등의 비산(飛散)으로 다양한 2차 피해를 일으킨다. 다만 대형 아파트단지 등은 앞 건물이 파괴되면서 에너지를 소모하고 비산물에 대한 물리적 저항이 커지면서 피해 범위가 줄어든다. 일정한 거리 밖의 터널과 지하실 등은 상대적으로 안전하다.

그림 5-2 **충격파(폭풍파) 피해와 안전구역**

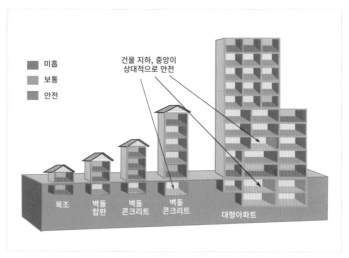

방사능 피해는 피폭 정도에 따라 시간이 흐르면서 나타난다. 조기 핵복사로 미분열 핵물질과 핵분열 생성물(감마선, 베타선 등)이 확산하는데, 이 중 감마선이 직접 전파되면서 투과력이 상당히 높아 소리 없이 인력과 물자를 손상하게 된다. 감마선과 중성자가 공기 중의 질소와 산소, 토양 중의 금속과 작용해 방사성 물질로 변환하고 이것이 2차 방사능 오염원이 되지만, 피해 거리는 상대적으로 짧다.

저공 폭발과 지상 폭발시, 주변 물질들이 고온에 용융, 기화되어 화구를 따라 상승했다가 온도 저하에 따라 응결되어 바람을 타고 낙하하면서 방사능 오염지대를 형성한다. 낙진은 고도별

● 자료 : Lawrence Livemore National Laboratory, 제2작전사령부-부산광역시 연합 TTX 자료(2017.6.5.)에서 발췌, 수정

풍향과 풍속에 따라 낙하지역이 크게 달라지는데, 통상 1시간 내 낙하지역을 고위험지대, 2시간 내 낙하지역을 준위험 지대로 구분한다.

감마선과 베타선이 피부를 손상시키고, 방사성물질 접촉과 흡입, 오염음식 흡수 등으로 갑상선, 장기 손상, 폐렴(암), 백내장, 조혈장애, 백혈병, 수명 단축 등이 발생한다. 핵폭발로 인한 초기 방사능 피해와 중장기 후유증이 발생하지만, 오염지대 잔류방사선 선량은 시간에 따라 급격히 감소한다.

히로시마의 경우, 폭발 1시간 후의 방사선 등가선량이 147Sv로 노출된 인력 모두가 24시간 내에 사망하고, 8시간 후에 14.7로 수일 내에 모두 사망할 정도로 높았지만, 2일 후에 1.47, 7일 후에 0.5 이하가 되고, 15일이 경과하면 0.14로 급격히 낮아졌다.● 따라서 일반적으로 폭발 후 7일 정도가 되면 현장 구호 인력들이 진입할 수 있게 된다.

이상의 피해 유형과 정도를 종합하면, 핵폭발 피해가 광복사와 폭풍파, 핵복사로 이어지면서 순차적으로 발생하고 피해 범위와 정도도 크게 다른 것을 알 수 있다. 핵폭발로 인한 피해 정도는 위력과 폭발 고도, 방호 정도 등의 여러 여건에 따라 크게 달라지므로, 수치로 일반화하기 어렵다. 무방비 상태의 대략적인 개활지 인력 살상반경은 다음 표와 같다.

● 방사선의 종류를 반영하는 피폭 등가선량(시버트, Sv) 대비 피해는 100Sv에서 24시간 내 모두 사망, 10에서 수일 내 모두 사망, 3에서 수 주 내에 50% 사망, 1에서 30일 후 10% 사망 정도이고, 0.5이면 일시적 두통을 일으키는데 그 이하일 때 현장구조팀이 투입된다. 방사선 종사자의 연간 노출 한도는 50mSv이다.

표 5-1 **폭발위력과 고도에 따른 개활지 무방비 인력의 살상 반경**(km)

폭발 방식	손상 등급	폭발위력(kt)		
		20	100	1,000
지상 폭발	고	1.2	1.7	5.0
	중	1.3	2.2	6.2
	소	2.1	3.9	9.0
공중 폭발	고	1.1	2.4	7.2
	중	1.5	3.2	9.1
	소	3.1	5.7	13.4

5-2 중성자탄의 피해 유형과 정도

중성자탄은 중성자 발생률을 높여 대규모 기갑부대 내부 인원을 살상시키고 충격파와 방사능 오염지대 형성은 최소화한 것이다. 아래 그림에서 보는 바와 같이, 10kt 이하의 낮은 폭발 위력에서는 중성자 살상 거리가 열복사와 충격파 등의 다른 요인보다 크게 앞선다. 따라서 극도의 수소탄 소형화를 통해 1단 핵분열을 억제하고 2단 핵융합에서도 중성자 발생을 극대화한 소위력 수소탄, 즉 중성자탄을 개발한다. 일반적으로 중성자탄의 폭발 위력은 1~3kt 정도이다.

1kt 정도의 중성자탄과 동일 위력의 원자탄을 비교할 수 있다. 일반적인 원자탄은 충격파 50%, 광복사 35%, 순간 복사 5%, 잔류 복사 10% 정도이지만, 중성자탄은 충격파 40%, 광복사 25%,

순간 복사 30%, 잔류 복사 5% 정도가 된다. 일반 원자탄에 비해 충격파와 광복사가 감소하고, 빠르게 효과가 나타나는 순간 복사가 크게 증가한 것을 알 수 있다.

감마선의 강철 투과 능력이 약한 반면, 중성자는 상당한 두께를 투과해 내부 인명을 살상시킨다. 예를 들어 1kt 위력의 중성자탄을 90m 고도에서 폭발시키면, 방사능 오염지대 형성이 반경 180m 정도에 그치는 데 비해, 중성자는 700m 거리 안에서 30cm의 철판을 투과해 전차 내부 인력을 살상시킨다. 200m 고도에서 폭발할 때는 900m 안의 전차 승무원 전투력을 크게 손상시킨다.

일반 원자탄으로 이 정도 거리의 전차를 파괴하려면 폭발 위력이 10배 정도가 되어야 한다. 일례로 10kt 위력의 히로시마급

그림 5-3 **원자탄 폭발시 주요 인자들의 살상 거리 변화**

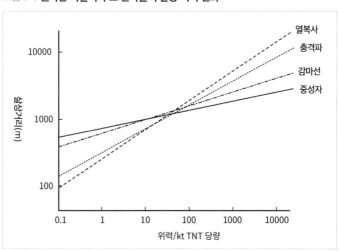

표 5-2 **중성자탄과 원자탄의 살상 효과 차이**

핵탄 유형	폭발 위력 (kt)	전차 내부 인력 살상 거리(m) [*]		건물파괴반경(m) (초압 0.3kg/cm²) [*]
		흡수선량 80Gy	흡수선량 6.5Gy	
중성자탄	1	690	1,100	550
원자탄	1	360	690	610
	10	690	1,100	1,220

원자탄 폭발 시 전차 내부 인력 살상 반경이 700m 정도이고, 위력이 100kt으로 올라가도 직접 파괴 반경이 900m 정도에 그친다. 중성자 살상 효과는 극히 짧은 시간 내에 끝나므로, 중성자탄 공격 후에 전장에 진입할 수 있다. 단, 폭발 위력이 10kt 이상으로 큰 때에는 충격파 피해가 중성자 피해 범위를 넘어서고 방사능 오염지대 형성으로 즉시 진입이 어렵다.

5-3 고고도 핵폭발과 피해 유형

일반적인 저공폭발 피해는 히로시마와 나가사키와 유사하게 충격파 50%, 광복사 35%, 초기 핵복사 4%, 방사성 물질의 잔류 핵복사 10%, 핵EMP 1% 정도이고, 수소탄은 잔류 핵복사 피해가 크게 줄어든다. 이에 비해, 고고도 핵폭발에서는 낮은 공기밀도로 인해 충격파가 줄어들고, X선, 감마(γ)선, 중성자, EMP 등에

- ● 흡수선량 6.5Gy에서 2시간 이내에 생리학적 손상을 입어 전투력을 상실하며, 80Gy 이상에서는 영구 전투력 손상을 입고 수일 내에 사망한다.
- ●● 초압 0.3kg/cm² 정도에서 도시 건축물이 중등 정도로 파괴된다.

의한 순간 피해와 이온화 효과, 복사대 효과 등의 지연 피해가 늘어난다.

공기가 희박한 고고도 핵폭발에서는 화구의 크기와 확장 및 상승 속도가 저공보다 월등히 크고 빠르다. 또한 고도 80km 이상, 특히 100km 이상의 폭발에서는 폭발 원점에 화구가 형성되지 않는다. 폭발 원점 아래의 고도 60~80km 영역에 두께 10~15km, 반경 10~20km 정도의 호빵 모양 화구가 형성되어 수분 동안 지속되는 것이다.[•]

이는 폭발로 발생한 X선이 공기가 희박한 고공에서 자유롭게 확산하고, 아래쪽으로 발산된 X선이 고도 60~80km의 대기에

그림 5-4 **고고도 핵폭발 시의 폭발 원점과 화구의 분리 현상**

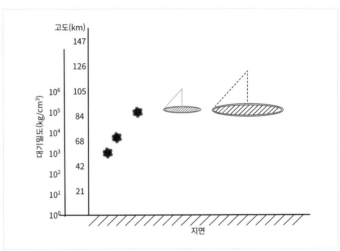

자료 : 王建國 등(2010), 高空核爆炸效應參數手冊, 原子能出版社

● 일반 원자탄에서 70~80km 고도에 나타나고 수소폭탄 등 X선 발생이 많은 경우는 60~70km에 형성된다. 위력이 작고 고도가 월등히 높을 때는 화구 형성 없이 γ선에 의한 형광 현상이 발생한다.

흡수되면서 에너지가 침적되기 때문이다. 폭발 고도 증가에 따라 생성된 화구를 목격하는 지역 범위가 크게 넓어지고, 지구 곡률의 영향도 받게 된다. 고도 30km 폭발일 경우의 목격 거리가 700km 정도인데, 고도 100km 폭발에서는 1,120km의 먼 거리에서도 화구를 볼 수 있는 것이다.

이에 따라 고고도 핵폭발에서는 폭발화구에 의한 인간의 안구 손상 거리가 크게 증가하는 데, 이는 고고도에서의 대기 투과율이 크고 목격 범위가 넓기 때문이다. 미국의 Teak 시험(77km, 3.8Mt)에서는 폭발 원점 550km 밖의 토끼가 안구에 화상을 입었다고 한다.

고고도 핵폭발로 생성된 X선, 감마선, 중성자 등이 대기 중의 원소들과 작용해 이온을 발생시키고, 충격파와 자기 흐름으로 기존 이온층의 전자밀도가 급격히 요동한다. 대기 중의 전자밀도가 장시간, 광범위하게 증가해 낮은 이온층(D, E층)에 소위 "부가 이온구역"을 형성하고 지구 자장도 변화시키며, 이온층의 전자밀도가 급격히 증가했다가 평형으로 복귀하면서 E, F층이 요동한다.

고도 80km 이상의 핵폭발에서는 이온층 및 지구자장에의 영향이 커진다. 이온층이 형성되는 고도 80km 정도를 기준으로 핵폭발 현상과 피해 유형이 크게 달라지므로, 통상적으로 이 고도를 고고도 핵폭발 유형 변화의 경계로 삼는다. 군사적으로는 전자장비에 미치는 영향이 현저해지는 고도 30km 이상을 고고도 핵폭발로 구분하는데, 미국의 1960년대 실험도 30~70km 고도에 집중되었다.

80km 이하의 핵폭발에서는 X선의 공기 중 자유 이동 거리가 짧으므로 X선 에너지 거의 대부분이 원점 부근의 공기 중에 침적되고, 감마선은 더 아래로 하강해 침적한다. 고고도 핵폭발에서 주요 피해 원천들이 아래 방향으로 영향을 미칠 수 있는 고도를 특정해 정지 고도(stopping altitude)라는 개념을 사용한다. X선의 정지 고도는 50~90km, 중성자와 감마선은 20~30km, 베타(β) 입자는 55km, 파편 이온은 110km 정도이다.*

고고도 핵실험이 통신과 레이더 성능에 미치는 영향은 많은 핵무기 선진국들이 고도로 중시하는 분야이고, 일부 실험은 이를 목적으로 수행되었다. 고고도 핵폭발로 크게 강화되고 요동하는 이온층이 레이더 펄스를 흡수해 신호 강도가 크게 감소하고 교란된 이온층을 신호가 통과하면서 굴절, 반사 등이 일어나는 것이다.

이에 따라 레이더의 탐색 거리와 추적 정확도가 영향을 받는데, 낮은 이온층인 D, E층 특히 D층에서 부가이온 증가에 의한 전파 흡수와 교란이 현저하게 발생해, 중고주파 신호가 크게 감소하고 심한 경우에는 중단된다. 추적 레이더의 경우, 20km 범위에서의 영향이 특히 커서 일시적으로 기능이 정지하고 20km 밖에서는 영향이 비교적 적어 작은 편차가 발생한다. 탐색 레이더에의 영향도 유사하나 영향을 받는 시간이 길고 면적이 넓으

● 진공에서 X선의 자유 이동 거리가 증가하므로, 고고도 폭발시 X선 대부분이 우주로 발산되어 소멸된다. 일례로 고도 100km 폭발 시 약 25%의 X선 에너지만 아래로 확산하여 공기 중에 침적된다.

며 탐지 범위도 크게 축소된다.

통신과 레이더에 영향을 미치는 범위는 폭발 고도가 높고 위력이 클수록 크고, 영향을 미치는 시간은 폭발 고도가 높을수록 줄어든다. 낮은 고도에서는 폭발 원점 아래의 상대적으로 좁은 범위에서 상당히 심각한 영향을 장시간에 걸쳐 받았다. 주파수 대역에서는 LF와 MF, HF가 큰 영향을 받아, 수일 동안 교란되고, VHF와 VLF(초장파)가 그 다음이며 UHF(극초단파), SHF(초극초단파)는 상대적으로 영향이 적다.

인공위성은 순간 피해와 지속 피해를 입게 된다. 순간 피해는 위성의 폭발구역 진입으로 일어나는데, 주요 원인은 X선과 감마선, 중성자 등이고 EMP와 방사성물질 오염도 영향을 미친다. 위성이 궤도를 돌면서 반복적으로 오염지역을 통과해 지속 피해가 발생하는데 특히, 태양전지판과 외부로 노출된 관측 기기들이 큰 피해를 받는다. 위성이 고속으로 이동하므로, 초기의 영구 파괴뿐 아니라 수명이 대폭 단축되면서 기능이 손실되는 경우도 많다.•

다만, 고고도 핵폭발 피해는 상당히 복잡하고 여러 현상이 복합적으로 일어나므로, 과학기술이 발달한 현재까지도 밝혀지지 않은 내용이 많다. 고고도 핵폭발이 미치는 영향도 전지구와 우주를 포괄할 정도로 넓고, 특정 국가에 대한 공격이 주변국에 입게 되는 피해도 크다.

• 일례로 미국의 1962년 Starfish 실험으로 7개월 내에 적어도 7개 이상의 저궤도 위성이 기능이 줄어들거나 이상이 발생하였다.

5-4 EMP 효과와 피해 유형

X선이나 감마선이 대기 중의 원자에 충돌하면서 튀어 나가는 전자에 에너지를 전달하고 파장이 길어지는데, 이를 콤프턴 효과(Compton Effect)라 칭한다. X선, 감마선의 에너지 침적 구역에서 대량으로 방출된 고에너지 전자가 지구 자장을 따라 회전하고 물결 모양으로 진동하면서, 강력한 EMP 구역을 형성한다. EMP 형성에 감마선이 더 큰 영향을 미치므로, EMP 발생 구역도 감마선의 에너지 침적 구역인 고도 20~50km, 특히 20~30km 고도에 넓게 형성된다.

핵폭발로 형성된 EMP는 케이블과 전선 및 차폐물의 틈새와 동공을 통해 내부 전자기기로 진입하고, 입/출력단자에 순간적인 고전압과 과전류를 발생시킨다. 이것이 신호를 교란(upset)해 회로와 기기의 기능을 순간적으로 정지시키고, 과전류와 열로 전자기기를 소진(burnout)시켜 영구 손상을 일으킨다.

전류로 가동되는 모든 전자기기와 부품들은 EMP에 의해 유입되는 강한 전류와 전압에 의한 피해를 입을 수 있다. 특히, 현대 IT 기반 사회에서 나노 수준의 초고집적 반도체들이 개발되어 회로 선폭이 미세화되고 활용 범위도 넓어지고 있는데, 미세전력으로 가동되는 이런 고성능 기기들이 집적도가 낮은 기기들보다 더 큰 손상을 입을 수 있다.

정보통신망은 상당히 많은 접점과 저장장치, 논리회로, 연산

장치들로 구성되는데, 장거리 통신으로 연결되는 이들 모두를 EMP에서 보호하는 것은 극히 어렵다. 유입되는 전류량이 작을 때는 전류에 민감한 CCD, 실리콘제어정류소자(SCR 또는 thyristor), 디지털 회로 등이 영향을 받고, 전류량이 클 때는 논리회로와 연산장치도 큰 피해를 받는다. 컴퓨터, 텔레비전, 라디오, 전화 등의 가전기기와 자동차, 항공기, 선박의 전자장치 및 항법장치 등도 피해를 입고, 신호 교란으로 인한 오작동과 저장 데이터 유실 등의 간접 피해도 상당히 발생한다.

　발전소와 송전 케이블에 과전류가 유입되어 광범위한 시스템 교란과 기기 파손이 일어날 수 있다. 장거리 송전망과 지상에 노출된 송전망들이 먼저 피해를 받고, 지하에 매설된 것들도 유입 전류량에 따라 피해를 받을 수 있다. 전력 케이블은 내부도체와 절연층, 편직 차폐층과 외부 보호층 등으로 구성되는데 감마선 조사 등으로 케이블의 물리적, 전기적 성능이 손상을 입는다. 절연층의 변형과 절단도 일어날 수 있는데, 유리/석영섬유 등의 무기 절연재료를 사용한 케이블이 유기재료를 사용한 것보다 더 큰 피해를 입는다.

5-5 핵폭발 피해 유형과 방호에 대한 시사점

핵폭발 피해는 사용하는 핵무기의 종류와 위력, 폭발 고도 등에 따라 상당한 차이가 발생한다. 주요 피해 유형인 충격파와 핵복사, 방사능 오염 등도 일반적인 화학폭탄들과 크게 다르다. 따라서 국가적으로 핵폭발 피해 유형과 살상 거리, 피해 감축 방안 등에 대한 고도의 전문 지식을 갖추고 잘 훈련된 집단을 육성해야 한다. 세계적으로 군 조직 내에 화생방병과를 두고 지속 확대하는 것도 이 때문이다.

이제는 독립된 화생방병과를 넘어, 핵심 작전 부서와 인력들의 핵전 관련 지식을 개선하고 국가 특성에 맞게 교리를 개발하며, 각 군 사관학교와 대학 등에서도 교육해야 한다. 우리 육군화생방학교의 교훈이 "알아야 한다."는 것인 만큼 핵 피해는 개인과 조직, 국가가 알고 대비하는 만큼 피해를 줄일 수 있다. 국민 개개인에 대한 정보 전파와 학습, 훈련도 필요하다.

고고도 핵폭발로 인한 EMP 피해는 우리나라와 같이 인구밀도가 높으면서 집적도가 특히 높은 IT 설비들을 갖춘 나라들에서 특히 크게 발생할 수 있다. 여기에는 군사용 장비뿐 아니라 전력과 통신, 수송 등의 국가 기반 시설들도 마찬가지이다. EMP 피해가 군사, 산업 전반에 미치는 효과가 막대하므로, 선진국들도 이에 대한 연구와 대비를 크게 확장하고 있다. 북한의 고고도 핵폭발 위협에 직면하고 있는 우리나라도 마찬가지이다.

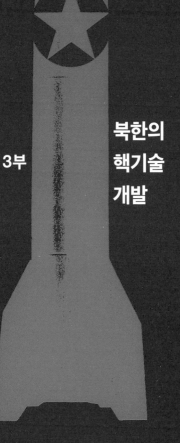

3부

북한의
핵기술
개발

6장

북한의 핵무기 개발 시동과 인력 양성

원자핵 모양의 평양 과학기술전당

북한이 초기부터 소련의 기술개발 경로를 학습하고 따라갔다는 사실은 북한이 도입한 설비와 국제협력, 인력훈련 등으로부터 자연스럽게 유추된다. 일제로부터의 해방과 함께 북한에 소련군이 진주하였고, 소련의 지원을 받아 사회주의 개조를 진행하였다. 이러한 유착 관계는 일제의 유산으로 시작되었고, 6·25전쟁과 냉전으로 더욱 심화 과정을 겪게 된다.

중국이 소련으로부터 핵기술을 도입한 것과 유사하게 북한도 소련으로부터 관련 지식을 습득하고 인력을 훈련시켰다. 소련의 전문가들이 북한에 와서 우라늄 탐사를 수행하였고, 희토류 등의 광물자원을 소련에 수출하면서 그 활용 기술을 배웠다. 자연스럽게 핵무기 개발 관련 인력양성체제도 소련과 유사하게 되었다. 여기에 북한식 자력 갱생 정책이 더해진다.

6-1 일제의 유산

북한의 핵무기 개발 역사는 일제 시기로 거슬러 올라간다. 일본 육군의 의뢰를 받은 이화학연구소(RIKEN) 과학자들이 2차 대전 시기에 핵무기를 연구하면서, 북한의 희토류 광물에 주목하기 시작하였다. 일례로 황해도 국근(菊根) 광산의 퍼거소나이트 (fergusonite) 광물에 8.4%의 우라늄이 포함되었다는 것을 파악했고 여타 광산에 대한 조사도 이루어졌다.[•]

그러나 이들이 수 ton의 광물을 채굴하여 인천항으로 반출하던

그림 6-1 **일제가 국근광산에서 채굴한 희토류 광물**

• 임정혁, "식민지시대 조선 소재 일본 연구기관의 방사성광물 탐사 : 원자폭탄개발계획 '니고연구(2 號硏究)'와의 관계를 중심으로", 한국과학사회지, 2008년 제30권 제1호

중에 일본이 항복하면서 2차 대전이 종료되었다. 미군이 이를 압수하고 관련자들을 심문해 일본의 핵무기 연구에 대한 극비 보고서를 작성하였다. 북한도 이러한 동향을 알고 있으리라 생각된다.

일제 시기 함경도 지역에 건설된 흑연전극 공장도 북한의 핵무기 개발에 영향을 미쳤다. 노구치재벌(野口財閥)이 북한 내에서 품질이 우수한 흑연 광물을 발견하고, 당시로서는 첨단 설비를 갖춘 공장을 건설했기 때문이다. 주요 제품은 흑연전극이었고, 2차 세계대전 중에 지속적으로 생산 능력을 확장하였다. 국내산 우라늄과 흑연 광물을 활용하는 북한의 흑연감속 원자로 관련 지식이 이때부터 형성되었다고 볼 수 있다.

6-2 초기 기반 구축

핵무기 개발을 위한 기반 구축은 북한 정권이 수립되면서 본격화되었다. 북한은 1946년에 최초의 정규대학인 김일성종합대학을 설립하면서 물리수학부를 개설하고, 유명한 물리학자인 도상록을 책임자로 임명하였다. 곧 이 대학의 공학부를 분리해 김책공업종합대학을 창설하고 별도로 함흥화학공업대학을 설립하면서 전체 대학생의 70% 이상을 이공계로 조정하였다. 소련과 중국, 동유럽에 약 300명의 유학생을 파견하기도 하였다.

소련도 핵무기 개발에 매진하면서 북한의 우라늄과 유용 자원에 관심을 보였고, 양국의 협력에서 자원탐사와 개발 및 수출이 중요 과제로 자리 잡게 되었다. 북한 역시 1946년에 중앙광업연구소를 설립해 전국 10여 개 지역에 대한 자원탐사를 시작하였고, 1947년에는 지질, 광업, 금속을 총괄하는 중앙연구소를 창설하였다. 이를 통해 평안북도 철산에서 대규모 희토류 광물을 발견하였다. 김일성은 1949년에 철산광산 직원들을 만나, "모나자이트를 대량 채굴해 수출하면 막대한 외화를 획득할 수 있다"고 강조하였다.

핵무기 개발 토대 구축은 1950년대에 접어들면서 본격화되기 시작하였다. 전쟁 중인 1952년에 과학원을 설립한 북한은 1950년대 중반부터 원자력 관련 기초연구와 인력 양성을 강화하기 시작했다. 김일성은 1955년 7월 김일성종합대학 교원, 학생들과의 대화에서 "이제는 우리나라에서도 원자력 연구를 시작할 때가 되었다."고 강조하고, 국내산 원료에 의한 원자력 연구와 인력 양성을 지시하였다. 이에 따라 같은 해 김일성종합대학 물리학부에 핵물리 강좌가 개설되었다.[*]

이듬해인 1956년 1월에는 과학원에 원자력 이용을 위한 연구를 지시하였고, 이에 따라 과학원 수학물리연구소에 핵물리실험실이 개설되었다. 이 실험실에서는 중장기계획으로 핵물리학을 연구하고, 방사성동위원소 이용 연구도 시작하게 되었다. 1959년 5월의 과학원 상무위원회에서도 방사성동위원소 이용을 과학원 핵심 연구과제로 선정하였다.[**]

● 김일성전집, 제18권 p.157.
●● 서호원(2002, 2003), 『위대한 수령 김일성 동지의 과학영도사 1, 2권』, 조선로동당출판사

국가과학기술계획에도 원자력이 핵심과제로 포함되기 시작하였다. 북한 최초의 국가급 과학기술계획이었던 "과학발전 10년 계획(1957~)"에도 우라늄 등의 전국적 지하자원 조사가 포함되었다. 1960년대에 소련과의 관계가 악화되면서 이 계획이 제대로 추진되지 못했지만, 북한 자체적으로 추진하는 자원 조사는 계획대로 추진되었다.

6-3 소련 및 사회주의 국가들과의 협력

1956년에 연합핵연구소(JINR, 드부나연구소)가 설립되자, 북한도 창설 멤버로 참여하면서 30여 명의 연구 인력을 파견해 교육훈련과 공동연구를 수행하였다. 인력 파견은 1960년대에 중국이 소련과의 관계 악화로 철수한 후에도 계속되어, 300명을 넘어서게 되었다. 중국의 200여 명보다 많은 것이다. 또한 중국이 이론과 응용을 병행 학습한 것에 비해, 북한은 80% 이상이 핵 개발과 원자로, 중성자물리, 방사화학, 고에너지물리 등의 응용 분야에 주력했다고 한다.

북한 국가과학원에서는 드부나연구소와 함께 중성자 물리(핵분열), 농축, 핵물리, 장비 개발, 실험 자동화 등에 관한 공동연구를 수행하기도 하였다. 이러한 협력은 북한이 후에 도입한 IRT-2000, 5MWe 원자로와 설비의 대부분이 소련제로 채워지는 계기가 되었다. 자연스럽게 소련이 채택한 핵무기 개발 경로를 북한이 학습했을 것으로 보인다.

1956년 3월에 조(북)·소원자력협정이 체결되었고, 1959년 9월에는 소련 및 중국과 원자력협정을 체결하면서 과학자 교류가 시작되었다. 소련과의 협정은 원자로 제공이 핵심 내용이었다. 이에 따라 소련 전문가들이 북한에 파견되어 지질조사를 하였고 영변 지역이 원자로 건설 후보지로 선정되었다. 이후 소련의 지원으로 영변에 원자력단지 건설이 시작되어 IRT-2000 원자로와 방사화학연구소, 코발트 동위원소 생산시설, 가속기 등이 건설되었다.

농축 우라늄을 연료로 하는 IRT-2000 원자로는 1965년경부터 가동하기 시작하였다. 1962년에는 내각 결정으로 과학원 물리학연구소의 핵물리연구실을 개편해 원자력연구소를 설립하고, 인력과 설비를 크게 확장하였다. 이를 통해 북한의 원자력 관련 연구와 인력 양성이 체계적으로 발전하게 되었다.

6-4 원자력주기 완성과 핵무기 개발 본격화

북한 과학기술정책의 커다란 특징에 주체사상을 기반으로 하는 자력갱생이 있다. 1970년대 초에 세계적인 석유 위기가 닥치자 김일성은 석유 대신 국내산 자원으로 순환하는 에너지 수급 정책을 크게 강화하였다. 이에 원자력 분야에서도 북한에 풍부한 우라늄과 흑연을 활용하는 방안을 모색하게 되었다. 본격적인 흑연감속로 개발이 시작된 것이다. 이것이 무기급 Pu 추출에 유리하고, 사회주의 국가들에서 널리 이용되어 기술과 설비 도입도 용이했다.

본격적인 원자력 기반 구축에 대응하여 대대적인 고급인력 양성을 시작한 것도 이때부터였다. 1973년에 김일성종합대학 물리학부에 핵물리학과를 설립하고, 화학부에는 방사화학과를 개설하였다. 김책공업종합대학에는 핵재료학과와 원자로학과, 핵전자공학과, 물리공학과, 응용수학과 등의 5개 학과를 가진 핵물리공학부를 설립하였다. 이로써 원자력 관련 학과 졸업생들이 급증하였다.

김일성종합대학출판사에서 수십 권의 원자력 교재들을 편찬하기도 하였다. 주로 외국 문헌의 번역과 정리에 치중했지만, 국내 수요에 적합한 교과서를 대량으로 출판하여 인력 양성에 힘써 온 것은 커다란 의미가 있다. 1974년에는 IAEA에 가입해 외국 첨단기술 자료 수집을 강화하였고, 1981년의 전국과학자기술자대회에서도 국내산 자원을 활용하는 원자력발전을 지시하였다.

1980년대에 남북한의 경제적 격차가 확대되고 사회주의 국가들이 무너지거나 체제를 전환하자, 김일성은 체제 유지 문제를 심각하게 고려하게 되었다. 이에 전반적인 원자력주기 완성과 본격적인 핵무기 개발에 주력하게 되었다. 원자력 관련 연구에서도 기초연구와 응용연구를 분리하고, 응용 분야를 대거 영변으로 이전하였다. 1980년에 영변 지역 과학자 자녀교육을 위해 설립된 물리학원을 확대 개편하여 물리대학을 설립하였고, 박사과정도 개설하였다.

6-5 주요 핵무기 관련 인력 양성기관과 학과 구성

북한의 핵무기 관련 고급인력 양성기관에는 김일성종합대학과 김책공업종합대학, 리과대학, 물리대학 등이 있다. 이들 대학의 2000년대 중반 교과과정이 일부 입수되어, 내부 상황을 파악할 수 있다. 최근에 북한 대학들의 학과와 교과과정이 활발히 개편되고 있지만, 당시 양성된 인력들이 현재의 주력이라는 점에서 이를 분석하는 것도 상당한 의미가 있다.

일제로부터의 해방 당시에, 북한에는 정규대학이 단 하나도 없었다. 이에 북한은 해방 직후인 1946년에 최초의 정규대학인 김일성종합대학을 설립하였고, 여기에 물리수학부를 개설하였다. 일제 시기에 학습한 유명한 물리학자 도상록이 이 학부를 주도하였다.

1973년에는 본격적인 인력 양성 확대 방침에 따라 물리학부를 설립하면서 산하에 핵물리학과를 설치하였고, 1982년에는 물리학부의 핵물리학과와 화학부 방사화학과를 편입시켜 원자력학부를 설립하였다. 당시의 원자력학부는 2개 학과에서 연간 60~70명의 신입생을 모집했다고 한다. 1984년에는 원자력학부에 성적이 우수 학생들을 특별 양성하는 수재반을 편성하였다.

근래 들어 현재 이 학부 명칭을 에네르기과학부로 개칭하고 산하에 핵물리학과, 방사화학과, 플라즈마물리학과, 핵재료과학과를 설치하였다. 이 아래에 핵물리, 원자로물리, 플라즈마물리,

방사화학, 핵재료, 정보물리 등의 6개 강좌와 원자에네르기연구소를 설치하고 있다. 영변 지역을 확장하면서 응용 분야를 대거 이전하였으나, 기초학문 중심의 최고 인력양성기관으로 김일성종합대학 관련 학과를 확대한 것으로 보인다.

원자력주기가 상당히 광범위한 학문 분야를 포괄하므로 인접 학과인 물리학부와 수학부, 지질학부, 역학부, 화학부, 재료과학부, 전자자동화학부 등에서도 관련 인력을 양성할 것이다. 학과 구조와 입학생 수가 변하고 인접 분야로의 파견과 전입 등도 있으므로 정확한 인원 산출은 어렵다.

김책공업종합대학은 북한 최초, 최고의 이공계 종합대학이다. 1948년에 김일성종합대학 공학부를 분리해 평양공업대학으로 출발했으며, 한국전쟁에서 전사한 전선사령관 김책의 이름을 빌려 김책공업대학으로 개칭하였다. 창립 40주년인 1988년에는 다학과 구조를 가지는 공학계 종합대학으로 승격하여 오늘날의 명칭을 가지게 되었다.

핵 관련 교육은 1973년에 핵물리공학부를 설립하고, 산하에 핵재료학과와 핵전자공학과, 원자로공학과를 설치하면서 시작되었다. 1988년에는 수재반을 설립해 우수 학생들을 모집하기 시작하였다. 이 대학에는 7년 이상의 군 복무를 마친 신입생들이 많으므로 고등학교 졸업 후 바로 대학에 들어온 학생들과 구분해 교육한다.

이 대학의 핵 관련 교육은 1980년에 북한이 영변 단지에 집중하면서 큰 변화를 겪었다. 1988년에 원래의 핵물리공학부를 핵물리학부로 변경하면서 기초과학 중심의 교육을 천명하고, 응용수학과와 물리공학부를 기초학부로 이전한 것이다. 기타 핵 응용 분야는 모두 영변의 물리대학으로 이전하였다. 다만, 후에 북한이 핵공학 분야의 고급인력 육성을 강화하면서 물리공학부가 부활한 것으로 보인다.

김책공업종합대학의 2000년대 중반 학과구조를 보면 핵물리공학부에 핵물리공학과와 핵재료공학과가 설치되어 있는 것을 발견할 수 있다. 최근에 기존의 리공학부를 응용수학부, 응용화학공학부, 물리공학부로 분리했는데 핵물리공학부가 보이지 않는다. 외부에 공개하지 않거나 물리공학부 산하의 응용물리공학과로 통합된 것으로 보인다. 이 대학에서도 광업, 금속, 재료, 자동화 등의 인접 학부에서 일부 원자력 관련 인력들을 양성한다.

리과대학은 국가과학원 직속의 소규모 과학기술대학으로 평안남도 평성시 덕산동의 평성과학단지 내에 위치하고 있다. 우리의 과학기술원(KAIST)이 과학기술정보통신부 소속인 것과 유사한 구조로서 대부분의 사회주의국가들이 유사한 대학을 보유하고 있다. 국가과학원 주력연구소들과 같은 단지에 위치하고 있어 교육과 연구가 결합되는 일종의 연구중심대학 성격을 가지고 있다.

리과대학은 군 제대자 추천 입학 없이 모든 입학생이 고등학교를 졸업하고 바로 들어오므로 학생들의 자질이 우수하고, 교육 수준도 여타 대학보다 크게 앞선다. 전체 학생 수 1,600~1,800명에 교원 수 200여 명이고, 졸업생들은 주로 국가과학원 산하의 연구소들에 배치된다. 근래에 김정일대학으로의 개칭을 시도했으나 교수진 중에서 탈북자가 발생하면서 보류 또는 무산된 것으로 보인다.

학과와 수업연한은 계속 개편되고 있다. 북한이탈과학자들에 의하면 리과대학은 90년대까지 수학(3개 학과)과 물리(3개), 화학(3개), 생물(2개), 자동화(3개) 등의 5~6개 학부에 14~15개 학과를 보유하고 있었다. 근래에는 수학역학부, 전자과학부, 생물학부, 물리학부, 화학부, 컴퓨터과학부, 조종과학부의 7개 학부에 12개 학과로 개편되었다. 원자력 관련 인력은 물리학부 산하의 현대물리학과와 에네르기과학과에서 주도하고, 여타 인접 학과에서도 양성한다.

교육 기간은 1980년대 후반까지의 7년(예과 1년, 본과 6년)에서 크게 줄어들어 4.5년이 되었다. 예전에는 수재고등학교인 제1고등중학교를 졸업한 신입생들은 바로 본과로 진학하고, 일반고등학교를 졸업한 학생들은 예과 1년을 거친 후에 본과로 진학했었다. 이것을 개혁해 예과를 폐지하고, 전체 교육 기간을 4.5년으로 단축한 것이다. 26주간의 교도대 훈련기간을 제외하면 우리 대학과 같아진다.

물리대학은 북한의 핵무기 개발과 관련해 가장 주목받는 대학이다. 이 대학이 북한의 원자력산업이 집중된 영변 원자력단지에 있고 현장에 밀착된 교육을 수행하고 있기 때문이다. 이곳으로의 인력 이동이 비공개로 처리되어 외부에서는 물리대학의 존재를 잘 몰랐다고 한다.

물리대학은 1980년 6월에 공장대학 형식으로 설립된 평북물리학원에 기초한 것으로 보인다. 이때는 북한이 원자력산업을 대대적으로 육성하면서, 응용 분야 인력과 설비를 대거 영변 지역으로 집결시킬 때였다. 따라서 이때 배치된 인력들이 일하면서 배우는 공장대학 설립 수요가 제기되어 물리학원이 설립된 것으로 보인다. 따라서 설립 초기에는 야간제로 수업을 진행하였다.

영변원자력단지의 지속적인 발전과 핵연료주기의 완성에 따라 물리학원이 크게 확장되었다. 이에 따라 1989년 8월경에 물리학원이 물리전문학교로 개편되면서 이전의 3개 학과를 7개로 확대하게 되었다. 이때 5년제 야간 공장대학에서 3년제 일반 전문대학 형식으로 전환하면서, 종전보다 집중적인 교육이 이루어진 것으로 보인다.

이를 계기로 자연스럽게 정규대학인 물리대학으로 승격되었고, 주간반 학생들이 모집되었다. 단지에 입주한 고급인력의 자녀들이 연관된 교육을 받으면서, 단지 내 실습과 직장 배치를 강화하도록 한 것으로 보인다. 핵 관련 산업에 한 번 배치된 후에는 철저하게 보안이 유지되고 외부로의 전출이 극도로 제한되므로, 자녀들의 대학 진학에도 외부로의 유출 제한 또는 특혜 조치를 한 것이다.

1990년경에는 2년제 박사원도 설립되었다. 박사원 신입생은 물리대학 졸업생 중에서 시험을 거쳐 선발하는데, 2년 기간에 의무적으로 논문을 써서 학위를 받아야 졸업할 수 있다고 한다. 일반대학의 박사원이 3년 과정인 데 비해, 상당히 빠른 속도로 학습과 연구를 진행하도록 한 것이다. 이 역시 원자력에 대한 국

표 6-1 **물리대학의 학과 분포**

학부	학과	학부	학과
핵재료공학부	핵재료공학과	핵동력공학부	원자로공학과(3.5년제)
	핵재료공학과(수재반)		원자로공학과
	핵화학공학과		원자로공학과(수재반)
핵전자공학부	핵측정공학과		분자물리공학과
	핵공정조종학과	-	-
	핵공정조종학과(수재반)	-	-

가적인 독려가 작용한 것으로 생각된다.

북한의 물리대학과 비교할 만한 대학이 한국에는 존재하지 않는다. 이는 사회주의 국가들이 특정 분야마다 자기완성형 대학을 설립하는 경향이 있기 때문이다. 물리대학의 학과 분포에서도 영변 원자력단지에 설치된 시설들의 운용에 특화된 구조였음을 알 수 있다.

6-6 김책공업종합대학 핵재료공학과의 교과과정

북한은 사회주의 계획경제 체제에서 교과과정을 국가적으로 엄격히 규정하고 관리한다. 교육법과 교과과정에 대학 교육의 목표와 내용, 방법 등을 구체적으로 규정하는 것이다. 이공계 대학의 교과과정은 북한 산업의 직종 분포와 밀접한 관계를 맺고 있다. 교육목표도 정규대학은 산업계에 필요한 기사를 양성하는 것이고, 전문대학은 고급기술원을 양성하는 것이다.

김책공업종합대학의 구 핵재료공학과(수재반)의 교과과정에 나타난 양성 목적은 "주체의 혁명적 세계관이 확고히 서고 정보산업시대의 요구에 상응한 핵재료공학 분야의 첨단 과학기술지식과 높은 단계의 교육을 받을 수 있는 튼튼한 기초지식을 소유한 과학기술 핵심을 양성하는 데 있다."라고 규정하고 있다. 구체적 목표는 다음의 3가지이다.

① 핵재료공학 분야의 최신과학기술과 기초지식을 폭넓게 소유하고 핵재료공학 분야의 과학기술적 문제들을 독자적으로 풀며 그것을 이론 실천적으로 전개할 수 있는 창조적 능력을 가져야 한다.

② 컴퓨터에 의한 사무 처리와 전공 분야의 과학기술적 문제들을 컴퓨터로 능숙하게 처리할 수 있는 응용 능력을 가져야 한다.

③ 외국어로 된 전공 서적을 자유롭게 보며 상용회화를 능숙하게 할 수 있어야 한다.

높은 단계 교육을 받을 수 있는 기초지식 보유를 강조하는 것을 볼 때, 졸업 후에 대학원이나 외국 유학을 보내 고급 연구자와 교육자로 양성하려는 것을 알 수 있다. 학과 구분을 제외하면 그 밖의 다른 대부분 학과들의 양성 목표도 동일하다. 고학년에서는 외국어로 진행되는 수업과 외국어 논문작성이 포함된다. 수업 연한은 4.5년이고 졸업 후에는 핵재료공학 기사 자격이 주어진다.

2000년대 중반의 교과과정을 보면, 총 이수학점 수는 289학점이다. 여타 학과들도 이와 같거나 1점 많은 290학점이다. 1학점은 대부분이 14주 강의에 실습과 시험, 학과 설계, 답사, 노동 등이 추가된다. 방학은 1학기와 2학기가 다르고, 명절 휴식을 합해도 연간 8~9주에 그친다. 이는 학기말 시험을 합쳐 16주인 우리에 비해 약 10주 정도가 긴 것이 된다.

졸업학점에 강의 주수를 곱한 총 수업 시간은 3,500시간 정도가 되고 실습과 시험을 합하면 4,000시간을 크게 넘어선다. 우리나라가 졸업학점 130에 16주를 곱하면 약 2,000시간인 것에 비해, 2배 이상 많은 것을 알 수 있다. 학점제의 취지가 학생들에게보다 다양한 선택권을 주는 것이라는 점을 고려하면 진정한 의미의 학점제와는 거리가 있고, 주어진 교과과정을 치밀하게 학습하는 체제라고 하겠다.

표 6-2 **김책공업종합대학 구 핵재료공학과(수재반) 수업 주수**

학년	학기	수업	실습	학과 설계	답사	시험	졸업 시험	논문 변론	경리 작업	교도 대훈련	생산 로동	방학	명절 휴식	계	학기 학점수
1	1	14	5	-	-	3	-	-	1	-	-	2	1	26	36
	2	14	1	-	3	3	-	-	-		-	4	1	26	34
2	3	14	6	-	-	2	-	-	1	-	-	2	1	26	37
	4	14	3	2	-	2	-	-	-		-	4	1	26	35
3	5	14	-	2	-	3	-	-	3	-	-	2	2	26	35
	6	14	3	1	-	3	-	-	-		-	4	1	26	34
4	7	15	3	2	-	2	-	-	-		-	2	2	26	37
	8	11	7	-	-	1	1	1	-	-	-	4	-	26	35
5	9	-	-	-	-	-	-	-	-	26	-	-	-	26	6
	계		110	28	8	3	19	1	1	5	26	-	24	9	234	289

당시의 핵물리공학과(수재반)와 핵재료공학과(수재반)의 영역별 수업 시간 배정을 정리하면, 정규과목은 정치사상과 일반, 일반 기초와 전공기초, 전공의 5개 영역으로 구분되어 있다. 일반교과는 외국어와 체육, 전공은 지정과목과 선택과목이 있다.

정치사상 교과가 약 25%, 일반교양(외국어, 체육)이 약 10%, 일 반기초가 32~38%, 전공기초가 17~22%, 전공이 10% 정도이다. 특이하게, 수재반의 정치사상 교과가 880시간(25.5%)으로 컴퓨터공학과 수재반의 500시간보다 월등하게 많다. 상대적으로 외국어 비중은 260시간으로 정보통신공학과 수재반 400시간보다 적다. 수재반 모두 생산노동이 없는 것도 특이하다.

일반기초는 자연과학과 기초공학 교과들로 구성되는데, 학과 특성에 따라 그 비중이 달라진다. 예를 들어 핵재료공학과는 일 반화학, 무기화학, 유기화학, 분석화학, 물리화학 등의 화학 과목

표 6-3 **김책공업종합대학 핵 관련 학과 수재반의 영역별 수업 시간**

교과 구분		핵물리공학과(수재반)		핵재료공학과(수재반)	
		시간수	비중(%)	시간수	비중(%)
정치사상교과		880	25.5	880	25.3
일반교과	외국어	260	7.6	260	7.5
	체육	80	2.3	80	2.3
일반기초		1,114	32.4	1,310	37.7
전공기초		756	22.0	616	17.7
전공	지정	224	6.5	220	6.3
	선택	126	3.7	112	3.2
합계		3,440	100.0	3,478	100.0

이 많고, 기계전자공학과는 이론력학, 재료력학 등의 물리 과목이 많다. 최근 들어 중간 단계를 강화하면서 일반기초와 전공기초가 강화되고, 외국어 비중도 늘어나고 있다.

기초공학 과목도 전공 특성을 반영하여 학과별로 달라지는데, 핵재료공학과에는 금속공학, 전기공학, 생산공정, 컴퓨터 조종, 공업경영학 등이 편성된다. 전공 기초과목은 기초적이면서 범위가 넓은 지식과 기술인데, 3-6학점 과목 10-20개 정도로 구성되어 있다. 전공과목은 10개 이내의 과목으로 구성되어 있다.

전공과목의 1/3 정도는 자신의 전공영역에 따라 과목을 선택하도록 하고 있다. 선택과목 이수학점이 많지는 않아도 과목은 상당히 다양하다. 학과 설계(논문)는 학과의 특성을 살린 내용을 지정하고 있는데, 학년이 올라갈수록 복잡하고 규모가 큰 설계 과제를 부여하고 있다. 교도대 훈련은 일반적으로 2학년이나 마지막 학기에 배치되는데, 핵 관련 학과들은 모두 마지막 학기에 배정되어 있다.

6-7 리과대학 현대물리학과의 교과과정

대부분의 졸업생들이 생산 현장에 배치되는 일반 공과대학과 달리, 리과대학은 상당수 졸업생이 이공계 연구원으로 배치된다. 여타 공과대학들이 졸업 후에 기사 자격을 수여하는 데 비해, 리과대학은 전문가 자격을 부여하는 것도 다르다. 따라서 여타 공과대학들이 생산 현장 중심의 실기교육에 치중하는 데 비해, 리과대학은 든든한 기초교육과 연구 능력 배양에 치중한다.

총 이수학점은 234학점으로 김책공업종합대학보다 적지만, 한국보다는 월등히 많다. 교과목은 정치사상 과목과 일반 과목, 전공기초 과목, 전공 과목의 4가지로 구분하지만, 연구에 집중하는 리과대학의 특성으로 여타 대학들보다 정치사상의 비중이 낮은 편이다. 단, 리과대학도 정치사상 과목에서 낙제하면 미래를 보장받지 못하는 것으로 알려져 있다.

핵무기 분야에서 리과대학의 큰 특성은 증폭탄과 수소탄에 적용되는 핵융합 연구다. 이 대학은 중국과학원 산하 연구소에서 활용하던 레이저핵융합 설비(Inertial Confinement Fusion, ICF)를 기증받아 설치하고 있다. 2010년에는 이 설비를 이용해 핵융합에 성공했다는 발표를 하기도 하였다. 우리가 집중하는 토카막 방식과 달리, ICF 방식은 고에너지 압축에 의한 핵융합 실험으로 수소탄 관련 실험을 하는 데 유리하다.

표 6-4 **이과대학 물리학부 현대물리학과 교과 과정**

학년	수업	실습	학과 설계	답사	시험	졸업 시험	논문 변론	경리 작업	교도 대훈련	생산 노동	방학	명절 휴식	계
1	34	1	-	-	7	-	-	2	-	-	6	2	52
2	34	1	1	-	6	-	-	2	-	-	6	2	52
3	34	2	-	-	6	-	-	2	-	-	6	2	52
4	23	14	1	3	5	1	1	-	-	-	2	2	52
5	-	-	-	-	-	-	-	-	26	-	-	-	26
계	125	18	2	3	24	1	1	6	26	-	20	8	234

6-8 물리대학 핵 관련 학과들의 교과 과정

물리대학은 핵무기에 특화된 영변 원자력단지에 필요한 인력들을 양성하는 현장지원형 대학이다. 따라서 교육과정도 지역 특화산업의 특성을 거의 그대로 반영하고 있다. 대학의 모든 학과들이 핵 관련 분야로 구성되어 있으므로, 학과 간 연계도 잘 이루어지고 있다.

① 핵재료공학 분야의 최신 과학기술 발전 수준을 알고 그것을 생산에 도입할 수 있는 창조적 능력을 가지며 기술공정 및 생산관리에서 제기되는 문제들을 원만히 해결할 수 있어야 한다.
② 컴퓨터에 의한 사무 처리 능력과 자기전공 분야의 응용 프로그램을 비롯하여 컴퓨터 활용 능력을 소유하여야 한다.
③ 외국어로 된 전공원서를 자유로 보며 상용회화를 원만히 하여야 한다.

핵재료공학부 핵재료공학과를 예로 들어 그 배양 목표를 보면, "주체의 혁명적 세계관이 튼튼히 서고, '물리화학', '재료학', '시료분석학'을 비롯한 튼튼한 기초지식과 핵재료공학 분야의 폭넓은 전공지식을 소유하고, 현대화된 핵재료 생산공정을 능숙하게 관리 운영할 수 있는 능력을 가진 핵재료공학 기사를 양성하는데 있다."고 밝히고 있다.

이를 김책공업종합대학 핵물리공학부 핵재료공학과(수재반)과 비교하면, 첫 번째 종합 목표에 분명한 차이가 있는 것을 알 수 있다. 즉, 김책공업종합대학은 최신 과학기술 지식과 폭넓은 기초지식을 학습하고 대학원에서의 계속 교육을 통해 최고 수준의 학술 인재를 양성하는 데 비해, 물리대학은 영변원자력단지의 생산 공정을 원만하게 관리 운영할 수 있는 현장기사를 양성하는 데 치중하고 있다.

따라서 같은 이름의 학과임에도 불구하고 김책공업종합대학은 현장실습을 하지 않고 교내실습을 많이 하는 데 비해, 물리대학은 전 학년에 걸쳐 현장실습을 하고, 마지막 학기는 수업 없이 모든 시간을 현장실습으로 진행하고 있다. 물리대학이 학점제를 하지 않고 여전히 학년제를 고수하고 있는 것도 이러한 현장 특성으로 많은 실습을 진행해야 하기 때문이다. 생산노동도 면제된다.

물리대학 핵재료공학부 핵재료공학과의 교육과정안 주수 배정을 보면, 마지막 학기에 수업 없이 생산 실습만으로 교육을 진행하는 것을 알 수 있다. 집중적인 학습을 통해 핵무기 생산 전

표 6-5 **물리대학 핵재료공학부 핵재료공학과의 과정안 주수**

학년	수업	실습	학과설계	답사	시험	졸업시험	논문변론	경리작업	교도대훈련	생산노동	방학	명절휴식	계
1	32	4	1	-	6	-	-	1	-	-	6	2	52
2	16	-	1	-	3	-	-	-	26	-	5	1	52
3	32	2	-	3	6	-	-	1	-	-	6	2	52
4	32	3	2	-	6	-	-	1	-	-	6	2	52
5		19	4	-	-	2	-	-	-	-	-	1	26
계	112	28	8	3	21	2	-	3	26	-	23	8	234

단계를 파악해야 하는 국방 관련 특화대학의 면모가 여실히 드러나고 있다. 물리대학의 4.5년제 핵재료공학과 총수업 시간은 4,400시간으로서 리과대학과 유사하다.

정규수업의 교과목 성격을 보면, 정치사상 과목이 880시간(20.0%), 일반 교양이 330시간(7.5%), 기초가 1,550시간(35.2%), 전공 기초가 910시간(20.7%), 전공이 730시간(16.6%)을 차지하고 있다. 기초과목 비중이 비교적 높고, 교양 과목도 정치사상 위주로 편성되어 있다.

실습은 학년이 올라갈수록 기초에서 전공으로 전환하는 구조이다. 즉, 1학년 "컴퓨터 DB와 네트워크", 2학년 "부품 가공 및 용접", 3학년 "간단한 전자장치 조작" 등의 기초 실습을 하고, 4학년에서 "수소, 압착가공, 열처리 실습" 등의 전공기초 실습을 하며, 5학년에서 "핵재료 생산 및 가공공정 실습" 등의 전공 실습을 한다. 5학년 때는 별도로 논문 실습이 부과된다.

물리대학의 커다란 특징으로, 3.5년제인 핵동력공학부 원자로공학과가 있다. 같은 이름의 4.5년제 학과와 수재반이 있는데 3.5년제를 별도로 설치한 것이다. 여타 학과들이 한 학기의 교도대훈련을 포함해 4.5년인데 비해, 이 학과는 교도대훈련이 없이 3.5년 만에 졸업한다. 졸업생에게는 원자로공학기사 자격을 부여하므로, 전문대학 수준은 넘어선다.

이 학과의 배양목적은 "주체의 혁명적 세계관이 튼튼히 서고, 수학, 물리학, 화학을 비롯한 기초지식과 원자로공학 분야의 폭넓은 전공지식을 소유하고, 원자력 설비 및 건축 구조물들을 설

표 6-6 **물리대학 동력부 원자로공학과(3.5년제) 과정안 주수**

학년	수업	실습	학과 설계	답사	시험	졸업 시험	논문 변론	경리 작업	교도 대훈련	생산 노동	방학	명절 휴식	계
1	32	4	1	-	6	-	-	1	-	-	6	2	52
2	32	4	1	-	6	-	-	1	-	-	6	2	52
3	32	-	2	3	6	-	-	1	-	-	6	2	52
4	8	12	2	-	1	1	1		-	-		1	26
계	104	20	6	3	19	1	1	3	-	-	18	7	182

계, 제작 및 건설할 수 있는 능력을 가진 원자로 공학기사를 양성하는데 있다."고 정하며, 여타 학과들과 유사하다.

같은 대학의 4.5년제 학과와 비교하면, 교도대 훈련 26주와 방학 및 명절휴식 6주 외에 수업과 실습에서 각각 8주, 학과 설계에서 2주, 시험에서 2주, 졸업시험에서 1주가 줄어든 것을 알 수 있다. 반면에 4.5년제에 없는 논문변론 1주가 증가하였다. 4.5년제 학과가 마지막 학기에 강의 없이 실습 위주로 진행되는 데 비해, 3.5년제는 수업과 실습을 병행하면서 졸업시험을 보고 논문까지 쓰는 것이다. 상당한 속성 양성이라고 할 수 있다.

분야별로는 총 수업 시간 3,830시간에서 강의가 1,952시간(51.0%), 연습 토론이 884시간(23.1%), 실험이 214시간(5.6%), 설계 논문이 180시간(4.7%), 실습이 600시간(15.6%)을 차지하였다. 강의가 짧고 실습이 많은 현장 지향형 학과의 특성을 보인다. 다만, 선택 과목은 상당히 적고 대학 내 여타 학과들에서 개설되는 교과목에 의존하고 있다.

정규 수업 시간을 우리식 학점으로 환산하면 약 156학점이 되고, 설계논문과 실습을 포함하면 약 180학점이 된다. 3.5년제 학제에서도 우리 4년제 대학보다 1.2~1.4배 많은 시간을 학습하는 것이다. 국내 대학생들 상당수가 4학년 1학기까지 대부분 학점을 이수하는 것을 고려하면, 수업연한에서는 큰 차이가 없다고 할 수 있다. 여기에 학과 설계와 논문이 추가된다.

6-9 남북한 원자력 관련 학과 교과과정 비교

아래 표는 서울대학교 원자핵공학과와 북한 물리대학 원자로공학과의 공학 기초과목들을 비교해 정리했다.

물리대학이 서울대학보다 수학, 물리학의 비중이 높고, 화학

표 6-7 **서울대학교와 북한 물리대학의 관련 학과 기초 과목 비교**

| | 물리대학 원자로공학과 | | 서울대학교 원자핵공학과 | |
	과목명	학점	과목명	학점
수학	대수기하	5	수학 및 연습	6
	고등수학	9	통계학	3
	응용수학	6	통계학 실험	1
	-	-	공학수학	6
물리	물리학	8	물리학	6
	물리실험	2	물리실험	2
화학	화학	5	화학	6
	-	-	화학실험	2
컴퓨터	컴퓨터기술 기초	2	컴퓨터의 개념 및 실습	3

과 컴퓨터는 적은 것을 알 수 있다. 핵물리 분야도 서울대학교가 많다. 북한은 학과가 세분화되어 있으므로, 화학과 컴퓨터 분야는 핵재료공학과와 방사화학과, 핵전자공학과 등에서 상세히 가르친다. 원자력시스템 분야에서도 서울대학교가 시스템공학과 원자로 안전, 정책분야를 강조하는 데 비해, 물리대학은 기계설비와 전자제어에 집중한다.

우리나라가 단일학과에서 전반적 학문을 학습하는 반면, 북한은 최고 수준의 학술 인재를 양성하는 김일성종합대학, 김책공업종합대학과 현장지향적인 물리대학의 교육 과정안이 구분되어 있고, 물리대학 안에서도 10여 개의 학과를 구성하고 있다. 이는 북한이 졸업 후 바로 현장에 투입될 실무진을 양성하기 때문이다.

다만, 최신형 원자로와 플라즈마 등의 첨단기술과 상업용 원자로의 설계, 건설, 가동 등에서는 우리나라에 못 미치는 것으로 보인다. 20여 기의 상업용 원자로를 가동해 국가 전체 전력의 30% 정도를 생산하고 있는 한국의 경험과 기술 수준을 북한이 따라오지 못하는 것이다.

전반적으로 볼 때, 북한은 전문인력 교육체계이고 우리나라는 종합교육체계라고 할 수 있다. 북한의 교육과정은 정부 주도로 제정되고 생산 현장과 긴밀한 연계를 가지며, 선택과목이 상당히 적고 실험 실습과 노동시간이 많다. 교육과정도 경직된 학년제를 주로 시행하고 있다. 우리나라는 정부와 기업의 영향이 상대적으로 적고 선택과목이 많으며, 교내에서의 실험 실습을 제외하면 현장실습이나 생산 실습도 상대적으로 적다.

6-10 북한의 핵 관련 인력 규모 추정

북한의 핵무기 관련 인력 규모를 정확히 산출하는 것은 거의 불가능하다. 이는 북한의 관련 통계가 비밀로 분류되어 거의 노출되지 않기 때문이다. 아울러 핵무기 개발이 종합 학문을 필요로 하기에, 핵 관련 학과 이외의 다양한 학과 졸업생들이 가세하기 때문이기도 하다. 이러한 전공 분포는 핵무기 개발경로와 특성, 교육체제 등에 따라 상당한 차이가 있으므로, 서방세계 기준으로 역추산하기도 어렵다.

본문에서는 위에서 거론한 핵 관련 학과들에서 그동안 배출한 인력만을 간접적으로 산출한다. 즉, 김일성종합대학의 2개 학과와 김책공업종합대학의 초기 5개 학과, 물리대학 전체학과 졸업생이다. 이과대학은 국가과학원 소속이고 졸업 후에도 주로 국가과학원 산하 연구소들에 배치된다고 보고, 이 통계에서는 제외한다.

위 3개 대학에서 그동안 양성, 배치한 인력은 8,000여 명에 달하고 연구 인력은 3,000여 명에 달할 것으로 보인다. 이를 개략적으로 추산해 보면 다음과 같다. 김일성종합대학은 1950년대 중반부터 10명씩 20년간 양성했고 1973년 이후에는 50년간 60명씩 양성했다고 추산하면 모두 3,200명이 된다. 김책공업종합대학은 1980년대에 관련 학과가 감축되었지만, 설립 초기에 5개 학과였던 것을 반영해 50년간 70명씩을 잡으면 모두 3,500명이다.

여기에 물리대학과 여타 대학들을 합해 40년간 100명씩으로 하면 모두 4,000명이 된다. 총계로 10,700명이 되지만, 그동안 은퇴한 인력을 생각해야 한다. 여타 학과 졸업 후 배치된 인력을 고려하면 핵무기 개발자들이 1만명을 넘어설 것으로 보인다. 중국 공정물리연구원의 총 인력이 1만 명 정도인 것을 감안하면 이러한 인력 규모가 작은 것이 아님을 알 수 있다. 소련 등에 유학했던 고급인력은 300명을 넘어서고, 핵무기 생산과 관련한 핵심 인력은 1,000명을 넘어설 것으로 생각된다.

6-11 북한 핵 관련 인력의 특성

북한 핵 관련학과 인력들의 특성은 북한에서 일반적으로 나타나는 사회주의 교육체제의 특성과 핵무기 생산과 관련해 나타나는 고유의 특성으로 구분할 수 있다. 위에서 소개한 대학들에서, 김책공업대학과 리과대학을 일반적인 특성을 가진 대학으로 볼 수 있고 물리대학은 핵무기에 특화된 고유특성을 가진 대학으로 볼 수 있다.

일반적인 특성은 북한의 이공계 교육 전반에서 나타난다. 북한의 대학은 종합대학이 적은 단과대학 중심이고 산업 기술별로 학과가 세분화되어, 생산 현장에 적합한 실무형 인력을 양성한다. 따라서 교육과정 운영의 유연성이 적고, 학점제보다는 학년제나 학년 학점제를 시행한다. 필수과목이 많고 선택과목이 적은 것도 이 때문이다. 총 수업 시간과 학습 연한도 우리보다 상당히 많다.

정치 과목과 군사훈련의 비중이 높은 것도 북한 대학의 일반적인 특성이다. 폭넓은 교양과목을 개설하는 우리와 달리, 북한은 외국어와 체육을 제외한 대부분의 교양과목이 김일성 일가의 혁명 역사와 사회주의 체제 순응 교육으로 구성되어 있다. 군사훈련도 6개월의 장기간 교육으로 구성되어, 유사시 바로 현역으로 전환이 가능하다.

그러나 이런 체제로는 융합과 문제해결 능력이 필요한 현대 과학기술 추세를 따라가기 어렵고, 새로운 지식의 습득과 개선을 어렵게 한다는 문제가 있다. 따라서 북한도 근래 들어 교과과정을 개혁해 학제를 단축하고 학과를 통합하며, 학점제로 전환하면서 선택과목을 늘리고 컴퓨터와 외국어, 첨단기술 과목을 늘리는 데 주력하고 있다.

핵무기 개발에 특화된 물리대학과 같이, 제한된 지역에서 국가 전략산업으로 특별히 육성하는 대학은 여타 대학에 비해 더욱 폐쇄된 교육과정으로 운영된다. 여타 공과대학과 유사하게 기초과목이 많고 전공과목이 적지만, 생산 실습이 없는 상태에서 지역 내 원자력단지에서의 학년별 실습을 진행하고, 마지막 학기는 수업 없이 단지 내에서의 실습만으로 교육을 진행한다. 대학과 직장이 거의 일체화된 구조를 가지고 있는 것이다.

이러한 학습과 직장 배치는 해당 기술을 학습한 국가의 형태를 거의 그대로 답습하여, 특정한 기술 경로를 배우고 이를 재생산하는 데 기여한다. 북한의 핵 관련 교과과정은 구소련과 중국 등의 교과과정과 거의 유사하다. 따라서 북한의 핵무기 기술개발 경로에서도 이러한 국가들의 경로 특성이 거의 그대로 전수될 것으로 보인다.

전반적으로 구소련과 중국에서 보였던 핵무기 개발에서의 사회주의 기술개발 경로의존성이 북한에도 적용된다고 보인다. 유사한 교과과정을 이수한 졸업생들이 역시 유사한 핵무기 개발 부서에 배치되어, 사회주의 핵기술 개발경로를 재생산하는 것이다. 북한의 핵 관련 대학 교과과정이 구소련이나 중국과 상당히 유사한 것이 이를 간접적으로 입증한다.

7장

북한의 핵무기 개발경로와 원자력 주기 완성

북한이 공개한 내폭식 기폭장치(2016)

북한은 냉전 시대에 구소련이 미국과 경쟁하면서 개척한 사회주의 핵개발 경로를 거의 그대로 따라갔다. 이는 경제와 국방 전 분야에서 구소련을 학습하고 이를 모방했기에, 상당히 자연스러운 것이다. 북한은 중국과 같이 드부나연합핵연구소 창설 멤버로 참가하면서 핵기술 지식을 학습하고 양국 간의 협정을 통해 필요한 설비들을 도입하였다. 옛 소련식 교육체제에서 학습한 고급인력들은 이러한 기술개발 경로를 북한에서 재현하는 데 큰 기여를 하였다.

여기에 북한의 특성이 가미된다. 북한은 주체사상을 기반으로 철저히 국내산 원료로 순환되는 공업체계를 육성하려 하였다. 따라서 국방 분야에서도 북한이 자체 원료로 생산할 수 있는 무기체계 확보에 상당한 노력을 기울였고, 도입한 장비도 자체적으로 운용, 개량하려 하였다. 이 안에서 소련이 중요시한 경제성과 생산 용이성, 전술 운용 편이성을 우선적으로 고려하고 있다.

7-1 1980년대 사회주의 붕괴와 핵무기 개발 본격화

북한의 핵무기 개발 역사는 일제 시기와 1950년대로 거슬러 올라간다. 그러나 본격적으로 무기급 핵물질과 원자탄 생산을 추진한 것은 5MWe 원자로가 가동을 시작한 1980년대부터라고 볼수 있다. 남한과의 경쟁에서 뒤처지고 사회주의 국가들이 무너지거나 체제를 전환하면서 북한은 체제 유지 문제를 심각하게 고려하게 되었다. 이를 극복하기 위해 핵무기 개발을 본격화한 것이다.

먼저, 원자력 연구체제를 개편해 기초와 응용을 분리하고 영변 지역을 강화하였다. 이에 따라 김일성종합대학과 김책공업종합대학, 과학원 등에서 기초연구에 집중하고, 응용분야는 영변 지역으로 이전하였다. 이때 수립된 "제1차와 제2차 과학기술발전 3개년계획(1988~1993)"에는 레이저와 화학 교환법을 포함한 우라늄 농축과 신형전환로 및 고속증식로 개발, 핵융합, 사용 후 핵연료 재처리와 폐기물 처리 등의 원자력 주기 전반에 대한 연구들이 포함되었다.

사회주의 국가인 북한에서 국가연구개발계획은 법과 동일한 효력을 가지므로, 이 계획들이 실행되었다는 것은 의심할 여지가 없다. 북한은 이러한 과학기술 연구에 매년 1,000만 달러씩을 투자하여, 총 국내 수입 대비 과학기술투자 비중을 3.8%로 올렸다. 이는 그 이전에 2%를 넘지 않았고 당시 국가 재정이 어려웠던 것을 감안하면, 실로 파격적인 조치라 아니할 수 없다. 이 중 상당액을 필요한 외국 장비 수입에 사용하였다.

일반분야와 함께 국방 분야의 연구개발계획도 체계적으로 확장된 것으로 보인다. 국가적인 자원집중을 통해 영변 지역을 확충하였다. 1986년에는 무기급 플루토늄(Pu) 생산의 주역인 5MWe 원자로가 가동을 시작하였고, 1989년에는 사용 후 핵연료 재처리시설인 방사화학실험실이 부분 가동을 시작하였다. 우라늄광산의 채광이 확장되고 핵연료 가공공장도 건설되면서 기본적인 원자력 주기가 구비되었다.

영변 지역에 원자로가 가동되면서 핵무기 개발이 본격화되었다. 먼저 핵무기 개발 지도기관을 정비하였다. 북한이 1960년대에 원자력연구소를 설립하고 후에 원자력위원회로 확대했는데, 1986년에 이를 원자력공업부로 다시 확대하여 실제적인 주관부서가 되었다. 1987년에는 영변 지역 전체를 무기개발 기관인 노동당 군수공업부 산하로 이관하였다. 1994년에 원자력공업부가 원자력총국으로, 다시 2013년에 원자력공업성으로 승격했으나, 군수공업부의 통제를 받는 것은 여전하다.

Pu 생산과 함께 무기화 연구도 영변과 주변 지역에서 수행되었다. 1980년대 초반부터 지속적으로 고폭실험을 실시하였고, 1990년대 초반부터는 기폭장치 완제품 실험을 수행하였다. 결국 2006년 10월 9일에 풍계리 만탑산에서 북한 최초의 지하핵폭발 시험을 하였다. 이는 세계 최초로 일시와 위력을 사전에 공지한 것이다. 중국의 국방과학자들은 이를 핵실험 성공에 대한 높은 자신감의 표현이라고 하였다.

7-2 국가과학기술계획을 통한 산업기반 구축과 경제난 심화

1990년대 초반에 북한의 중장기 경제발전계획과 과학기술발전
계획이 거의 중단된 바 있다. 자연재해가 겹치고 사회주의국가
들과의 우호 협력이 거의 사라지면서 "고난의 행군"이라는 극심
한 국가적 어려움을 겪었기 때문이었다. 국가 연구개발의 주역
인 국가과학원 산하 연구소들도 상당한 어려움을 겪었다.

이에 김정일 위원장은 고난의 행군이 일단락된 1998년부터
사상(정치), 총대(군사), 과학기술에 의한 강성대국(강성국가) 건설을
전면에 내세웠다. 중장기 경제계획 대신 국가과학기술발전 5개
년계획을 연속적으로 수립해 산업 현장을 지원하고 국방력을
강화한 것이었다.

북한이 자력갱생에 치중하므로 국가계획의 최우선 순위에 전
력과 석탄, 금속, 철도가 들어간다. 석탄은 석유가 나지 않는 북
한의 현실에서 전력과 화학 원료, 제철 원료 등에 필수불가결하
게 들어가는 핵심 자원이 된다. 북한이 이를 인민경제 4대 선행
부문이라 부르며 가장 중요시하는 것도 이 때문이다. 국내산 원
료로 순환하는 인민 경제의 주체화는 국제 제재가 심해질 때 더
욱 강화된다.

인민 생활 개선, 특히 먹는 문제 해결은 북한이 건국 이후부터

표 7-1 **북한의 과학기술발전 5개년 계획과 경제발전전략 중심 과제**

1차 과학기술발전 5개년 계획 (1998~2002)	– 인민 경제, 기술 개건	– 에너지(6개 부문) – 기간산업 정상화(5개 부문)
	– 인민생활 개선(6개 부문) – 기초, 첨단기술(5개 부문)	
2차 과학기술발전 5개년 계획 (2003~2007)	– 인민경제의 기술적 개건(8개 중요부문 53개 대상) – 인민생활 향상(7개 부문) – 첨단 과학기술(5개 부문 37개 대상) – 기초과학 (4개 부문)	
3차 과학기술발전 5개년 계획 (2008~2012)	– 인민경제 4대 선행 부문(전력, 석탄, 금속, 철도운수) – 인민경제의 개건, 현대화(자원, 채취, 기계, 화학, 건설 건재, 국토 환경) – 식량 문제 해결(농업, 수산, 경공업, 보건) – 첨단 과학기술(IT, NT, BT, 에너지, 우주, 해양, 레이저/플라즈마) – 기초과학(수학, 물리, 화학, 생물, 지리)	
4차 과학기술발전5개년 계획 (2013~2017)	– 에너지문제 해결(전력 생산, 전기 절약) – 공업 주체화, 현대화(금속, 화학, 석탄, 기계, 전자, 경공업, 건설 건재, 국토 환경, 도시) – 먹는 문제 해결(농업, 축산, 과수, 수산) – 첨단 과학기술 비중 제고(IT, BT, NT, 신소재, 우주, 신에너지) – 기초과학(수학, 물리, 화학, 생물, 지리)	
경제발전 5개년 전략 (2016~2020)	– 에너지 우선, 인민경제 4대 선행 부문(전력, 석탄, 금속, 철도) – 공업의 전환(기계, 화학, 건설 건재, 국토 환경) – 인민 생활 향상(농업, 수산업, 경공업) – 첨단 과학기술(IT, BT, NT, 신소재, 우주, 신에너지, 핵) – 기초과학(수학, 물리, 화학, 생물)	

현재까지 지속적으로 강조하는 분야이다. 그러나 김일성이 강조한 "인민들이 쌀밥과 고깃국을 먹게 해 주겠다."는 약속은 수십 년이 지난 지금도 실현이 요원하다. 북한의 식량 문제는 체제 전환과 국제사회로의 개방이 없으면 해결이 어려울 전망이다.

첨단기술과 기초과학은 상대적으로 우선순위에서 밀릴 때가 많다. 북한이 자국의 현실에 적합한 기술들을 우선시하기 때문이다. 당국의 선전에서는 지속적으로 첨단기술을 강조하지만, 내용 면에서는 여전히 경제 현장에 필요한 기술들을 최고의 기술로 해결한다는 의미가 강하다. 기초과학 분야의 핵무기 관련 연구도 일부 이 계획에 포함된다.

북한 김정일은 과학기술발전 5개년 계획을 지속적으로 추진해, 제5차 계획이 만료되는 2022년에 강성대국을 완성한다는 중장기 목표를 가지고 있었다. 김정은 위원장도 집권 초기에는 이 체제를 계승한 것으로 보인다. 그러나 이후 추진한 경제–핵무기 병진노선과 연이은 핵실험, 미사일 발사로 국제 제재가 심화되면서, 계획의 목표 달성에 심각한 타격이 가해졌다.

이에 북한은 강성대국 달성 목표연도(2022년)가 포함된 "제5차 과학기술발전 5개년 계획(2018~2022)"을 수립하지 않고, 제4차 계획과 거의 그대로인 "경제발전 5개년 전략(2016~2020)"을 수립하였다. 내용을 그대로 둔 채 목표 연도만을 3년 연장한 것으로서, 이마저도 실현 가능성이 희박한 것이었다. 강성대국이라는 구호도 점차 강성국가, 사회주의 강국, 사회주의 발전 등으로 순화되었다.

2018년 9월에 인민문화궁전에서 개최된 행사에서 북한 사회과학원 리기성 연구사는 2017년도 북한 국내총생산이 307억 400만 달러라고 발표하였다. 이는 1인당 국민총생산 1,214달러 정도로 세계 155위권에 해당한다. 같이 발표한 식량생산도 수요에 크게 못 미치는 545만 4천 ton에 그쳤다.[*] 결국 2021년 1월 5일부터

● 리기성, "경제강국 건설 정형", (2018.9.15.), pp.6-7.

12일까지 개최된 노동당 제8차 당대회에서, "지난 5년간의 경제 목표가 거의 모든 부문에서 엄청나게 미달했다."고 평가하기에 이르렀다.

북한은 이런 문제를 극복하기 위해 "새로운 경제발전 5개년 계획(2021~2025)"을 추진한다고 발표하였다. 그러나 그 핵심 과제가 여전히 금속과 화학, 농업 등에 치우치고 자력갱생에 의존해, 실현 가능성이 높지 않다. 설상가상으로 전 세계를 휩쓴 코로나 팬데믹이 겹쳐, 앞으로 상당 기간 북한 경제의 어려움이 해소되지 않을 전망이다. 이러한 경제적 어려움은 원자탄처럼 거대한 산업 지원을 필요로 하는 무기체계의 발전과 대량생산, 실전 배치와 운용, 유지, 보수를 어렵게 한다.

7-3 국가과학기술 계획과 핵무기 기초연구

북한은 고난의 행군 속에서도 핵무기 개발을 지속하였다. 국방 연구계획이 공개되지 않지만, 일반 과학기술 계획 곳곳에서 국방 관련 기초연구들을 확인할 수 있다. 사회주의 국가에 국가 전반의 과학기술 계획이 국방과 연결되는 것은 보편적으로 나타나는 현상이다. 특히 장시간이 소요되는 거대 무기체계 개발에서는, 기초연구 단계일 때 일반 과학기술 계획으로 추진하다가 응용 단계에서 국방연구 분야로 이전하거나, 처음부터 역할을 구분해 연구하는 경우가 많다.

대표적인 사례로 사회주의 체제 전환이 본격화된 1988년부터 2차에 걸쳐 추진된 "과학기술발전 3개년 계획(1988~1993)"을 들 수 있다. 이 계획에 레이저 및 화학 교환법에 의한 우라늄 농축과 신형전환로 및 고속증식로, 핵융합, 사용 후 핵연료 재처리, 폐기물 처리 등의 원자력 주기 전반에 관한 연구가 포함되어 있었다. 이를 핵무기 관련 기초연구로 보면, 별도로 수립되는 국방 연구개발계획에 핵무기 관련 핵심 연구들이 광범위하게 포함되었다고 추정할 수 있다.

1998년부터 4차례에 걸쳐 추진된 "과학기술발전 5개년 계획"에서도 국방 관련 기초연구들을 확인할 수 있다. 특이한 것은 초고속 원심분리기 개발과 핵융합 관련 연구과제들이 여러 곳에서 자주 나타난다는 것이다. 여기에는 초진공펌프, 초고진동장치, 기계진동 진단기, 입력과 출력이 있는 나비에 스톡스(Navier-Stokes) 방정식,[*] 자성재료, 세라믹 재료, 리튬 생산과 Li^6 동위원소 분리,[**] 대출력 레이저 등이 있다.

이는 1980년대 말부터의 연구 성과와 1994년경의 북한-파키스탄 미사일-원심분리기 교환으로, 원심분리기 개발에 커다란 진전이 있었기 때문으로 보인다. Pu 기반의 원자탄 단계를 넘어, 소련의 개발경로처럼, 원심분리기를 활용해 HEU를 대량 생산하는 것이다. 북한의 5MWe 원자로는 무기급 Pu 생산량이 연간 원자탄 1개 정도에 그치고, 이마저도 국제합의 등으로 자주 정지

---

[*] 원심분리기 내부 동위원소 분리 해석 등의 고차원 유체역학에 사용하는 방정식이다.

[**] 증폭형(강화형) 핵무기와 수소폭탄 제조에 Li^6와 중수소를 결합시킨 중수소화리튬(Li^6D)을 사용한다.

되었기 때문이다.

"제3차 과학기술 발전 5개년 계획(2008~2012)" 기간에는 본 계획과 별도로 20개의 중점 과제를 편성해 자원을 집중하였다. 기술 분야별로는 IT와 에너지가 각각 6개(30%)로 가장 많고, 다음으로 생물(BT) 분야가 3개(15%), 철도 분야가 2개(10%)이며, 나머지는 레이저와 우주, 해양이 각각 1개씩이다. 핵무기와 관련해 주목되는 것은 핵융합분열 혼성로와 레이저, 대형 병렬컴퓨터 등이다.

핵융합분열 혼성로는 원자로 주위에 핵융합 물질을 둘러싸서 핵분열에 의한 고속중성자와 고에너지로 핵융합을 일으키는 것이다. 이는 경제성이 높은 차세대 첨단 기술로 원자력 선진국들에서 연구되고 있지만, 기술 수준이 극히 높아 선진국에서도 아직 개념연구에 머물고 있다. 북한이 이를 연구한다는 것은 놀라운 일이다.

표면적으로는 북한도 원자력 분야에서의 첨단기술 개발 의지와 역량을 과시하기 위해 혼성로에 대한 개념연구를 추진한다는 것이다. 다만 실제로는 핵무기 개발 과정에서의 연구개발 동향이 노출되는 것에 대비해, 차세대 에너지 개발을 천명하는 것일 수도 있다. 같은 기기 내에서의 핵분열과 융합기술 조합은 수소폭탄 제조 능력을 입증하는 것이기 때문이다.

레이저 분야에서는 대출력 레이저를 개발해 광범위하게 응용하려는 계획을 세우고 있다. 레이저에 의한 동위원소 분리도 주목할 만하다. 1980년대 말에는 우라늄의 레이저 동위원소 분리를 연구했는데, 2000년대 초반부터는 천연 리튬에서 Li^{6}를 분리하는 연구에 집중하고 있다. 리튬 관련 연구는 수소탄 제조를 위한 기반 구축을 의미한다.

레이저에 의한 우라늄 동위원소 분리는 비록 생산량이 적지만, 단번에 무기급 고농축이 가능해 국제적인 규제 대상이다. 이를 축적해 핵무기를 생산하지 못하더라도, 소량의 고농축 우라늄을 생산해 각종 물리 실험을 수행하는 것만으로도 핵무기 현대화에 크게 기여할 수 있다. 북한 자료에서 레이저에 의한 동위원소 분리를 원자력총국에서 수행한다고 한 점이 이를 입증한다.

대형 병렬컴퓨터는 핵무기와 우주개발 등에서 다양하게 활용할 수 있다. 슈퍼컴퓨터가 없을 때, 일반 컴퓨터 수백 대를 병렬로 연결해 대용량 컴퓨터를 대신하는 것이다. 극소형 자원위성과 해저로봇 개발도 국방과 깊이 연결되어 있다. 결국 최근에 서해위성 발사장을 대폭 확장하면서, 군사용 정찰위성 발사와 운용에 박차를 가하고 있다.

7-4 국제과학기술협력에서의 관련 동향

북한은 구소련과의 원자력 협력을 통해 상당한 기술과 설비를 받았고 고급인력 양성에서도 큰 도움을 받았다. 이와 함께 제한적으로 인접국인 중국과의 협력도 추진하였다. 특히 소련과의 사이가 악화되거나 체제 전환으로 소련이 붕괴한 후에 중국과의 협력을 긴밀히 하였다.

그 시초는 1950년대로 거슬러 올라간다. 중국 측 자료에 의하면, 6·25 전쟁 중에 세균전 의혹이 제기되자 1952년 8월에 첸싼창(錢三强) 등 21명의 중국과학원 학자들이 "북한과 중국의 세균전 조사 국제과학위원회"에 참가했다는 기록이 있다. 첸싼창은 중국 핵무기 개발의 대부인데, 왜 자신의 전공이 아닌 세균전 분야에 그것도 위험한 타국의 전장에 투입되었는지 그 배경이 주목된다. 아마도 미국의 만주지역 핵공격 위협이 있었으므로, 이에 대한 대비 또는 정보 수집 목적이 포함되지 않았을까 생각된다.

그 이후에는 1980년대 중반에 양국 과학원의 협력이 최고조에 이르렀을 때 나타난다. 양국의 공동연구와 대표단 파견, 인력 양성 등에 생물학용 초고속 원심분리기와 대출력 레이저 설비 등이 포함되어 있었다. 초고속 원심분리기 협력은 중국과학원 생물물리연구소와 북한 과학원 기계공학연구소와의 공동연구로 수년간 지속되었다. 먼저 북한 대표단이 1988년에 북경의 연구소를 방문하였고, 이듬해에는 중국 대표단이 북한 과학원 기계공학연구소를 방문하여 원심분리기 연구팀과 논의하였다.

당시 북한 과학원 기계공학연구소 전체 직원은 550명이고, 이 중 대학 졸업생이 190명에 달했다고 한다. 관련 연구로 유압펌프를 개발해 생산을 준비하고 있었고, 초정밀가공연구실과 마찰마모연구실에서는 60여 명의 연구원들이 마그넷 헤드를 개발하고 있었다. 다이아몬드 분야에서도 4개의 연구실에서 140여 명이 초경질 재료와 유압 분야 연구에 주력하고 있었고, 플라즈마

연구실에서는 부속품들의 수명 연장 방안을 연구하고 있었다.

이 연구소에 11명으로 구성된 초고속 원심분리기 연구팀이 있었고, 김일성종합대학과 김책공업종합대학, 리과대학 등에서 수학역학, 자동화, 물리학 등을 전공한 최우수 졸업생들로 구성되어 수준 높은 연구를 수행했다고 한다. 전공 분포가 원심분리기와 같은 다학문 분야 연구에 적합하도록 구성된 것을 알 수 있다. 이 연구팀이 계속 확장되었다.

북한 연구팀의 수준이 높아 기술을 전수하려는 중국 측과 학문적인 이견이 발생했다고 한다. 중국 측에서는 전통 방식인 모터-치차(기어) 구동 방식을 소개했지만, 북한 측은 현대적인 고주파 모터 직결식을 주장한 것이다. 결국 이 분야는 북중 양국이 자기 실정에 맞게 추진하기로 결론을 내렸다고 하였다. 이로 볼 때 북한이 상당한 사전 지식과 기술적 준비를 갖추었던 것으로 보인다. 생물학용이 아니라 현대식 초고속 원심분리기를 개발해 우라늄 농축에도 사용하려 한 것이다.

다만, 당시까지는 이에 필요한 재료와 기술들을 모두 갖추지 못한 것으로 보인다. 중국 측 공동연구자도 유사한 평가를 내렸다. 중국도 오랫동안 기체확산법으로 우라늄을 농축하였고, 이때까지 우라늄 농축용 원심분리기를 개발하지 못했다. 결국 중국은 1990년대에 러시아에서 설비와 기술을 도입해 원심분리법으로 전환했다고 한다. 북한도 파키스탄과의 협력을 통해 원심분리기 개발에 성공한 것으로 전해진다.

로터 폭발로 인명사고가 발생하기도 했다. 그 원인이 분명하지 않으나, 중국이 제공한 설비가 치차 방식이어서 고속회전시의 마찰과 이로 인한 발열이 특히 심했을 수 있다. 북한 측이 협력 초기부터 마찰이 적은 고주파 모터 직결식을 주장한 것도 이를 반영한 것으로 생각된다. 이후 북한이 자체적으로 초경질 재료와 마그넷 헤드 개발에 주력한 것도 이때의 사고에서 교훈을 얻었기 때문이라 생각된다.

대출력 레이저핵융합(Inertial Confinement Fusion, ICF) 설비도 중국과학원과 북한 과학원 간 협력으로 북한에 제공되었다. 레이저핵융합은 토카막 장치를 활용하는 방법과 달리, 강력한 레이저 빔을 다양한 각도에서 극히 작은 원형 핵융합 물질(D, T 등)에 조사하여 압축시키고, 이때의 고온, 고압으로 핵융합을 일으키는 방법이다.[●]

북한이 레이저핵융합 설비와 기술 발전에 크게 주목하게 된 것은 1980년 5월에 중국에서 개최된 제1차 국제레이저회의인 것으로 보인다. 북한은 중국의 레이저 기술 발전과 핵무기 개발에서의 응용 가능성을 인식하고, 관련 설비 지원을 요청하였다. 이에 중국과학원 상하이광학정밀기계연구소에서 5년간 사용했던 설비를 제공하였고, 북한이 1990년에 15만 달러를 들여 이를 인수해 갔다고 한다.

북한은 중국에서 제공한 설비를 토대로 평성의 리과대학 내에 "조중 우호 레이저공동연구실"을 만들었다. 이것이 리과대학 고

● 중국에서는 이를 "慣性約束聚变"이라 칭하며, 토카막 장치를 활용하는 "磁性約束聚变"과 구분한다. 핵무기를 연구하는 중국공정물리연구원에 가장 큰 장치가 있고, 이곳과 협력하는 상하이광학정밀기계연구소에도 다양한 관련 설비가 있다.

에너지물리연구실이다. 중국 전문가는 북한에게 제공한 설비로 핵융합을 할 수 없다고 했는데, 이는 책임을 지지 않겠다는 표현이라고 생각된다. 중국은 그보다 더 낙후한 설비로, 월등히 빠른 1973년에 레이저핵융합을 실현했었다.

레이저 설비의 이전 논의는 양국 과학원을 통한 북한 유학생의 중국 파견과 교육훈련으로 이어졌다. 1986년에 중국과학기술대학과 리과대학 사이에 과학, 교육 협력협정이 체결되었다. 중국과학기술대학은 중국과학원 직속대학으로서, 중국 핵물리 연구의 본산이라고 할 수 있다.[•]

협력 내용은 교육 및 과학연구 성과 교류와 과학기술인력 양성의 2가지였다. 그러나 경비를 북한 측에서 부담하기로 했는데 이것이 여의치 않아 중국 측이 지원하면서, 레이저 전공의 북한 측 학생 2명을 양성한 후 중단되고 말았다. 이후 자료 교환과 4차례의 상호 방문이 이어지다가, 1997년부터는 공식 협력 자체가 중단되었다고 한다.

2002년 10월 29일~11월 2일, 중국과학원 루용샹(路甬祥) 원장이 방북하여 북한과학원 이광호 원장을 만났다. 이 자리에서 이광호 원장은 "1960년의 양국 과학원간 협력협정 체결 이후 많은 영역에서 탁월한 성과를 달성하였고, 중국과학기술대학과 리과대학이 공동으로 '조중 우호 레이저공동연구실'을 설립한 것처럼 과학원 산하 연구소 간에도 다양한 협력 관계를 수립하였다."

● 한국의 과학기술원(KAIST)이 과학기술정보통신부 직속으로 설립되어 각종 특혜를 받고 있는 것과 유사하다.

고 치하하였다.

이로 볼 때 북한 측이 중국과의 레이저협력에 상당히 공을 들였고, 이것이 중단된 것을 애석해 하면서 재개되기를 바랐던 것을 알 수 있다. 그러나 2010년 북한이 핵융합 성공을 발표하고 중국이 이를 격렬히 비난하면서 논의 자체가 중단되었다. 북한이 이 설비를 사용해 레이저 핵융합을 한 것으로 보이기 때문이다. 국제사회의 대북한 제재를 중국이 이해하고 이에 동참하면서, 더 이상 중국이 책임을 져야 하는 북한과의 협력을 하지 않게 된 것이다.[•]

7-5 국가과학원의 기여

중국의 핵무기 개발에서 중국과학원 산하 연구소들이 큰 기여를 한 것 같이, 북한에서도 최고의 인재들이 결집한 국가과학원이 상당한 기여를 할 것이다. 특히 우라늄 농축과 같이 장기간의 기반 연구가 필요한 분야에서는 기초 분야에서 국가과학원이 큰 기여를 한 것으로 보인다. 2011년 연말에 발간된 북한의 국가과학원 소개 자료에서 이러한 동향들을 파악할 수 있다.

수학연구소는 유체역학과 진동해석 및 진단 등에서 커다란 성과를 이루었다. 특히 여기서 개발한 기계진동진단기가 각광

[•] 2009년에 중국 청도에서 개최된 북경국제안보회의(PIIC)에서 중국 외교부 당국자는 강한 어조로 "중국은 북한과 원자력 협력을 하지 않는다."라고 주장하였다.

표 7-2 **북한 국가과학원 산하 연구소들의 국방 관련 연구 동향**

	명칭	주요 동향
1	수학연구소	– 기계진동진단기 개발 – 유체, 폭발역학, 나비에 스톡스 방정식
2	물리학연구소	– 이론물리, 플라즈마, 전동기 – 광학, 초전도체, 자성체
3	기계공학연구소	– 초고속회전 동력학 및 장치, 초경질 재료 – 고속회전기계, 초고속 원심분리기 개발 – 마찰, 마모, 유압공학
4	전자공학연구소	– 집적회로, 컴퓨터, 전자부품
5	컴퓨터과학연구소	– 대형 병열컴퓨터, 인공지능
6	자동화연구소	– 공정관리용 컴퓨터집중감시조정시스템
7	용접연구소	– 마찰용접, 플라즈마용접 등 특수용접
8	과학실험설비공장	– 초고진공 펌프
9	전자재료연구소	– 자성재료
10	지질학연구소	– 리튬(Li) 자원 탐사와 개발
11	레이저연구소	– 대출력 레이저발진기, 플라즈마물리 – Li^6 동위원소 분리
12	이과 대학	– 레이저 핵융합

자료 : 조선민주주의인민공화국 국가과학원(2011)

을 받아 김정일이 1995년과 1999년에 직접 시찰하였고, 1997년
과 2003년에는 "군수공업 생산 정상화에 기여한 공로"로 감사장
을 수여하였다. 원심분리기 해석 등에 사용되는 나비에-스톡스
(Navier-Stokes) 방정식 연구에서도 세계적 수준에 올라섰다고 한다.

물리학연구소는 플라즈마, 광학, 전동기 등의 응용역학 분야
에서 상당한 기여를 했다. 여기에는 김일성종합대학과 김책공업
종합대학 물리학 관련 학과들이 함께 참여한다. 자성체 관련 연

구도 국방에 다양하게 응용할 수 있다. 다만, 응용핵물리분야는 원자력공업성이 주도하는 것으로 보인다.

기계공학연구소는 원심분리기 개발과 관련해서 특히 주목된다. 1998년부터 시작된 "제1차 과학기술발전 5개년 계획"의 기계공학연구소 과제에 초고속 회전동력학 및 장치, 초경질 재료, 마찰, 마모, 유압공학, 고속회전기계, 이를 종합한 초고속 원심분리기 등이 집중적으로 나타난다.[*] 2000년대 초반에 미국이 제기한 북한 우라늄농축 의혹이 이와 관련되었을 수도 있다.

전자공학연구소와 컴퓨터과학연구소, 자동화연구소, 용접연구소, 전자재료연구소, 과학실험설비공장 등은 자기 분야의 연구를 수행하면서 핵무기와 원심분리기에 필요한 요소기술과 기기 관련 연구에도 참여한 것으로 보인다. 초고속 원심분리기 개발과 고농축 우라늄 생산은 다양한 분야 전문가들의 긴밀한 협력과 공동연구가 필수적이다.

특히 과학실험설비공장의 초고진공 펌프에 주목할 필요가 있다. 이는 개발이 상당히 어려운 설비로서, 일본의 원심분리기 공장도 진공펌프에서 문제가 발생해 어려움을 겪었다고 전해진다. 북한이 파키스탄에서 전수한 P2 형태로 추정되는 원심분리기를 사용하는 점으로 볼 때, 이 공장에서 상당한 기술적 난제 하나를 해결한 것으로 보인다.

지질학연구소는 핵융합과 이차전지 등에 사용되는 리튬 자원

● 최근의 북한 과학원 기계공학연구소 조직에서 원심분리기 연구팀을 확인할 수 없었다. 기초연구를 넘어 응용단계로 이전하면서 핵무기 개발 부서로 이전한 것으로 보인다.

의 탐사와 개발에 주력하였다.[*] 천연 리튬에서 핵융합에 이용되는 Li^6를 분리하는 연구는 레이저를 사용하는 방법과 화학적 방법을 모두 연구하였다. 레이저에 의한 방법은 과학원 레이저연구소에서 수행하고 있다. 화학적 분리는 함흥분원 등에서 하는 것으로 보인다. 원자력공업성 산하기관에서 "해수에서 D를 추출하는 연구"를 수행하였으므로, 이를 조합해 핵융합을 연구하는 것이 확실하다.

레이저를 이용한 핵융합 연구는 레이저연구소와 리과대학 등에서 수행한다. 특히 리과대학에는 중국과학원에서 제공한 레이저핵융합 설비가 있으므로, 이를 이용해 수준 높은 실험을 할 수 있다. 리과대학의 에너지기초연구소(고에너지연구실)에서 이를 주관했던 것으로 보인다.

다만, 이 연구를 원자력공업성에서 직접 통제하기에, 리과대학이 상당한 압박을 받았던 것으로 보인다. 북한 과학원의 2000년대 초반 정책연구 자료에, "리과대학의 에너지 기초연구소를 원자력총국 산하 분강지구 연구소에 통합해, 리과대학이 과학간부 양성기지로서의 사명과 역할을 바로 하도록 해야 한다."라고 했기 때문이다.[**]

여기서 말하는 '분강지구'는 영변의 원자력단지를 말한다. 이곳에 원자력총국 산하의 연구소들과 물리대학이 있으므로, 리과대학의 핵융합 관련 연구를 이곳으로 통합시키는 것이 좋겠다

● 중앙자원개발국 중앙지질시험분석연구소에서도 1998년부터 리튬의 고순도 생산과 수율 개선을 연구하였다.
●● 구 원자력총국이 2013년에 원자력공업성으로 승격하였다.

는 건의이다. 이것은 당시 리과대학의 관련 설비와 연구진이 북한의 핵무기 개발에 참여하고 양성된 인력도 그곳으로 우선 배치되어서, 다른 분야의 연구와 인력 양성에 어려움이 있다는 것을 말해 준다. 결국 이 설비가 영변이나 기타 지역으로 이전한 것으로 보인다.

7-6 원심분리기의 우라늄 농축기술 개발

제1장에서 소개한 바와 같이, 핵물질을 생산하는 방법에는 여러 경로가 있다. 초창기 미국에서는 기체확산법에 의한 우라늄 농축과 원자로에 의한 Pu 생산이 주류를 이루었다. 기폭장치도 HEU에는 포신형을, Pu에는 내폭형을 채택하였다. 그러나 곧 소련이 원심분리기에 의해 염가로 HEU를 대량 생산하기 시작하면서 이러한 구분이 희석되었다.

소련은 두 번째 핵실험에서 HEU에 내폭식 기폭장치를 채택해, 포신형 대비 핵물질 이용률을 크게 개선하는 데 성공하였다. 이런 방식은 사회주의 핵기술 개발경로의 일반적인 추세가 되었다. 중국은 1964년의 최초 핵실험에서 HEU에 내폭식 기폭장치를 채택하였다. 당시 중국이 원심분리기 대신에 기체확산법을 도입해 생산한 우라늄 가격이 상대적으로 높았지만 국력을 기울여 이를 확대하는 데 주력하였다.

이를 북한에 적용할 수 있다. 다만, 북한은 거대 설비가 필요한 기체확산법을 시도하지 못했고, 원심분리기에 의한 농축도 기술 부족으로 오랫동안 시도하지 못했다. 따라서 최초 핵실험은 거의 유일한 방법이었던 5MWe 원자로에서 생산한 Pu에 내폭식 기폭장치를 적용한 것이었다. 그러나 이 원자로의 용량이 작아 대량생산이 어려웠고, 계획했던 대형 원자로들도 비핵화 협의와 국제 제재로 건설이 중단되었다. 이를 극복하는 최선의 방법으로 원심분리기 개발에 집중한 것이다.

원심분리기는 좁은 공간에 설치할 수 있고 전력 소모가 적으며 시설 은폐도 용이하다. 기술 개발을 통해 원심분리기 성능을 개선하면 생산량을 10배 이상으로 늘릴 수도 있다. 무엇보다 원심분리기를 소련이 먼저 개발해 대량 생산하였고, 내폭식 기폭장치에 HEU를 적용해 포신형 대비 핵물질 이용률을 개선하는 방법이 사회주의 국가들에 의해 확산했으며, 소련 붕괴로 관련 정보와 부품들을 입수하기 쉬웠던 것으로 보인다.

북한의 원심분리기와 이를 통한 우라늄 농축 성공 시기를 외국과 비교할 수 있다. 선진국들은 대부분 원심분리기 연구개발에서 관련 설비 생산, 캐스케이드 시험, 파일럿공장(시험생산) 등의 중간 단계로 10년 이상을 소비하였고, 후발국들은 15년에서 20년을 소모하였다.[•] 다만 원심분리기 전문가인 칸 박사가 있는 파키스탄은 후발국임에도 10여 년 만에 성공하였다.

북한의 경우, 2002년 미국 켈리 특사의 방북 당시에 우라늄 농

[•] Alexander Glaser, "Making Highly Enriched Uranium", Prinveton University, 2006.2.26

축 여부가 논란이 되었고, 2009년 4월에 외무성 대변인 성명으로 우라늄 농축을 시사하였으며, 같은 해 6월에 이를 공식화하였다. 이를 토대로, 후발국인 북한이 2010년에 HEU 생산 능력을 보유했다고 가정하면, 그 출발점을 1990년대 또는 그 이전으로 잡아도 될 것이다.

앞에서 거론한 것 같이, 북한 문헌에서는 1980년대 말부터 우라늄 농축이 나타난다. 당시의 2번에 걸친 과학기술 발전 3개년 계획(1988~1990, 1991~1993년)에서 독자적인 원자력 주기 완성을 핵심 과제로 삼았고, 우라늄 농축과 사용 후 핵연료의 재처리, 폐기물 처리 등의 핵심 기술들을 개발하기 시작하였다. 1980년대에 영변을 중심으로 Pu 기반의 핵무기 개발이 본격화되었고, 관련 기술 개발도 크게 강화된 것이다.

북한의 국제과학기술 협력사에서도 관련 사례를 찾을 수 있다. 앞서 소개한 것과 같이, 1990년대에 북한 과학원 기계공학연구소와 중국과학원 사이에 생물학 용도의 초고속 원심분리기 공동연구가 있었다. 다만, 실험 중에 원심분리기 로터가 폭발해 사상자가 발생하면서 협력이 중단되었다고 한다. 당시 기계공학연구소에 고급인력이 집중된 원심분리기 연구조직이 있었으나, 2000년대 초반 조직에는 보이지 않는다. 기초연구를 넘어 응용연구로 전환하면서 관련 조직이 국방 쪽으로 이전한 것으로 보인다.

파키스탄 등 이미 기술과 설비를 보유한 국가들과의 협력으로 개발 기간을 크게 단축시킬 수도 있다. 파키스탄의 칸박사는 P1 원심분리기 완제품 20여 개와 P2 원심분리기 설계도를 북한에 제공하고 공장 견학을 시켰다고 했다. 북한이 별도로 고강도 알미늄 150ton을 러시아에서 수입하기도 했다. 당시 많은 전문가들은 이것이 P2 원심분리기 케이스에 사용되는 것이고, 북한이 로터 재료인 마레이징강(maraging steel)은 자체로 생산하지 못할 것이라 하였다.

이를 북한이 할 수 있다는 것을 보여준 것이다. 2009년 김정일의 현지 지도 사진이 논란이 되었는데, 외국 것과 비교한 결과 P2

그림 7-1 **북한이 공개한 것과 외국의 P2 원심분리기 '로터'**

그림 7-2 **북한이 공개한 유동성형기(신형)**

원심분리기 로터로 판명되었다. 이어서 원심분리기 생산에 사용되는 유동성형기(flow forming machine)를 공개하였다. 결국 2010년에는 영변 지역을 방문한 미국의 해커(Hecker) 박사에게 2,000여 개의 P2 형으로 보이는 원심분리기 농축 공장을 공개하였다.

7-7 원심분리기와 HEU 생산 능력

중국의 주수후이(諸旭輝) 박사는 세미나 발표에서 북한이 해커 박사에게 보여준 설비들이 상당히 현대적이고 대규모인 것에 집중하였다. 기술 능력이 없는 상태에서 이런 대규모 공장을 건설한 사례가 없다는 것이다. 따라서 북한이 이미 원심분리기와 HEU 생산능력을 확보하였고, 영변 지역 외에 별도의 원심분리기 생산 공장과 농축기술연구소 및 다른 농축공장들이 있을 것이라고 하였다.[*]

공정을 개괄하면 P2 원심분리기 로터를 제작하기 위해 품질이 우수한 마레이징강(maraging steel)을 만들고, 이것을 해머로 두드리는 단조작업을 통해 조직을 치밀하게 한다. 이어 구멍을 뚫고, 유동성형을 통해 직경 150mm, 두께 1mm, 길이 500mm 정도의 로터를 만든다. 진동 확산을 방지하기 위한 벨로우즈(belows)는 마찰용접으로 만든다.

북한의 원심분리기 생산 설비 보유 증거로는 김정일, 김정은

● Zhu Xuhui(2013), "Centrifuge Enrichment in North Korea", KINAC

위원장의 현지 지도 사진을 들 수 있다. 여기서 가장 핵심이 되는 설비는 로터 가공에 사용되는 유동성형기(flow forming machine)이다. 이것은 고도의 전략적 수출통제 품목으로, 이 설비가 있으면 원심분리기 생산능력 보유를 부인하기 어렵다. 생산능력은 구형 설비가 연간 500대, 신형이 연간 1,000대 정도라고 하였다.

사진들을 보면 북한이 적어도 2대 이상의 유동성형기를 보유하고 있는 것으로 보인다. 다만, 이 설비가 미사일 등의 첨단무기 생산에도 사용되므로 전 시간을 원심분리기 생산에 투입할 수 없다. 이를 토대로 연간 원심분리기 1,000~1,500대를 생산한다고 보았다. 구형 유동성형기가 김정일 시대에 있었으므로, 그동안 가동을 통해 북한이 이미 10,000대 이상의 P2 원심분리기를 생산했다고 볼 수도 있다.

북한이 해커 박사에게 공개한 설비는 파키스탄이 북한에 설계도를 제공했다고 하는 P2 원심분리기로 추정할 수 있다. 이는 유렌코에서 지페(Zippe)의 기술을 개량해 개발한 원심분리기를 모태로 한다. P2 원심분리기 2,000대를 가동하면 연간 8,000~10,000kgSWU/y의 분리 능력이 되고, 이를 통해 연간 2~2.5ton 3.5% LEU 또는 40~50kg HEU를 생산할 수 있다. 이를 토대로 일부 전문가들은 북한이 2013년의 제3차 핵실험 이후부터 우라늄을 사용했다고 주장한다.

대규모 농축공장의 정상 가동은 그 이전 단계인 농축기술연구소와 중간시험공장, 대규모 원심분리기 생산 공장이 있다는 것을 의미한다. 아울러 원심분리기는 로터 회전속도가 빠를수록,

길이가 길수록, 상하 온도 차이 등의 기술적 조치가 좋을수록 분리 효율이 높아지므로, 북한의 원심분리 능력을 무한정 P2 수준으로 고정하는 것은 무리가 있다. 로터를 탄소섬유로 교체해 속도를 개선하는 것만으로도 몇 배 정도로 생산 능력을 개선할 수 있다. 북한이 2000년대 초반부터 국가계획으로 탄소섬유를 개발해 왔으므로, 이의 적용 여부를 주목해야 할 것이다.

북한이 2010년 이전부터 HEU를 대량 생산해 왔고 영변의 농축공장이 2배로 확장되었다는 것을 반영하면, 2020년경까지 700~800kg을 생산했다고 볼 수 있다. 강선 등의 여타 지역에도 농축공장이 있다고 가정하면, 생산량이 1,400~2,400kg으로 증가하고, 중간에 개량형 원심분리기 개발에 성공했다면 3,000kg 이상으로 추계할 수도 있다.

핵탄두 수량을 추산할 때도 기술의 발전에 따라 탄두 1개당 소요되는 핵물질의 양이 크게 줄어들었다는 것을 고려해야 한다. 통상적으로 적용되는 기준량은 HEU 20~25kg, Pu 5~7kg 정도이지만, 기술 진보로 이를 절반 이하로 감축할 수도 있는 것이다. 통상 기준으로 보면, 북한이 2020년경까지 영변 단독으로 핵탄두 약 30개, 기타 지역을 포함하면 70~100개, 개량형을 고려하면 200개까지도 가능할 것으로 보인다. 다만, 기폭장치와 투발수단을 고려하면, 많은 전문가들의 견해처럼, 핵무기 30~100개 정도로 추산할 수 있다.[•]

● Siegfried S. Hecker, Chaim Braun, and Chris Lawrence(2016), "North Korea's Stockpiles of Fissile Material", Korea Observer, 42(4), pp. 721-749.

7-8 핵융합 물질 생산과 기술개발

원자탄 개발에 이어 2000년대 초반부터는 핵융합 연구가 나타나기 시작하였다. 특히 1998년부터 연이어 수립된 과학기술 발전 5개년 계획에 "리튬 자원 개발"과 "아말감법에 의한 천연 리튬에서의 리튬6(Li^6) 농축", 황화수소-물 방법에 의한 중수 생산" 등이 집중적으로 나타난다. 다만, 핵융합 효율이 우수한 T에 대한 연구가 보이지 않았다.

이는 구소련과 같이, 증폭탄과 수소탄 개발에서 고가의 T를 사용하는 대신 비교적 쉽게 생산할 수 있는 중수소화리튬6(Li^6D)에 집중하기 때문으로 보인다. 복수의 미국 전문가들은 영변 5MWe 원자로 인근에 신축한 건물이 T 생산용이고, 북한이 여기서 T를 생산해 사용할 것으로 추정한다. 물론 이는 우수한 핵융합탄 개발에 꼭 필요한 것이고 대부분의 핵무기 선진국에서 사용하는 방법이다.

그러나 북한이 놓인 현실이 녹녹하지 않다는 것을 생각해야 한다. 영변 5MWe 원자로에서 생산할 수 있는 T의 양이 많지 않은데다,* T 자체의 반감기가 12.3년으로 짧아 주기적으로 보충해야 한다. 가벼운 기체이므로 저장과 취급도 어렵다. T를 포함한 원자탄의 압축과 폭발 기제가 복잡하고, 정밀한 제어가 용이하지 않은 문제도 있다.

● 외국 전문가는 연간 100g 이상을 주장하기도 하나, 국내 전문가는 연 10g 이하로 추정한다.

복잡한 절차의 추가는 한미 공군의 집중적인 감시에 노출된 북한군에게 큰 부담이다. 따라서 초기 구소련이 개발하고 중국이 답습한 것 같이, T 없이 Li^6D를 사용하는 방법을 사용할 것으로 보인다. 이는 고체이므로 취급이 간편하고 생산 과정도 복잡하지 않다. 다만, Li^6가 분해해 T를 생성하는 과정에서 중성자를 소비하므로, 폭발 효율이 떨어지는 문제가 있다.

핵융합 실험도 문제가 된다. 증폭형 핵무기와 수소탄에 적용하는 핵융합 기술은 지상 설비로 실험하기가 극히 어렵다. 이를 극복하는 방법으로 레이저핵융합 설비를 이용할 수 있다. 핵물질에 강력한 레이저를 조사해 폭약에 의해 압축되는 효과와 중성자 발생 효과를 모두 관찰할 수 있기 때문이다.

중국의 핵무기 개발기관인 공정물리연구원에서도 이 장치를 활용해 핵융합을 연구한다. 따라서 2010년 5월 12일의 북한 핵융합 성공 발표에 대한 반응도 한국과 크게 달랐다. 당시 한국 외교부에서는 국제핵융합기구(ITER) 참여 경험을 토대로 "터무니 없다."라는 반응을 보였다. 그러나 중국은 외교부 대변인은 "예의 주시하고 있다."라고 발표하였고, 환구시보 사설 등에서는 핵 게임 중단을 요구하는 등 상당히 격렬한 반응을 보였다.

중국과학기술대학의 "핵탐측 및 핵전자학 국가중점실험실"에서도 자신들이 당일 측정한 지진파를 통해 북한이 소위력 핵실험을 수행했다고 밝히고, 이것이 북한이 발표한 핵융합 실험의 결과일 수 있다고 분석하였다. 이는 앞에서 소개한 것과 같이, 1980년대의 북중과학기술협력 과정에서 레이저 설비를 북한에 제공했고, 북한이 이를 활용했기 때문이라 생각된다.

여기서 중국이 북한에 제공한 설비로 무엇을 할 수 있는가를 살펴볼 필요가 있다. 중국의 레이저핵융합 설비는 3세대로 나뉜다. 제1세대는 관련 기술과 설비제조 능력을 개발하는 것이고, 제2세대는 에너지원으로 사용할 수 있는 점화를 실현하는 것이며, 제3세대는 그 이후의 응용을 고려한 것이다. 시기적으로는 중국이 레이저핵융합 연구를 시작한 1964년부터 2007년까지를 제1세대로 치고, 현재 제2세대 기술을 개발 중이며, 제3세대는 아직 시작되지 않았다.

시기적으로 볼 때, 북한에 제공한 기기는 제1세대 기술을 기반으로 해서 제2세대로 넘어가는 요소기술 시험용의 과도기적 설비로 보인다. 중국과학원 상해광학정밀기계연구소에서 제작하였고, 레이저 빔 구경을 확장해 출력을 개선하면서 안정화한 것이다. 다만, 요소기술 개발 단계이므로 빔을 2개만 설치해, 핵물질을 전방위로 압축시키는데 제한이 있다.

이는 북한이 보유한 설비를 통해 충분한 레이저핵융합 기초연구를 수행할 수 있다는 것을 보여준다. 북한이 이 설비를 안정화시켜 효과적으로 사용할 경우, 2010년에 북한이 발표한 핵융합 성공 발표가 결코 허구가 아니라 할 수 있다. 핵융합 성공 여부는 특정 에너지를 가지는 중성자를 검출해 파악할 수 있다. 중성자 검출과 기록에는 다양한 센서와 광증폭기, 전송장치 등이 들어가는데, 실험실에서 제작할 수도 있고 외부에서 구입할 수도 있다.

이 설비는 Pu처럼 내폭형 기폭장치를 사용하는 핵물질의 압축

특성과 핵분열로 인한 중성자 산출, 이를 활용한 융합 능력 산출 등에도 아주 유용하게 활용할 수 있다. 극미량의 핵물질로 다양한 실험을 할 수 있으므로, HEU를 사용한 실험도 효과적으로 수행할 수 있다. 북한이 레이저법 등으로 극소량의 HEU를 생산해도 이 설비에서 무기화 실험을 수행할 수 있는 것이다.

다만, 빔 라인이 2개로 적어 플라즈마를 가두거나 핵물질을 전방위로 압축하기 어렵다. 북한이 이 설비의 능력을 확장했다는 소식이 있는 것도 이 때문이라 생각된다. 그러나 북한 스스로 라인 수를 늘리는 것도 쉽지 않으므로, 그 응용 범위가 제한되는 것은 확실하다.

중국 전문가들은 북한이 이 설비로 핵융합을 일으킬 수 있다는 것을 부정하지만, 그 사용 과정과 내용에 대해서는 상당히 우려하고 있다. 따라서 앞으로 북한이 이를 활용해 강화형 핵무기와 수소탄 등을 실험할 경우, 중국이 더 강력한 대응을 보일 것으로 예측할 수 있다.

7-9 원자력 주기 완성과 수준

북한은 이러한 장기간의 노력을 거쳐, 국내산 원료로 순환하는 핵연료주기를 완성하였다. 국내산 원료에 의존하는 정책은 사회주의 국가들, 특히 기술과 자원이 고도로 통제되는 핵무기 개발에서 보편적으로 나타나는 현상이다. 북한은 주체사상에 의거하여 오랫동안 자력갱생 정책을 추진해 왔으므로, 특히 국내산 자원에 더 집중한다.

다만, 국력과 자원에 제한이 있는 나라에서 자력갱생에 의존하면서 어찌할 수 없는 한계가 노출된다. 사회주의 기술개발 경로를 추종하면서도 자국의 실정에 따른 어려움과 우선순위 변화, 편법이 나타나는 것이다. 수익을 창출하는 원자력발전소 등의 민간용도 없이, 오직 국가 투자만으로 핵무기를 생산하는 길고 복잡한 산업 체인을 형성한 것도 어려움을 가중시킨다.

따라서 원자력 주기 전반의 상시 가동이 어렵고 단절이 많으며, 효율이 나쁘고 경제성도 떨어진다. 고가 첨단 장비와 기술, 원부자재 부족으로 임기응변식 대처도 다수 발생하고 있다. 이런 상황에서 개발하는 핵무기도 기술개발 경로가 비교적 단순하고 예측 가능성이 높다. 북한이 비핵화 협상에서 평화적 용도로의 전환을 요구하는 것도 이를 극복하기 위한 것일 수 있다. 이를 세밀히 수집하고 장단점과 취약점을 파악해, 구체적인 대응 방안을 수립할 필요가 있다.

먼저 원자력 주기의 시초인 우라늄 원광 자원이 평산과 순천 등에 매장되어 있다. 북한은 가채 매장량이 약 400만 ton-U라고 주장하나, 이는 과장된 것으로 보인다. 전문가들은 북한의 가채 매장량을 약 20~30만 ton-U 정도로 추정한다. 정련에서도 평산 등에서 연 290만 ton-U 정도의 옐로우 케이크(우라늄정광)를 생산할 수 있다고 하지만, 실제 생산능력과 상시 가동 여부에는 논란이 많다. 생산된 옐로우 케이크는 영변의 핵연료 가공 시설에서 핵연료로 가공된다.

원자로는 영변원자력 단지에 2기가 가동하고 있다. 1965년에 가동하기 시작한 IRT-2000 원자로와 1986년에 가동을 시작한 5MWe 흑연감속로이다. 5MWe 원자로는 핵연료봉을 8,000개 장입하고. 1년 정도의 가동으로 무기급 Pu 6~7kg(핵무기 1개 분량)을 생산할 수 있다. 사용 후 핵연료는 냉각한 후에 방사화학실험실에서 재처리한다. 이 공장은 5MWe 원자로의 핵연료 1회분을 약 100일 안에 재처리할 수 있었는데, 이후 능력을 확장하였다.

이상의 설비 대부분은 IAEA와의 안전조치 협정에 따라 1992년에 신고한 것들이다. 이후의 사찰과 검증 과정에서 그 특성들이 상당히 밝혀졌고, 불능화 조치에 따라 폐쇄와 재건을 하면서 설비가 많이 노화되었다. Pu 생산의 핵심인 5MWe 원자로도 출력을 낮추어 운영하고 가동과 중단을 반복하면서, 생산능력이 크게 감소한 것으로 보인다.

지금까지의 무기급 Pu 생산량도 큰 차이 없이 추산되고 있다. 미국의 해커(Hecker) 박사는 1986년부터 2015년까지 42~63kg의 Pu를 생산했고, 10%의 손실을 감안하면 37.8~56.7kg이 된다고 하였다. 아울러 북한이 수행한 6번의 핵실험 중 3차에 Pu를 사용했고 이를 위한 금속화와 정제에서 10% 손실이 있다고 하면, 남은 양이 21.3~39.6kg이라고 하였다. 간소화하면 20~40kg이 된다. 여기에 이후 간헐적으로 재처리한 10kg 정도를 추가할 수

● Siegfried S. Hecker, Chaim Braun, and Chris Lawrence(2016), "North Korea's Stockpiles of Fissile Material", Korea Observer, 42(4), pp. 721-749.

있다. 핵무기로는 5~8개 분량이다. 다만, 북한은 이를 HEU와의 복합피트 형식으로 사용할 것으로 보인다.

새롭게 건설 중이던 경수로는 국제 제재 하에서 기술과 설비 조달 능력이 부족해, 성공적인 완공이 어려울 것으로 보인다. 최근 들어 그 건설 진척 상황이 잘 보도되지 않는 것으로 보아, 여러 가지 문제가 있는 듯하다. 이 경수로를 무기급 Pu 생산용으로 최적화하면, 연간 Pu 20kg 정도를 생산할 수 있다. 이는 핵무기 3~4개 정도에 해당한다. 전반적으로 Pu는 설비 노화로 생산량이 줄어들어, 북한 핵탄두의 급속 증가에 큰 역할을 하지 못한다.

북한의 핵무기 수량 증대의 핵심에 영변 등지의 원심분리기에서 생산되는 HEU가 있다. HEU의 생산량 확대는 여러 측면을 동시에 생각해야 한다. 먼저, 북한이 해커박사에게 공개한 P2 형태의 원심분리기를 자체적으로 생산할 수 있다는 것을 고려해야 한다. 동일 형태의 원심분리기를 연 1,000대 생산한다면, 2년마다 HEU 생산 능력이 40~50Kg씩 증가한다. 공개된 영변 외에 2000년대 초반부터 강선의 농축공장이 가동 중이고, 여기 설치된 원심분리기가 12,000개에 달한다는 설도 있다.

다음으로, 원심분리기 성능 개량을 고려해야 한다. 원심분리기는 로터 회전속도와 길이, 온도 구배 등에 의해 분리 능력이 크게 증가하므로, 설비와 기술 진보에 따라 HEU 생산능력을 수배에서 수십배 이상으로 확장할 수 있다. 북한이 2000년대 초반부터 국가과학기술계획으로 탄소섬유를 개발해 왔으므로, 이를 원심분리기기 로터에 적용하는 데 성공한다면 HEU 연간 생산량을 기존의 몇 배 정도로 늘려 잡아야 한다.

핵탄두 소형화 기술이 발전하면 탄두당 핵물질 사용량도 크게 줄일 수 있다. 히로시마 원자탄에는 HEU 60kg을 사용했지만, 당시의 HEU는 농축도가 다소 낮았고 기폭장치도 기술 수준이 낮은 것이었다. 오늘날 HEU는 20~25kg 정도를 적용하지만, 고급 기술을 적용하면 10kg 이하로 크게 줄일 수 있다. 따라서 북한의 핵탄도 소형화 정도에 따라 핵탄두 수량이 크게 증가할 수도 있다.

핵융합 물질에는 Li^6와 D, T 등이 있다. 이 중 Li^6와 D는 북한이 2000년대 초반부터 연구해 왔고, 기술적으로도 큰 난제가 없으므로, 필요량을 축적할 수 있을 것이다. 다만, T는 5MWe 원자로에서 생산하는데, 연간 생산량이 적고 반감기가 짧으며, 저장과 야전에서의 운용이 어려워 크게 확대하지는 못했을 것으로 보인다. T를 외국에서 수입할 수 있으나, 그 동향이 파악되지는 않는다.

종합적으로 많은 전문가들은 북한의 핵탄 두 수를 30~100개 정도로 추산한다. 이는 북한의 핵 역량이 핵물질 생산에서 투발 수단의 다양화와 고성능화로 전환되고 있다는 것을 의미한다. 미국 등의 사례를 보면, 핵무기 개발에서 핵물질과 탄두 생산에 드는 비용은 전체의 20% 미만이고, 미사일과 폭격기, 잠수함 등의 투발 수단을 개발하는데 나머지 엄청난 재정이 소요되는 것을 알 수 있다. 따라서 북한의 재정 능력이 이를 얼마나 뒷받침할 수 있는지, 향후 추세를 주목할 필요가 있다.

4부

북한의
핵 능력

8장

북한의 핵실험과 핵능력

북한이 공개한 수소탄 모형(노동신문, 2017. 9. 3)

핵능력은 크게 관련 산업 지원 능력과 기술적 능력, 전술적 능력으로 나눌 수 있다. 관련 산업은 자주적인 원자력 주기 완성과 고도화 수준을 말한다. 기술적 수준은 핵무기의 중량 및 크기(소형화 정도), 핵물질 이용률, 신뢰성과 안전성, 수명, 정비 용이성 등이다. 관련 산업 지원에 대해서는 앞 장에서 소개했으므로, 본 장에서는 북한 핵무기의 기술적 성능과 폭발 위력을 집중적으로 소개한다. 전술적 성능은 투발 수단의 기술 수준을 의미하는데, 다음 장에서 논의한다.

국내의 북한 핵실험 요인과 내용에 대한 분석은 지나치게 정치 위주이다. 그러나 지금까지 수행된 대부분의 핵실험은 개발한 핵무기의 기술적 성능을 검증하고 개선하기 위한 것이었다. 따라서 북한이 지금까지 감행한 6차의 핵실험은 북한 핵무기의 기술적 성능을 판단하고 대안을 모색하는 데 극히 중요하다. 다만, 지진파와 일부 누출 기체 외에는 우리가 파악할 수 있는 자료가 거의 없으므로, 소련과 중국 등의 인접국 비교를 통해 이를 간접적으로 분석해 본다.

8-1 핵무기 위력

북한의 핵실험 분석에 앞서, 지진파에 의한 폭발위력 산출 방법을 먼저 고려할 필요가 있다. 폭발위력은 다양한 각도로 분석할 수 있기 때문이다. 국방부에서는 북한이 표준화를 언급한 2016년 제5차 핵실험의 지진파 규모가 5.0이고 폭발위력은 10 ± 2kt 라고 발표하였고, 북한이 수소탄이라고 발표한 제6차에 대해서는 지진파 규모 5.7에 위력 50kt 라고 발표하였다.

그러나 앞에서 설명한 것 같이, 폭발위력은 기폭실 주위 암석 유형과 수분 함량 등에 따라 크게 달라진다. 미국과 중국 등에서 우리 발표보다 크게 높은 위력이라고 발표한 것도 이 때문이다. 우리 국방부에서 발표한 것은 단단한 암석과 기포가 거의 없는 주위 매질을 기준으로 판정한 것이다.

어느 정도의 기포나 약한 암석, 토양 등이 섞인 상황을 가정하면, 제5차 핵실험의 위력을 20kt 정도까지, 제6차는 150kt 정도까지 높일 수 있다. 제5차는 히로시마 원자탄 수준이고, 제6차는 증폭형을 넘어서는 위력이라고 볼 수 있는 것이다. 미국 발표처럼 6차 핵실험의 지진파 규모가 6.3이라면 위력을 300kt~1Mt까지 높일 수 있다.* 풍계리 핵실험장에서 대위력의 수소탄 실험을 할 수 없어 위력을 줄였다고 가정하면, 제6차는 북한의 발표처

● 다만, 실제 폭발위력이 300kt를 넘기는 어려워 보인다. 당시의 기폭실 깊이가 800m 정도여서, 이런 큰 위력의 핵실험을 하면 안전한 봉쇄가 어렵기 때문이다.

표 8-1 **북한 핵실험의 지진파 규모와 폭발 위력 추정**

순(일시) 북한 발표	지진파 규모(mb)	위력(kt) 국방부 발표	위력(kt) 필자 추정
1차(2006.10.9.) 폭발	3.9	약 0.8	0.4~1.5
2차(2009.5.25.) 위력	4.5	약 3~4	3~6
3차(2013.2.12.) 소형화	4.9	약 6~7	6~18
4차(2016.1.6.) 수소탄	4.8	약 6	6~15
5차(2016.9.9.) 표준화	5.0	약 10	10~20
6차(2017.9.3.) 대형 수소탄	5.7	약 50	50~150

럼 수소탄이라 하기에 충분하다.

중국의 분석 자료에서도 유사한 경향이 나타난다. 중국은 북한과 지질 특성이 유사한 접경 지역에 자체 운영하는 지진파 측정설비들을 광범위하게 설치, 운영한다. 중국은 지진 다발 국가로서 20세기 최악의 지진이라는 1976년의 탕산대지진과 2008년의 쓰촨대지진처럼 수십만 명의 인명 피해를 입기도 하였다. 따라서 지진 관련 연구에 투입하는 국가적 노력이 상당히 크고 그 수준도 높다.

지진으로 인한 군사시설의 피해도 막심하기에, 군 소속 대학과 연구소에서도 이를 연구하고 있고, 일부에서는 이러한 역량을 활용해 핵폭발로 인한 지진파도 연구하고 있다. 핵실험을 주관하는 인민해방군 산하 기관에서도 자신들의 시험효과를 판단하는 수단으로 국내에서 측정된 지진파를 활용한다. 독자적인 분석 모델을 개발해 북한 핵실험을 분석하기도 하였다. 다만, 군 조직의 특성상 그 결과를 모두 발표하지는 않았다.[*]

인민해방군 장비발전부에서는 핵실험 이론과 경험을 토대로 다양한 토양에서의 폭발위력과 지진파 강도를 분석하였다. 핵폭발로 인한 에너지가 충격파와 발열, 복사, 전자파 등으로 다양하게 분산되기에 지진파의 에너지 총량 비율이 수 % 정도로 작고, 지진파도 핵실험 갱도 형태와 주변 암석 등에 의해 크게 달라진다. 따라서 고정된 이론식보다는 경험을 토대로 어느 정도의 여유를 두고 분석하는 경우가 많다.

근래에는 중국과학기술대학의 원렌싱(溫聯星)과 장먀오(張森) 등이 북한의 핵실험 결과를 지진파로 측정하고, 자신들의 지리적 위치와 기술적 장점을 활용해 미국보다 월등히 정밀하게 북한 핵실험 장소와 폭발 위력을 분석했다고 발표하였다. 이들이 발표한 지진파 강도와 폭발위력은 1차 3.93에 0.48kt, 2차 4.53±0.12에 7.0±1.9kt, 3차 4.89±0.14에 12.2±3.8kt 등이었다. 제6차의 폭발위력은 108±48kt라고 발표하였다.[**]

이들의 위력 판정 결과가 우리 국방부에서 발표한 위력보다 높고 필자가 추정한 것과 유사한 것을 알 수 있다. 지진파 자료를 보유한 중국과학원 지질 및 지구물리연구소에서도 북한 핵실험 지진파를 분석해 유사한 결론을 내린 바 있다.[***] 미국 등의 핵무기

● 劉代志 等(2010), "核爆地震模式識別", 國防工業出版社

●● http://seis.ustc.edu.cn

●●● 赵连锋, 谢小碧, 范娜, 姚振兴, "2013年2月12日 朝鲜地下核试验的区域地震特征", 中国地球物理2013, p.351.

선진국들도 유사한 결론을 내리고 있으므로, 우리도 지진과 대비 폭발위력 판정 공식을 재검토할 필요가 있다.

8-2 출발점: 북한 핵무기 개발 시점과 최초 핵실험

북한의 최초 핵실험은 2006년 10월 9일이다. 이를 토대로 국내에서는 1990년대 초반의 북핵 위기와 제네바 합의 이행의 난항, 2000년대 초반의 북미 관계 악화와 대북한 제재 등의 정치적 동기에서 핵개발 요인을 찾는 경향이 많다. 그러나 앞에서 살펴본 바와 같이, 북한의 핵기술 개발은 정권 초기로 거슬러 올라간다. 원자력 주기 완성과 본격적인 핵무기 개발도 1980년대 중반에 시작되었다.

따라서 많은 과학기술자, 특히 중국 전문가들은 북한의 핵무기 개발 시기를 앞당기고 있다. 중국 핵무기 개발의 총본산인 공정물리연구원의 후시더(Hu Side, 胡思得)와 순샹리(Sun Xiangli, 孫向麗), 우준(Wu Jun, 伍鈞)은 2003년에 중국 최초로 국제학술대회에서 북한의 핵기술 능력 분석 결과를 발표하였다. 그때까지 얻은 자료를 분석하고 핵무기 개발 경험자로서의 기술적 추론을 한 것이었다.[•]

이들은 북한이 "1)공개된 자료들을 토대로 충분히 원자폭탄 원리를 파악할 수 있고, 2)수년간의 5MWe 원자로 가동을 통해

● Hu Side, Sun Xiangli, Wu Jun, "On the Nuclear Issue of North Korea", The XV International Amaldi Conference, September 25~27, 2003

12~14kg의 무기급 Pu를 보유하였으며, 3)점화장치와 중성자 발생원, 컴퓨터 코드, 기폭장치 등도 많이 공개되고 기술이 발전하여 난제를 극복할 수 있다."라고 보았다. 따라서 북한과 같이 핵무기 개발 의도를 가진 중등 수준의 공업 국가들은 1980~1990년대에 이미 1940년대의 미국보다 더 양호한 개발 환경을 가질 수 있었다고 판단하였다.

이를 근거로, 저자들은 2003년 이전에 북한이 장거리 투발용이 아닌 조잡한 수준의 Pu 핵무기를 개발하였다고 하였다. 북한이 한국과 일본, 주한미군 등과 상당히 인접해 있으므로 고성능, 장거리 투사용 핵무기를 보유하지 않아도 단거리 미사일로 이들을 타격할 수 있다는 것이다.

북한의 제1차 핵실험(2006년) 이후에, 위 논문의 제2저자였던 순샹리는 한 걸음 더 나아간 분석을 제시하였다.[*] 그는 북한과 같은 중등 기술 수준의 국가는 Pu로 수백 ton~수 kt 위력의 핵무기를 충분히 만들 수 있으며, 그 중량과 크기는 북한이 보유한 항공기와 노동미사일에 적용할 정도라고 하였다.

포신형 기폭장치는 사전에 그 위력과 신뢰성을 확정할 수 있으므로 폭발실험을 하지 않아도 되고, 내폭식도 위력에 대한 엄격한 요구가 없을 때는 핵물질을 사용하지 않는 일반적인 기폭장치 실험으로 충분하다는 것이다. 북한은 이미 이런 유형의 기폭장치 폭발실험을 꾸준히 수행해 왔다.

따라서 순샹리는 북한이 1994년의 제네바 합의 이전에 핵무

● 孫向麗, '朝核問題實質與發展前景', "現代國際關係" 2007年 第6期, pp.13~19.

262 - 4부 북한의 핵 능력

기를 보유하고 있었고,* 이를 토대로 상당한 자신감을 가지고 협상에 임했다고 하였다. 2006년의 최초 핵실험을 사전에 공개한 것도 성공에 대한 자신감이 있었기 때문이라는 것이다. 제네바 합의 이후에는 Pu 보유량을 늘리면서 소형화 등의 현대화를 추진하는데 몰두하였다.

1997년에 망명한 전 노동당 비서 황장엽도 "북한의 본격 핵무기 개발이 1980년대부터 시작되었고 90년대 초반에 성공하였다."라고 증언한 바 있다. 미국의 페리 국방장관도 1994년의 언론 인터뷰에서 "북한이 핵무기 1~2개를 보유했을 것으로 추정한다."라고 발표한 바 있다.

2006년의 핵실험은 이러한 노력의 결과를 입증한 것이다. 초기 원자탄을 개발한 후 이를 대량 생산하거나 2단계 수소탄으로 넘어가기 위해서는 성공적인 폭발실험이 필요하기 때문이다. 따라서 순상리는 "제1차 핵실험의 위력이 수백 kg~2kt 정도로 낮지만, 기술적으로는 긍정적인 최초의 핵실험"이라고 하였다. 중국 칭화대학의 리빈(Li Bin, 李彬) 교수는 한 걸음 더 나아가, 북한이 구소련 등에서 입수한 소형 원자탄 설계도를 토대로 실험을 한 것이라고 하였다.

● 1997년에 북한에서 망명한 황장엽 비서도 동일한 증언을 한 바 있다.

8-3 북한의 핵무기 개발 방향, 제2차 핵실험 통한 내폭형 Pu 원자탄 개발

핵실험 관련 지식과 측정 결과를 토대로, 북한이 6차례 핵실험을 어떤 목표로, 어떤 방법을 동원했는지를 추정할 수 있다. 필자는 정치적 목적으로 보여주기식의 핵실험을 했다는 견해에 결코 동의하지 않는다. 사회주의 국가, 특히 북한처럼 최고지도자의 명령이 절대적인 국가에서 정치적 목적의 핵실험을 한다면, 이는 반드시 성공해야 하는 실험이 되고 원래의 기술 진보를 위한 도전이 쉽게 사라지게 된다.

소련과 중국 등의 인접국 핵실험 사례를 보면, 정치는 총 목표와 개발 한계를 지정하는 데 그치고, 실험 일정과 방법은 과학기술계에 일임하는 것을 볼 수 있다. 지금까지 전 세계적으로 수행된 수천 번의 핵실험도 대부분 이런 절차를 거쳐 수행되었다. 무엇보다 북한 스스로가 매 실험마다 실험의 기술적 목적과 달성 정도를 공개하고 있다. 따라서 이를 소련, 중국 등과 비교해, 상세히 분석할 수 있다.

북한의 발표는 제1차 핵실험의 목표가 폭발 실험, 제2차가 위력 개선, 제3차가 소형화와 경량화, 제4차가 수소탄, 제5차가 표준화된 핵탄두의 위력판정, 제6차가 대륙간탄도탄(ICBM)용 수소탄이었다. 즉, 제3차까지 각종 요소기술을 개발했으니, 제5차에서는 기본형 핵탄의 실전 배치를 염두에 둔 표준화를 추진하고, 제4차와 6차에서는 위력을 대폭 확장한 수소탄을 개발했다는 의미가 된다.

제1차, 2차 핵실험 당시 많은 전문가들이 폭발위력이 통상적인 20kt보다 낮으므로 실패라고 하였다. 일부 전문가는 제1차 핵실험의 지진파 형태를 분석해, 핵폭발이 아닌 화학 폭발로 주장하기도 하였다. 반면 중국 전문가들은 북한이 처음부터 4kt을 목표로 했으므로 성공으로 보았다.

칭화대학 리빈(李彬) 교수는 낮은 위력으로 실험한 것은 방사성 기체의 유출로 주변 지역과 인접국 중국, 러시아에 피해를 주지 않으려 한 것이라고 하였다. 앞에서 설명한 것 같이, 너무 낮은 위력의 핵실험에서는 봉쇄각질(containment cage) 형성이 불충분해 방사성 기체의 정밀 봉쇄가 어렵기 때문이다. 따라서 정밀 측정보다는 안전한 봉쇄에 초점을 맞춰, 낚시바늘형 수평갱도를 채택했을 가능성이 높다. 북한이 동쪽터널(1번 갱도)에서 추가 핵실험을 하지 않은 것도 이 때문이다.

이를 토대로 리빈 교수는 초기 핵실험에 대해 3가지의 가능성을 검토하였다. 첫째는 통상적인 원자탄에서 폭약 사용량을 줄여 규모를 축소할 수 있다고 하였다. 두 번째는 Pu를 절약하는 방법일 수 있다. 북한이 언급한 것처럼, 일반적으로 사용하는 5~6kg보다 적은 2kg을 사용해 위력이 감소했다는 것이다. 이런 방법들은 핵탄두 소형화에 적용하는 기술들이므로, 북한이 초기부터 미사일 탑재를 염두에 두었다고 볼 수 있다.

세 번째는 북한이 가지고 있는 또는 외국에서 입수한 핵탄두

설계가 4kt 모델이어서 20kt 모델을 포기했을 수 있다. 북한이 중국에 4kt 라고 통보한 것은 이미 그 위력을 알고 있었다는 의미이다. 첫 번째 실험의 폭발위력이 이에 미달했으나, 2번째 실험에서 이를 입증한 것이다. 종합적으로, 대부분의 중국 이공계 핵무기 전문가들은 북한이 핵실험 초기부터 4kt 정도로 소형화된 핵무기를 목표로 하였고, 제2차 핵실험에서 이에 성공했다고 판단하고 있다. 필자도 이런 견해에 동의한다.

제1차 핵실험이 목표 달성에 실패했든지 아니면 원래부터 작은 위력의 탄두를 사용했던지, 북한이 초기의 두 차례 핵실험을 통해 내폭식 기폭장치 설계와 폭발, 결과 분석을 통한 위력 증가 등의 기술적 진보를 이루었다는 것이 분명하다. 이를 기반으로 해서 핵물질을 Pu에서 HEU로 전환하고, 표준화와 수소탄 개발을 추진했다고 보인다. 제1단계로 Pu 기반의 내폭형 원자탄 개발에 성공한 것이다. 실패 역시 성공의 밑거름이 된다.

제1차 핵실험에서 목표 위력에 미달한 것은 북한의 최고지도자와 과학기술자들에게 핵실험이 얼마나 중요하고 필요한지를 절감하게 해 주었을 것이다. 아무리 이론적 계산을 정확히 하고 선진국에서 입증된 설계도를 도입해 복제했더라도, 핵무기는 실제적인 폭발실험을 통해 그 성능을 입증하는 절차가 필요하다. 기본단계에서 다음 단계로 기술적 도약을 하기 위해서도 핵실험이 필요하다.

8-4 핵물질 전환과 제3차 핵실험

북한의 초기 핵무기 개발에서 가장 큰 문제는 무기급 핵물질 생산능력이 크게 부족한 것이었다. 당시에 유일한 방법은 영변의 5Mwe 원자로에서 생산되는 Pu였는데, 용량 부족으로 연간 5~7kg을 생산하는 데 그쳤고, 이마저도 설비 노화로 계속 줄어들고 있었다. 이에 대량생산이 가능한 원심분리기로 HEU를 생산하는 데 상당한 노력을 기울였다.

제7장에서 설명한 것 같이, 북한은 1980년대 말의 과학기술발전 3개년 계획에 우라늄 농축을 포함했다. 당시 국가과학원 기계공학연구소에 초고속 원심분리기 연구팀을 설치하였고, 90년대 중국과의 공동연구 과제에도 고속 원심분리기가 포함되어 있었다. 일반적으로 초고속 원심분리기 개발에 15~20년이 소요되는 것을 감안한다면, 2000년대 초반에 무기급 HEU 생산에 성공했다고 볼 수 있다.

미국은 원자탄 개발 초기에 HEU에 포신형 기폭장치를, Pu에는 내폭형 기폭장치를 사용한 바 있다. 그러나 이는 Pu가 자발핵분열이 많아 간단한 포신형을 쓰지 못했기 때문이지, 핵물질에 따라 고정된 것이 아니다. 오히려 내폭형 기폭장치에 HEU를 쓰면, 포신형에 비해 핵물질 이용률이 높아져, 적은 양으로 높은 폭발위력을 낼 수 있다. 후발국인 구소련이 두 번째 핵실험에서, 중국이 최초 핵실험에서 이런 방법을 쓴 것도 이 때문이다.

미국은 전력 소비가 극히 많은 기체확산법을 사용해 농축한 관계로 HEU 가격이 상당히 높았지만, 일찍이 원심분리법으로 전환한 소련은 저렴한 가격으로 HEU를 대량 생산해 국방과 민수 곳곳에 폭넓게 사용하였다. 북한도 원자로에 의한 Pu 생산이 충분치 못한 상황을 타개하기 위해, 원심분리기 생산에 전력을 기울인 것으로 보인다.

국제사회에서도 조기에 이를 간파하였다. 국제분쟁의 시초는 2002년 북한을 방문한 미국의 캘리 특사가 우라늄 농축을 지적한 것이라고 할 수 있다. 이에 북한도 HEU를 사용한 핵실험을 앞두고, 이를 공식화할 필요를 느낀 것으로 보인다. 2009년에 우라늄 농축을 공표하였고, 2010년에는 미국의 헤커 박사에게 영변의 대규모 농축공장을 보여주었다.

북한은 이를 경수로의 핵연료 생산용이라고 했으나, 이 원자로가 아직도 완공되지 못하고 건설마저 중단된 것을 볼 때, 일종의 기만이라 생각된다. 오히려 이는 2013년 2월 12일의 제3차 핵실험을 앞두고 여건을 조성한 것으로 보인다. 북한은 제3차 핵실험에서 원자탄 소형화와 경량화를 목표로 했다고 발표하였다. 이는 제1차와 2차를 거쳐 개량한 내폭형 기폭장치에 Pu 대신 HEU를 사용하면서, 폭약량을 줄여 제3차 핵실험을 했다는 의미로 해석될 수 있다. 물론 여기에는 논란의 여지가 있다. 북한이 핵물질 전환을 언급하지 않았고, HEU 대량생산 시기도 불투명하기 때문이다. 다만, 북한의 Pu 생산량이 적으므로, 이에 대한 고려 없이 제6차까지 계속 Pu를 사용했다고 보는 것도 부자연스럽다. 필자는 북한이 일찍부터 사회주의 개발경로를 따라가고 있었으므로, 제3차 정도에서 사용 핵물질을 Pu에서 HEU로 전환했다고 보면서 논의를 전개한다. 만약 최근에 전환했다면, 이를 검증하기 위한 추가 핵실험이 절실할 것이다.

8-5 원자탄 표준화와 미사일 탑재: 제5차 핵실험

제4차에서 6차까지의 핵실험에서 북한의 핵탄두 개발 방향이 두 갈래로 갈라진다. 즉, 3차에서 5차로 이어지는 핵탄두 소형화와 표준화, 제4차에서 6차로 이어지는 수소탄 개발이다. 즉 제3차 핵실험에서 내폭형 원자탄 기폭장치를 개발한 후, 점진적으로 이를 기반으로 하는 표준화된 미사일 핵탄두와 수소탄을 개발한 것이다.

이는 풍계리 핵실험장에서 사용하지 않은 3번 갱도가 지표면에서 기폭실까지 깊이가 400m 정도이고, 4번 갱도가 800m 정도라는 점에서 더욱 분명해진다. 즉, 3번 갱도는 소형 원자탄을, 4번 갱도는 대위력 증폭탄 또는 수소탄을 실험하려는 목표를 가지고 있는 것이다.

먼저, 제4차 수소탄에 앞서 제5차 핵실험을 살펴보자. 실제로 제4차와 제5차는 같은 해인 2016년 1월 6일과 9월 9일에 실험했으므로, 같은 선상에 놓지 않고 개별적으로 분석해도 무방하다. 제3차까지의 실험 결과를 토대로, 북한이 실전 배치한 미사일에 탑재할 핵탄두를 개발한 결과가 제5차 핵실험이다. 북한이 제5차 시험에서 표준화된 핵탄두의 위력판정 실험이라고 한 것이 이를 설명해 준다.

또 "탄도미사일에 장착할 수 있게 탄두를 표준화, 규격화했다"라는 것은 핵탄두 기폭장치를 표준화했다는 의미로 보인다. 이는 북한이 2016년에 공개한 내폭형 기폭장치와 이를 탄두 안에 장착한 그림을 통해 판단할 수 있다. 즉, 이전에 Pu용으로 개발한 내폭형 기폭장치에 대량 생산한 HEU를 장입해, 미사일에 장착할 수 있는 표준형 탄두를 개발했다는 것이다.

북한이 '핵물질 이용 곁수'라는 표현을 사용한 것이 이를 간접적으로 증명한다. 이는 핵물질 이용률을 지칭한 것이다. 미국의 초기 원폭에서 HEU는 포신형 기폭장치를 사용하고, Pu는 압축 성능이 특히 우수한 내폭형 기폭장치를 사용하였다. 그러나 소련의 두 번째 핵실험과 중국의 최초 핵실험에서 사용한 것처럼, 내폭형 기폭장치에 HEU를 사용하면 포신형에 비해 핵물질 이용률을 크게 개선할 수 있다. 북한이 이를 적용한 것이다.

아울러 5차 실험에서 "핵탄두들을 마음먹은 대로 얼마든지 생산할 수 있게 되었다"라고 발표하였다. 이는 무기급 HEU 대량 생산에 성공했다는 의미로 해석된다. Pu를 기반으로 한다면, 이를 생산하는 5MWe 원자로의 노후화와 가동률 저하로 인해 대량생산 수요를 도저히 맞출 수 없다. 이에 비해 원심분리기로 우라늄을 고농축하는 데 성공하면, 바로 이를 대량 생산할 수 있다.

미사일 탑재용 핵탄두의 개발은 상당히 복잡한 과정을 거친다. 중국은 1964년에 원자탄과 미사일의 결합을 추진하면서, "소(小), 창(槍), 합(合), 안(安)"의 네 가지에 주력하였다. 이는 원자 탄 기폭장치를 소형화하면서 핵탄두가 미사일 발사 후의 충격 과 소음, 대기권 재진입시의 파열음과 진동, 열 등을 극복하도록 개량하고, 이를 진동 감축과 방열, 안전 기능을 갖춘 미사일 탄두 에 안장하는 것을 의미한다. 북한도 제3차에서 제5차 핵실험 사 이에 3년 반의 공백이 있는데, 이 기간에 기본형 핵탄두의 미사 일 탑재를 추진했다고 볼 수 있다.

탄두를 소형화하면서 폭발위력을 줄이기도 한다. 이는 원뿔 모양의 좁은 탄두 안에 기폭장치를 안장하기 위해, 또는 탄두 재 진입시의 고열을 차단하기 위해 무거운 방열소재를 추가하면서 기폭장치의 폭약 사용량을 줄이기 때문이다. 핵탄두는 무게중심 이 작은 곳에 집중되므로, 자세제어와 유도의 편이성을 위해 전 체 무게를 더 줄이거나 분산시키기도 한다. 미사일 사거리가 증 가할수록 더 많은 방열소재가 필요하므로, 핵탄두 소형화 수요 도 더욱 엄격해진다.

중국도 1966년에 실험한 최초의 핵탑재 미사일 "동풍2호갑 (DF-2A)"개발에 이를 적용한 바 있다. 1964년에 실험했던 핵 기 폭장치 무게가 1,550kg으로 탄두 허용 중량 1,500kg을 넘어섰기 때문이었다. 여기에 재진입 방열을 위해 추가한 유리섬유강화플 라스틱(GFRP) 보호막이 200kg에 달했다. 결국 폭약 사용량을 줄 여 무게를 맞추었고, 폭발위력도 원래의 22kt에서 12kt로 낮아졌 다. 북한도 중국의 동풍2호와 유사한 성능의 노동미사일 탑재를 시도했다고 보인다.

다만, 북한은 제3차 핵실험의 지진파 규모 4.9에서 제5차 핵실험의 5.0으로 약간 높아졌다. 필자가 추정한 폭발위력도 3차의 6~18kt에서 10~20kt으로 높아져 히로시마, 나가사키에 투하된 초기 원자탄과 유사해졌다. 이는 북한이 원자탄 개발 초기부터 미사일 탑재를 고려했고, 기술의 발달로 핵탄두 소형화에 어느 정도의 여유가 있었기 때문으로 생각된다.

북한은 제5차 핵실험의 성공으로, HEU를 기반으로 하는 핵탄두 대량생산에 자신감을 가지게 된 것으로 보인다. 기본형 원자탄을 1단으로 하는 제4차 수소탄 실험 직후(2016. 3. 9)에 직경 60cm 정도의 구(원)형 기폭장치를 공개한 것도 이 때문이라 할 수 있다. 2016년과 2017년에 스커드와 노동미사일 이상의 사거리를 가지는 다양한 미사일들을 집중적으로 발사한 것도, 기본형 핵탄두를 탑재한 투발 수단 다양화의 하나로 볼 수 있다.

8-6 수소탄 개발과 실험: 제4차와 6차 실험

북한은 2016년의 제4차 핵실험에서 수소탄 개발에 성공했다고 발표하였고, 2017년의 제6차 핵실험에서는 ICBM 탑재용 수소탄을 개발했다고 발표하였다. 2017년 9월 3일에는 2단(2 stage) 형태의 수소탄 기폭장치와 탄두 모형을 공개하였다. 우리 국방부에서 제6차 핵실험의 폭발위력을 50kt라고 발표했지만, 앞에서 소개한 것 같이, 지질 특성을 반영한 경험식을 적용하면 이를 50~150kt까지 확장할 수 있다.

풍계리 핵실험장의 정상에서 제6차 핵실험 기폭실까지 깊이는 800m 정도이다. 38north에서는 미국에서 통용되는 핵실험장 깊이 산출식을 적용해, 풍계리 실험장의 최대 위력을 280kt라고 추정한 바 있다. 그러나 부드러운 암석 매질인 미국 네바다 핵실험장과 달리, 풍계리처럼 단단한 화강암으로 구성된 지형에서는 충격이 더 강하게 전파되므로, 최대 위력을 더 줄여야 한다. 따라서 제6차 핵실험은 북한이 풍계리 만탑산에서 할 수 있는 최대 위력의 폭발실험을 했다고 볼 수 있다.

북한이 공개한 수소탄 기폭장치 형태도, 앞에서 설명한 원통형 핵융합장치를 가진 미국의 Teller-Ulam과 달리, 소련이 50년대 중반에 개발한 슬로이카(Sloika) 형태의 2단 수소탄 형태를 보여주고 있다. 이러한 장치의 장점은 핵융합 물질의 사용량을 조절해 위력을 크게 줄이거나 늘릴 수 있다는 것이다. 이상의 결과를 종합해 보면, 북한이 제6차 핵실험에서 핵융합 물질을 적게 사용해 위력을 줄인 수소탄 실험을 했다고 볼 수 있다.

핵실험의 폭발위력이 작다고 북한의 수소탄 개발 능력을 무시해서는 안 된다. 제4차의 위력이 원자탄 정도로 작은 것은, 원자탄 외면에 소량의 핵융합 물질을 배치해 핵폭발 압력과 온도로 핵융합이 일어나는지를 시험한 것이라 볼 수 있다. 폭발위력보다는 압축 효과와 핵융합 성공 여부를 중시하는 수소탄 원리 실험인 것이다. 중국의 사례와 같이, 이러한 원리실험에서는 폭발

위력이 원자탄보다 작을 수도 있다. 북한의 제4차 핵실험 지진파 규모가 4.8로 제3차의 4.9 보다 작아진 것도 이 때문이다.

최초로 HEU를 사용했다고 생각되는 제3차 핵실험부터 수소탄 원리실험인 제4차 핵실험 사이에도 약 3년의 시간적 여유가 있다. 중국은 원자탄 실험 성공 직후에 상당수의 개발 인력들을 수소탄 개발로 전환하였다. 북한도 이러한 조치를 통해 부족한 인력을 충원하면서, 제1단 기본형 원자탄과 제2단 핵융합 물질을 연계한 수소탄 개발을 촉진했다고 보인다.

증폭탄이나 수소탄 핵무기 시험은 핵폭발 없이도 레이저핵융합 설비를 이용해 실험실에서 간접적으로 수행할 수 있다. 중국이 1980년대에 북한과학원과 협력 차원에서 제공한 레이저핵융합 설비가 평성의 과학원 직속 리과대학에 설치되어 있었으므로, 이를 활용할 수 있는 것이다. 이 설비는 Pu에 주로 적용되는 내폭형 핵무기를 개발하거나 핵물질 노화 정도를 판단할 때도 사용할 수 있다.

2010년에 북한이 핵융합에 성공했다고 발표했을 때, 국내외 많은 전문가들이 토카막(Tokamak)과 같은 첨단 장비가 없는 북한이 핵융합을 일으킬 수 없다고 하였다. 한국 외교부는 "터무니없다."라 무시하기도 하였다. 그러나 이러한 언급은 핵융합 경로가 상당히 다양하다는 점을 간과한 것이다. 핵무기 개발, 특히 수소탄의 개발에는 레이저핵융합 설비를 더 유용하게 사용하기 때문이다.

여타 국가들과 달리, 중국 정부와 언론은 상당히 격한 논조로 북한의 핵융합 성공 보도를 비난하였다. 이는 중국 정부가 자신들이 기증한 레이저핵융합 설비를 북한이 활용했다는 것을 깨달았기 때문이라 생각된다. 북한이 실제로 레이저핵융합 설비를 적극 활용해 관련 기술을 발전시키면, 수소탄 개발기간을 단축하거나 보다 효율적인 수소탄을 개발할 수 있다.

북한이 수소탄에 사용하는 핵융합 물질의 종류와 실험 결과에 대한 분석에서, 중국 전문가들은 미국과 다른 견해를 가지고 있다. 많은 미국 전문가들은 수소탄에 T를 필수적으로 사용한다고 가정하고, 북한이 5MWe 원자로 인근에 건설한 건물이 T를 생산하는 설비와 유사하다고 분석한다.

이에 비해 중국 전문가들은 T가 없어도 Li^6D를 만들어 핵폭탄에 넣으면 핵폭발 시 D가 Li^6와 결합해 T를 생성하므로, 핵융합이 일어난다고 하였다. D와 T가 기체로서 취급이 어려운 반면에 Li^6D는 고체이므로 취급이 쉽고, 구소련과 중국도 이를 활용해 수소탄을 개발했기 때문이다. 북한이 2000년대 초반부터 국가과제로 "천연 리튬에서의 Li^6 농축"과 "D 생산" 등을 연구해 왔으나, T 개발 과제가 보이지 않는 것도 이 때문이라 할 수 있다.

중국 인민해방군의 리민(李梅) 등은 북한 수소탄 실험에서의 핵융합 물질과 1단 핵폭발 장치를 분석하였다.[*] 이들은 수소탄 원리가 그리 복잡하지 않고 주요 핵융합 물질인 Li^6의 생산도 그리 어렵지 않다고 하였다. 다만 T를 넣는 방법을 쓰면 T 생산이 어렵고 반감기가 짧으며, 수소탄의 1단과 2단 연결 관련 정보가

● 李梅, 李毅, "朝鮮試爆氫彈事件分析", 飞航导弹 2016年第4期, pp.10~12.

거의 공개되지 않아 긴 개발 시간과 핵실험이 필요하다고 하였다.

결국 이들은 수소탄에서 1단과 2단의 폭발위력 조절이 중요한데, 북한은 수차례 핵실험에서 위력이 지속적으로 증가해 조절능력을 확보했다고 보았다. 아울러 핵실험에서 수소탄 실험까지 미국은 87개월, 소련 75개월, 영국 66개월, 프랑스 102개월, 중국 26개월이 걸렸는데, 북한은 2006년 최초 핵실험 이후 2016년의 제4차 핵실험까지 10년(120개월)이 지났으므로 충분히 성공할 수 있다고 하였다. 제6차 핵실험에서 보여준 위력도 수소탄이나 증폭탄으로 판단하기에 충분하다고 하였다.

결국 북한은 2017년 11월 29일에 화성 15형 대륙간탄도탄(ICBM)을 발사하고 핵무력 완성을 선언하였다. 이는 HEU를 핵물질로 사용하는 기본형 원자탄과 이를 1단으로 하는 2단 수소탄을 완성하고, 이를 미사일에 탑재하는 데 성공했다는 의미로 보인다. 다만, 2016년과 2017년에 다양한 미사일들을 발사하면서 상당히 많은 실패를 겪었고 ICBM의 성공적인 재진입 여부도 입증하지 못했다. 무기체계의 신뢰성에 상당한 문제가 있었던 것이다.

8-7 풍계리 핵실험장 폐쇄와 복구

북한은 2018년 4월에 핵실험과 ICBM 발사 중지를 결정하고, 5월에 한국을 포함한 5개국의 기자들을 초청한 가운데 풍계리 핵실험장을 폭파하였다. 한미 당국이 "미래 핵의 포기 의지를 밝힌 것"이라고 환영의 뜻을 밝혔지만, 전문가 초청과 현장 조사 없이 입구만 공개하고 폭파해 핵실험 증거를 인멸한다는 논란이 일었다. 기폭실을 공개하지 않았고 갱도 내부 폭파를 확인하기 어려워, 쉽게 복구할 수 있다는 주장도 컸다.

필자는 당시 파견 기자들에 자문하면서 실험장 개요와 폭파 상황 분석에 많은 노력을 기울였다. 5차례의 핵실험으로 많은 핵분열 물질이 있는 2번 갱도와 제1차 실험을 수행한 1번 갱도는 전문가들의 시료 채취와 점검을 통해 북한의 핵실험 경과와 내용 등을 분석할 수 있는 중요 대상이다. 실험하지 않은 3번과 4번 갱도에서는 전체 설계와 기폭실 점검을 통해 북한 핵개발의 미래 계획을 볼 수 있었다.

그러나 많은 전문가들이 주장한 시료 채취와 3, 4번 갱도 기폭

그림 8-2 **풍계리 핵실험장 개요**

실 공개는 이루어지지 않았다. 후에 비핵화 협상이 타결되면 1번과 2번 갱도에서 북한이 그동안 수행한 실험 내역과 시료 분석 결과를 확보해 분석하고, 추가 시추와 샘플 채취, 분석을 통해 이를 점검할 필요가 있다. 미국 등의 선진국 사례와 같이 갱도 상부에서 아래로의 시추를 통해 시료를 채취할 수 있다.

갱도 폭파 방식과 위치에 대한 점검도 필요하다. 일부 전문가들은 콘크리트로 갱도를 메우는 방법을 주장하였다. 그러나 이 방법은 막대한 자재와 상당히 긴 시간이 필요하고, 재사용을 막는 방법으로도 그리 합리적이지 못하다. 수평갱도는 단단한 암석에 굴곡진 형태로 굴착하는 데, 콘크리트로 일부를 막으면, 옆으로 우회 통로를 쉽게 굴착 가능하기 때문이다.

소련의 최대 핵실험장이었던 카자흐스탄 세미파라친스크에서도 수평갱도는 먼저 폭약으로 갱도 내부와 기폭실을 철저히 폭파한 후에 입구를 콘크리트로 봉쇄하였다. 이런 방법을 사용하면, 복구를 위해 우회로를 뚫더라도 무너진 곳을 피해 멀리 우회해야 하므로 작업량이 크게 많아진다. 단순한 콘크리트 봉쇄보다 폭약 사용이 더 효율적인 것이다.

다만, 북한이 갱도 내부를 얼마나 확실하게 폭파했는지에 대해서는 상당한 의구심이 남았다. 갱도 내부 폭파 자체를 의심할 필요는 없을 것 같다. 문제는 북한이 핵실험장에서 공개한 갱도 폭파 지도에 3번과 4번 갱도의 내부 폭파 위치가 표기되어 있는데, 그 지점이 핵심 위치인 기폭실과 상당히 멀어 재사용 가능성을 남겨 놓았다는 점이다.

폭파 방법도 논란이 될 수 있다. 미국이 주도한 카자흐스탄 세미파라친스크 핵실험장의 갱도 폐쇄 시에는 갱도 상부와 측면 곳곳에 깊은 구멍을 파고 고성능 폭약을 밀어 넣은 후 폭파하였다. 따라서 폭파 충격파가 암석 내부로 깊이 전파되어 상당히 큰 규모로 갱도가 폭파되고, 혹 다시 굴착 필요성이 있을 때 우회하는데 상당히 큰 작업을 해야만 하게 만들었다.

이에 비해 북한은 측면을 얇고 넓게 파고, 자루에 넣은 폭약을 넣어 폭파하였다.* 따라서 폭파 충격파가 암석 내부로 깊이 전파되지 않고 갱도 내부로 흩어져 붕괴 정도가 크지 않을 수 있다. 결국 2022년 이후 북한이 3번 갱도를 복구하고 4번 갱도 입구를 정비하면서 핵실험 재개를 준비하고 있다. 3번 갱도는 소형 원자탄 실험용이고 4번 갱도는 수소탄 실험용이라고 보이므로, 북한의 추가 핵실험과 관련해 예의 주시할 필요가 있다.

8-8 풍계리 핵실험장 갱도 붕괴와 방사능 유출 문제

북한의 제6차 핵실험 이후, 풍계리 지역에서 소규모 천연지진이 연속해 발생하였다. 이에 국내외의 많은 전문가들이 핵실험장 갱도 붕괴와 방사능 물질 유출 가능성을 거론하였다. 중국 지질학자들은 풍계리 지역의 위성사진을 분석해 붕괴가 일어났다

● 필자는 이것이 TNT나 C4 등의 막대형 고성능 폭약이 아니라 질산암모늄 등의 알갱이 형태 폭약이라고 생각한다.

하였고, 우리 기상청에서도 핵실험으로 커다란 동공이 생겨 추가 핵실험을 하면 붕괴돼 방사능 물질이 확산할 수 있다고 하였다.

그러나 핵실험 갱도가 시간이 지나면서 무너지는 것은 자연스러운 현상이다. 세계 각국의 핵실험장에서도 유사한 사례들이 나타난다. 특히, 수직갱도에서의 동공이 위아래로 긴 굴뚝 모양인데 비해, 수평갱도에서는 옆으로 펴진 모양이 되고 상당히 긴 작업용 갱도도 무너지지 않고 남아 있게 된다. 수평갱도의 붕괴가 쉬운 것이다. 따라서 지진파나 위성사진을 토대로 갱도, 특히 기폭실의 붕괴와 방사능물질 확산을 예측할 때는 보다 세심한 검토가 필요하다.

먼저, 풍계리 핵실험 갱도 깊이가 정상에서 1,000m 이내로 얕은 데 비해 천연지진은 주로 10km 이상의 깊은 곳에서 발생한다. 따라서 핵실험으로 지하 깊은 곳의 지반이 약해져 지진이 다수 발생할 수 있지만, 깊은 곳에서의 지진 자체를 핵실험 갱도 붕괴 때문이라고 판단하는 것은 무리가 있다. 핵실험 갱도와 기폭실 붕괴는 얕은 곳에서 발생하므로, 지진파뿐만 아니라 지표면으로 전파되는 공중음파를 탐지해 같이 분석해야 한다.

다음으로 위성사진을 분석할 때, 지표면이 어떤 형태로 붕괴하는지를 주의 깊게 살펴야 한다. 앞에서 설명했듯이, 핵실험을 하면 충격파가 전파되어 지표면에 도달할 때 일부 에너지가 공기 중으로 발산되고 나머지는 반사되어 돌아온다. 이 반사파가 후속 충격파와 연속으로 만나 요동하면서 지표면이 부서지고, 일정 규모의 지표면 박리구역을 형성한다.

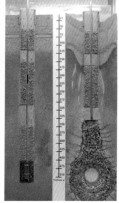

(좌) : 수평갱도의 핵실험 전(하)과 후(상) (우) : 수직갱도의 핵실험 전(좌)와 후(우)

그림 8-3 **핵실험 후의 갱도 붕괴**[*]

일반적으로 기폭실 붕괴는 핵폭발로 인한 동공 팽창이 그치고 냉각되어 내부 압력이 사라진 후, 기폭실 상부의 암석 파쇄구역이 중력으로 무너지면서 발생한다. 인근에서의 추가 핵실험으로 기폭실과 갱도 주변의 암석 균열이 더 진행되어도 발생할 수 있다. 단, 이 붕괴가 지표면 박리구역과 중첩되면서 지면 함몰이 발생하지 않았을 경우에는 그저 동공이 확대되는 것에 그치고 만다. 당연히 방사능 유출은 발생하지 않는다.

문제는 〈그림 8-3〉의 왼쪽 사진과 같이, 기폭실의 파쇄구역과 지표면 박리구역이 만나 중첩될 때 발생한다. 이 경우에도 다음의 두 가지 상황을 구분해야 한다. 먼저, 심각한 방사능 유출은 기폭실 깊이가 충분하지 못해, 핵폭발로 기폭실 파쇄구역이 확장되면서 지표면 박리구역과 만나 봉쇄 각질이 붕괴될 때 발생한다.

● 카자흐스탄 세미파라친스크 핵실험장 박물관에서 필자가 촬영한 것이다.

이와 달리, 위 그림처럼, 핵폭발 당시에 봉쇄 각질이 잘 형성되고 대부분의 방사능 물질이 녹아내린 암석 용융물에 갇혀 굳어버린 후에는, 상부가 무너져도 방사능이 거의 유출되지 않는다.

따라서 풍계리에서의 추가 핵실험으로 과거에 형성된 동공이 무너져도 심각한 방사능 유출은 거의 발생하지 않는다. 이러한 이유는 수직갱도 핵실험과 비교하면 더 잘 이해할 수 있다. 〈그림 8-3〉의 오른쪽 사진과 같이, 대부분의 수직갱도 핵실험에서 상부 지표면이 붕괴돼 커다란 함몰 구역이 형성되지만, 폭발 당시의 봉쇄 실패로 대규모 누출이 발생하지 않으면, 시간이 지난 후의 붕괴로 심각한 방사능 누출이 발생하지 않는다.

일부에서는 풍계리 핵실험으로 백두산 화산이 대규모 폭발을 일으킬 수 있다는 추론을 한다. 백두산 화산과 관련해 필자는 2015년에 북한 국가지진국 화산연구소 소장 일행과 일본, 중국, 한국 최고 전문가들을 초청해 공동 세미나를 주관한 바 있다. 여기서 모여진 각국 전문가들의 견해는 2006년 최초 핵실험 이전에 백두산 유역에서 다발성 지진이 있었으나 이후 진정 단계이고, 주요 원인은 태평양판과 대륙판의 활동에 있다는 것이었다.

핵폭발 에너지가 크다고 해도 지표면 얕은 곳에서 발생하므로, 백두산까지 멀리 강력하게 전파되기 어렵다. 아울러 수많은 여진에 의해 복잡한 파형이 전파되는 천연지진과 달리, 핵폭발은 순간 폭발에 의한 단일 파형에 가깝게 전파되므로, 화산에 주는 충격이 적다.[*] 백두산 지하 암장(마그마)의 조성과 역학적 특성

● 실제로 냉전 시기 알라스카에서의 대형 핵실험에서도 인근 지역의 화산이 별다른 영향을 받지 않았다.

도 고려해야 한다.

　백두산 화산 폭발에 민감한 중국은 백두산 근처에 상당히 많은 양의 측정 장치들을 설치하고 화산 활동을 면밀히 감시하고 있다. 여기에는 중국과학원과 국가지진국 전문가들이 망라되어 있다. 북한 국가지진국 화산연구소 소장도 중국에서 학위를 받고, 여전히 긴밀한 연계를 하고 있다. 따라서 이들의 연구 결과를 주목할 필요가 있다. 우리가 핵실험과의 연계를 강하게 주장할수록 북한이 우리와의 공동연구를 회피하게 된다. 백두산 화산 문제는 학술적 각도에서 화산 전문가들의 국제공동연구로 추진하면 좋겠다.

8-9 원자력발전소 사고와 지하 핵실험의 방사능 오염 차이

북한의 핵실험이 반복되자, 이를 원자력발전소 사고와 동일시하면서 우리 지역에의 방사능 오염 확산을 염려하는 경향이 나타났다. 몇몇 언론에서 이를 보도하고, 국회 토론에서 논란이 되기도 하였다. 그러나 이를 수평 비교하는 것은 상당한 문제가 있다.

　가장 큰 이유로, 사용하는 핵물질 총량의 큰 차이를 들 수 있다. 일반적인 경수로에 내장되는 우라늄은 70ton 내외이고 신형 원자로는 더 많다. 원료인 산화우라늄(UO_2)에서 산소를 제외하고 농축도 3~5%를 고려하면, 분열하는 U^{235}도 2~3ton에 달한다. 천연우라늄을 사용하는 흑연감속로에서 200ton의 핵연료를 사용한다면, U^{235} 양이 1.4ton에 달한다. 이에 비해 핵실험에서는 20kg 내외의 HEU나 5~7kg의 Pu를 사용한다. 분열하는 핵물질 총량에 수백 배 이상의 차이가 있는 것이다.

냉각재나 주변 물질들도 커다란 영향을 미친다. 체르노빌 원자로에서는 감속재인 흑연이 화재를 일으켜 방사성 물질이 크게 확산했다. 후쿠시마 원자력발전소에서는 냉각수 수위 저하로 지르코늄 핵연료봉이 고온에서 물과 반응해 수소를 발생시켰고, 이것이 대규모 폭발을 일으켜 오염이 확산했다. 그러나 잘 봉쇄된 지하핵실험에서는 이렇게 2차 오염을 유발하거나 확산시키는 요인이 거의 없다.

핵분열 지속시간에도 큰 차이가 있다. 임계를 초과한 원자력발전소 사고에서는 통제되지 않은 핵분열이 장시간 지속되어 방사성 물질들을 계속 생성하지만, 핵실험에서는 극히 짧은 시간에 1차 핵분열이 종료되고 이후에는 생성된 동위원소들의 붕괴에 의한 방사선만 생성된다. 원자로 사고에서의 지속적인 핵분열에는 일반적인 상황에서 핵분열을 하지 않는 U^{238}까지 참여하므로 오염물질이 크게 늘어난다.

지상에 노출된 원자로와 지하에서 잘 봉쇄된 핵실험의 오염물질 확산 범위에도 엄청난 차이가 있다. 원자로 사고에서는 대기와 강, 바다, 육지, 생물 등을 통해 넓은 지역으로 오염이 확산하며, 많은 경우 인접국 경계를 넘어 국제적인 문제를 일으킨다. 후쿠시마의 오염수 방류 여부는 10여 년이 지난 오늘날에도 인접국들이 첨예하게 문제를 제기하고 있다. 이에 비해 잘 봉쇄된 지하핵실험에서는 방사성물질 대부분이 지하에 갇히고, 누출되더라도 비교적 빠르게 감쇄된다.

8-10 북한 핵무기의 기술적 능력

이상의 논의를 토대로 북한 핵무기의 기술적 성능을 추정해 본다. 주로 거론되는 핵무기의 기술적 성능에는 중량 대비 크기(소형화), 신뢰성, 안전성, 수명, 정비 용이성 등이 있다. 이를 통해 북한 핵무기 현대화의 미래 방향과 행동을 예측할 수 있다.

미국은 핵무기 개발 초기에, HEU는 포신형 기폭장치를, Pu에는 내폭형 기폭장치를 채택하였다. 그러나 소련은 두 번째 핵실험에서 HEU를 내폭형 기폭장치에 장입해 핵물질 이용률을 높였고 중국도 최초 핵실험에서 이 방법을 사용하였다. 북한 역시 내폭형 기폭장치와 대량 생산하는 HEU를 토대로 폭발위력과 핵물질 이용률이 높은 표준형 원자탄을 개발하였고, 이것과 취급이 용이한 Li^6D 위주의 증폭탄과 수소탄을 개발한 것으로 보인다.

일각에서는 제6차 핵실험의 폭발위력이 작으니 수소탄이 아니라 증폭탄이라 칭한다. 그러나 증폭탄 역시 부분핵융합을 활용하는 것으로, 이에 성공하면 수소탄 개발 능력을 가진 것으로 본다. 소련의 최초 핵융합탄(RDS-6)에서와 같이, 사회주의국가들에서는 증폭탄도 수소탄이라 칭한다. 따라서 북한이 폭발위력이 더 낮은 제4차 핵실험까지 수소탄이라 칭한 것을 폄하할 필요는 없다.

남아 있는 Pu는 생산량이 적지만, HEU에 비해 중성자 발생 효율이 높으므로, 핵탄두 소형화와 수소탄 및 특수목적 핵탄두 개발에 유용하게 활용할 수 있다. Pu와 HEU를 층으로 겹친 복합피트를 만들어, 핵물질을 절약하면서 효율이 좋은 핵탄두를 만들기도 한다. 미국과 소련, 러시아도 다양한 핵탄두에 이러한 방법을 사용한 바 있다.

다만, 역시 중요한 기술적 지표인 신뢰성과 안전성은 상당히 취약할 것으로 보인다. 사회주의 국가, 특히 북한과 같이 관련 설비와 기술을 고루 갖추지 못한 나라에서 첨단무기를 개발하려면 다양한 자력갱생과 임기응변이 동원되고, 이들이 핵무기의 신뢰성을 크게 떨어뜨린다.

핵무기는 상당히 복잡하고 정교한 시스템으로 구성되며, 각종 전술 환경(기후, 역학, 전자기장 등)에서 성능을 발휘해야 한다. 이를 위해 개발 단계에서 충돌과 진동, 가속도, 온도, 염분, 기압, 복사 등의 극한시험을 통과하도록 한다. 초기 단계에 급히 배치한 무기들에서는 이런 시험이 충분치 않아, 전술적 성능 발휘를 하지 못하는 경우가 많다.

핵무기를 안전하게 저장하면서 노화를 방지하고 상시 성능 발휘가 가능하도록 유지, 보수도 상당히 어렵고, 여기에 많은 재정이 소요된다. 핵무기는 화학적, 물리적 성질이 다양한 폭약과 핵물질, 재료들로 구성되어 있다. 핵물질은 지속적으로 분열하고 중성자원과 함께 저장하면 폭발할 수 있다.

폭약은 시간이 갈수록 취화(臭化)하고 충격이나 화재에 의해 돌발적인 폭발이 일어날 수 있으며,[*] 구조 재료는 부식이나 재료 간의 상용성 변화, 용접부위 부식 등을 일으킬 수 있다. 따라서 핵무기 수명을 연장하려면 초기에 사용한 핵물질과 폭약, 재료, 장치를 주기적으로 치환해야 한다.

증폭탄과 수소탄에 고가의 T를 사용할 때는 더욱 어렵고 복잡한 기술적 문제가 발생한다. 기체 상태의 T는 가볍고 운동성이 좋으며 분열로 헬륨(He)이 발생해 저장 용기의 압력을 높이는 문제가 있다. 무엇보다 반감기가 12.3년으로 짧아 주기적으로 교체해야 하는데, 이를 적시에 하지 않으면 원자탄의 성공적인 폭발과 폭발 위력 달성이 어려울 수 있다.

핵무기 선진국들은 이를 검증하고 개량하기 위해, 초기 핵무기 개발 후에도 다양한 기폭장치 실험과 추가 핵실험을 수행하였다. 적의 핵공격에 대비해 항복사 차폐[**] 기술을 적용하기도 하였다. 경험과 수치 자료들을 획득한 후에는 시뮬레이션을 통해 추가적인 개량을 추진한다.

북한 역시 이를 도모할 것이다. 일례로 레이저핵융합 설비를 핵물질의 열화 상태 분석에 활용할 수 있다. 핵무기 유지 보수와 재료 성능 강화, 구조개선 등을 위한 기폭장치 실험이나 추가 핵실험도 수행할 수 있다. 다만, 이를 위해서는 거대한 원자력 산업

● 이를 방지하기 위해 미국은 모든 핵무기 폭약을 둔감화약으로 교체했다고 한다.

●● 초기 ICBM 방어는 원자탄을 발사해 우주 공간에서 폭발 요격하는 방법을 사용하였다. 이에 공격용 ICBM의 핵탄두에 상대 요격용 원자탄 폭발시의 X선 차폐 조치를 취하게 되었다.

체를 지속적으로 유지하고 활용해야 하는데, 이는 북한과 같이 국제적으로 고립되고 재정 여력이 부족한 나라에서는 쉽지 않은 일이다. 자력갱생 체제에서, 핵무기 성능 제고를 위한 고가 첨단장비와 원부자재 조달도 어렵다.

결국 장기 유지보수 안에서도 상당히 다양한 어려움과 임기응변 조치들이 동원될 것이다. 이런 상황은 북한에 대한 전략물자 수출통제를 보다 정교하게 하면서 중장기적으로 적용할 필요가 있다는 것을 보여준다. 핵무기 개발에 적용되는 수출통제뿐 아니라 유지, 보수 차원에서의 수출통제도 고려해야 한다는 것이다. 북한의 원자력 산업이 상업용 전력 생산 없이 오직 군수 목적으로 국가 투자에만 의존하고 상당히 단순하므로, 이는 필연적 결과이다.

9장

북한의 핵무기 투발 수단과 핵전술 고도화

북한의 고체추진체 ICBM 화성18호(2023.7.13)

핵무기를 효과적으로 사용하려면 각종 기술적 성능뿐만 아니라 전장에서의 활용성도 우수해야 한다. 이를 전술적 성능이라 한다. 전술적 성능의 주요 지표에는 핵무기의 위력, 투발 수단의 사거리와 정확도, 대응 시간, 생존성과 기동성, 적 방어체계 돌파 능력 등이 있다.

북한은 핵무기 개발 이후 전술적 성능, 즉 투발 수단의 다양화와 고도화에 큰 노력을 기울이고 있다. 아울러 이를 활용하기 위한 핵전술 고도화에도 상당한 노력을 기울이고 있다. 본 장에서는 북한의 이런 전술적 성능 고도화 동향과 능력을 살펴본다.

9-1 핵탄두 소형화와 미사일 탑재 능력

북한은 제5차 핵실험에서 소형화, 경량화된 핵탄두를 개발했다
고 주장하였다. 소형화와 경량화는 북한이 제3차 핵실험에서도
성공했다고 주장한 바 있다. 제5차 실험에서 추가된 것은 타격
력이 높고 표준화, 규격화되었으며, 대량생산에 성공했다는 것
이다.

미사일 탑재를 위한 핵탄두 소형화는 모든 핵보유국들이 핵
실험과 함께 주력하는 핵심 기술이다. 많은 전문가들은 북한이
2006년 제1차 핵실험 이후 소형 핵탄두를 개발하는 데 상당한
시간이 소요될 것으로 예측하였다. 그러나 오래지 않아 국방부
와 주한미군 등이 북한 핵무기 소형화 가능성을 제기하였고, 전
문가들도 이에 동의하게 되었다. 필자 역시 오래 전부터 북한이
노동이나 스커드 미사일 정도의 소형화에 성공했을 것이라 주
장하였다. 그 근거는 다음과 같다.

먼저, 북한이 후발국 우세를 충분히 활용하기 때문이다. 미국
과 소련은 핵실험 당시에 신뢰할 만한 미사일이 없었기에 소형
화에 5~7년이 걸렸으나, 동풍2호(DF-2) 미사일을 보유했던 중국
은 2년 반 만에 성공하였다. 북한 역시 핵실험 이전에 노동과 스
커드 미사일을 대량 생산해 실전배치하고 있었으므로, 처음부터
이를 염두에 둔 소형 핵탄두를 개발했다고 보는 것이 자연스럽
다. 사실 스커드 미사일도 구소련이 핵탄두 탑재가 가능하도록

설계한 것이다. 북한은 핵물질 생산량이 적으므로, 처음부터 소형화를 통해 투발수단 개수를 늘리려는 시도를 했을 것이다.

둘째로, 북한이 2006년 최초 핵실험 때 폭발위력이 4kt이라고 사전에 중국에 통보했다는 점이다. 후에 핵물질(Pu) 사용량이 2kg 정도라고 하였다. 많은 전문가들이 북한의 기술력으로 이 정도의 소형 탄두를 개발할 수 없을 것이라 하였다. 그러나 성공여부와 관계없이, 북한이 처음부터 소형화된 핵탄두를 목표로 하였고 이를 외국에 알렸다는 점이 중요하다. 일각에서는 북한이 구소련 등에서 소형 핵탄두 설계도를 입수하고, 이를 복제했다고 주장한다.

셋째로, 파키스탄 칸 박사가 1999년에 북한을 방문했을 때, 평양 교외의 지하 터널에서 직경 24inch(61cm)에 뇌관이 64개인 소형 핵탄두 3개를 목격했다고 증언한 것이다. 북한에서 망명한 최고위급 인사인 황장엽 노동당 비서도 북한이 소형 핵무기를 개발했다고 증언한 바 있다. 2016년과 2017년에 북한이 공개한 핵 기폭장치 모형도 이 정도 크기로서, 북한이 보유한 스커드와 노동미사일에 탑재할 수 있는 수준이다.

넷째로, 북한 특유의 자력갱생으로 자체 생산이 가능한 대체 소재를 개발할 수 있다는 점이다. 많은 전문가들은 북한이 핵탄두의 대기권 재진입시 발생하는 고열과 진동을 견딜 수 있는 탄소복합재료나 세라믹 등의 첨단재료를 생산하지 못할 것이라 하였다. 그러나 이는 자력갱생에 의존하는 북한의 개발경로가 첨단기술과 소재가 풍부한 서방 선진국들과 많이 다르다는 점을 간과한 것이다. 7,000도 이상의 고열이 발생하는 ICBM과 달리 단거리 미사일들은 2,000도 내외의 열만 발생하고, 이는 대체 소재로 충분히 극복할 수 있다.

중국은 유리섬유와 페놀수지 등의 자체 개발 소재로 단거리 미사일 핵탄두를 만들고, 1964년의 최초 핵실험 2년 후에 폭발 시키는 데 성공했다. 북한도 이러한 사례를 답습할 수 있다. 과학 기술은 원리를 알면 다양한 경로를 찾을 수 있으므로, 응용기술이 발달하고 정보공개가 많아진 현대사회에서는 많은 대체 소재와 차선책들이 찾아낼 수 있다. 따라서 재진입 열이 낮은 노동과 스커드 정도의 단거리 미사일에는 충분히 핵탄두를 탑재할 수 있을 것이다.

다만, ICBM급 핵탄두의 재진입은 성공 여부를 판단하기 어렵다. 마하 20 이상의 고속 기동과 충격, 7천도 이상의 고온에 견딜 수 있는 재료의 확보와 가공에 어려움이 있고, 이를 검증하기도 어렵기 때문이다. 북한이 로켓 엔진을 활용한 재진입체 방열 시험을 보도했으나 이는 간접적인 실험이고, 실제 ICBM의 재진입 상황을 지상에서 모사하기는 어렵다. 재진입은 기상 상황에도 큰 영향을 받으니, 지속적인 시험발사로 그 신뢰성이 입증되어야 할 것이다.

마지막으로, 앞에서 소개한 것 같이, 수평갱도 지하핵실험의 장점을 충분히 활용할 수 있다는 것이다. 우리는 원거리 측정으로 지진파 강도에 의한 폭발위력과 기체 포집에 의한 핵물질 분석을 수행한다. 그러나 지하 갱도에서 직접 핵실험을 수행하는 북한은 원하는 거리에 초고속 카메라와 다양한 계측 장치들을 설치해, 내폭 현상과 중성자, 감마선, X선 발생량 등의 시계열 변화를 상세하게 측정할 수 있다. 이른바 근거리 물리 측정이다.

수평갱도 지하핵실험은 암석을 통해 측정관을 연결하므로 외부 간섭 없이 양호한 측정 결과를 얻을 수 있다. 특정 핵 환경을 창출해 원하는 실험 결과를 얻을 수 있고, 실험 후에도 주기적으로 샘플을 회수해 중장기 효과를 분석할 수 있다. 특히 진공이 필요한 X선 열역학 효과는 수평갱도 지하핵실험에서만 성공적으로 측정할 수 있다. X선 열역학은 증폭탄과 수소폭탄 개발에 필수적인 요소이다.

결국 6차례에 걸친 수평갱도 지하핵실험을 통해 핵무기 소형화에 필요한 내폭 원리와 수치 자료들을 충분히 얻고, 문제점을 개선할 수 있었을 것으로 생각된다. 핵무기 선진국들이 지상에서 수평갱도 지하핵실험으로 이전한 커다란 이유 중의 하나도, 이를 활용해 핵무기 현대화를 이룰 수 있기 때문이었다. 북한이 상당한 폭발 위력을 보여 주었고 HEU 생산능력에 따라, 앞으로의 대량생산과 실전배치는 의심할 여지가 없다.

북한과 유사한 개발 경로를 가진 중국의 핵무기 전문가들도 북한이 미사일 탑재가 가능한 핵탄두를 보유했다고 분석한다. 이들은 중국이 1964년의 최초 핵실험 이전에 신뢰성 있는 미사일을 가지고 있었으므로 초기부터 탄두 소형화를 시도했다고 하였다. 아울러 "수평갱도 핵실험을 통해 핵무기 소형화를 촉진할 수 있다."는 판단을 덧붙인다. 북한도 2006년의 최초 핵실험

이전에 핵탄두가 가능한 스커드와 노동미사일을 보유하고 있었으므로, 처음부터 이를 목표로 했다는 추정이 가능하다.

9-2 투발 수단 현대화와 고도화: ICBM과 우주발사체 개발

북한은 오랫동안 액체추진제 기반의 미사일들을 개발, 배치해 왔다. 북한의 주력인 스커드, 노동, 무수단 등의 화성 계열 미사일들이 여기에 포함된다. 무수단은 전통적 연료인 등유(kerosene)와 적연질산 대신 추력이 좋은 비대칭디메틸히드라진(UDMH)과 사산화이질소(N_2O_4)를 사용하면서 숱한 실패를 경험하기도 하였다. 다만 최근에 유사한 연료 체계를 사용하는 80ton 대추력 엔진과 화성-15, 화성-17을 개발해, ICBM급의 비행거리를 보여주었다.[•]

그러나 아직 ICBM의 정상 사거리 비행시험이 없어 진정한 기능과 성능 발휘 여부가 의문시되고 있다. 미국을 비롯한 선진국들은 다양한 환경에서 20여 발의 정상 사거리 비행시험을 수행해 문제점을 개선하고 신뢰성을 확보한 후에 실전 배치해 왔다. 북한은 이를 수행할 원거리 측정설비들을 갖추지 못했고, 국제제재 환경에서 정상 사거리 비행시험을 감행하기도 어렵다. 따

• 구 소련이 개발한 RD-250 엔진을 도입한 것으로 알려져 있다. 이 엔진은 1개의 펌프에 2개의 노즐을 세트로 해서 80ton 추력을 나타낸다. 화성-15는 이 엔진 세트 1개, 화성-17은 두 세트를 클러스터링 해서 160ton의 추력을 가진다고 알려져 있다.

라서 ICBM 탄두의 대기권 재진입 성공 여부도 아직 미지수라는 의견이 많다.

액체연료는 저장과 수송이 어렵고 발사 준비 시간이 길어 사전 탐지와 요격이 쉬우며, 야전 운용이 복잡하다는 문제가 있다. UDMH는 독성이 강하고 폭발하기 쉬우며, N_2O_4는 상온인 22도에서 끓고 영하 11도에서 얼어 야전 운용이 어렵다. 두 연료가 접촉하면 바로 발화하여 격렬히 연소한다. 선진국들이 이 연료를 채택한 미사일들을 지하 사일로나 잠수함에서 운용한 것도 이 때문이다.

북한도 북중 접경지대에 장거리 미사일용 지하 사일로를 구축한다고 알려져 있다. 아울러 연료 앰플화를 통해 장기 저장과 운용 편이성을 도모하고 있다. 그러나 이동식 발사차량(TEL) 성능과 수량 등의 문제가 여전히 해결되지 못하고 있다. 따라서 북한이 이 연료 체계를 계속 사용하면, 실제 핵전력 발휘에 많은 제약이 가해질 것이다.

개발된 ICBM을 이용해 대추력 우주발사체도 개발하고 있다. 2023년 5월 31일에는 우주발사체 "천리마-1"에 정찰위성 "만리경-1"을 탑재해 서해발사장에서 발사했으나, 2단 분리 후 서해 공해상에 추락하였다. 북한은 연료체계와 엔진 문제로 실패하였고 문제점을 수정해 조만간 다시 발사한다고 발표하였다. 우리 국방부에서 잔해를 인양해 분석한 후, "정찰위성으로서 군사적 효용성이 전혀 없는 것으로 평가한다."고 발표하였다.

이로 볼 때, "만리경-1호"의 카메라 해상도와 자세 제어, 목표

추적 성능 등이 크게 열악한 듯하다. 다만, 군사적 효용성은 상대적이라는 점을 감안할 필요가 있다. 북한으로서는 우리의 전차나 트럭, 함정 정도만 식별해도 상당한 군사적 효용성이 있을 것이기 때문이다. 향후의 기술 추이가 주목된다고 하겠다.

9-3 고체추진제 개발과 투발 수단 확장

액체추진제의 단점을 극복하기 위해 고체추진제를 적극적으로 개발하고 있다. 초기 모델로 고체추진제 잠수함발사탄도미사일(SLBM)과 이의 지대지미사일 개량형인 '북극성' 시리즈를 발사하였고, 이제 중거리를 넘어 ICBM으로 사거리를 늘려 나가고 있다. 고체추진제 미사일은 발사 준비 시간이 짧고 장기 저장과 기동이 쉬우며, 조작이 간편하다는 장점이 있다.

특히 SLBM은 사전 탐지가 어렵고 우리의 측방, 후방에서 발사가 가능해, 우리 방어체계를 크게 위협하고 있다. 이를 충분한 지상 실험 없이 빠른 시일 안에 잠수함에서 발사한 것은 북한이 이미 상당한 기술을 축적했다는 것을 보여준다. 이후의 열병식에서 길이와 직경이 늘어난 북극성-4A(또는 북극성-4ㅅ)와 북극성-5A(또는 북극성-5ㅅ)를 공개하였고, 2022년 4월의 열병식에서는 북극성-5 개량형이 등장하기도 하였다.

이와 함께 2017년 2월 12일에 궤도형 차량에서 SLBM의 지대지미사일 개조형인 "북극성-2"를 콜드런치(cold launch)로 고각 발

사하여, 최고 고도 550km, 사거리 500km를 달성하였다. 통상 각
도로 발사하면 900~1,000km 정도의 사거리를 가질 것으로 추
정된다. 동년 5월에는 동일 미사일의 2차 발사에 성공하고, 이의
실전배치를 선언하였다.

이는 중국이 최초의 SLBM인 "쥐랑-1(JL-1)"을 지대지미사일
로 전용해 "동풍-21(DF-21)"을 개발한 것과 유사하다. 등소평은
이를 "하나의 탄을 두 가지 용도로 사용하는(一彈兩用)" 좋은 방안
이라며 적극적인 개발을 지시하였고, 북한도 김정은 위원장이
유사한 지시를 한 바 있다. 중국이 "동풍-21(DF-21)"을 항공모함
공격용으로 개량한 것도 주목할 부분이다.

최근에는 내륙 호수에서 KN-23의 변종인 미니 SLBM을 발사
하기도 하였다. 이는 미국과 소련 등이 미사일의 생존성을 높이
면서 적을 기습하는 방안으로 추진한 것이다. 그러나 이 방법은
깊은 수심의 호수가 필요하고 미사일이 부식하기 쉬우며, 겨울
철에 물이 어는 곳에서는 항시 사용하기 어렵다. 북한도 유사한
난제가 있으므로 실전배치 여부가 불투명한 실정이다.

북한이 근래 들어 지속적으로 발사시험 중인 고체추진제 단거
리 미사일과 초대형 방사포들도 주목된다. 단거리 미사일들은
다양한 고도와 탄두 기동 특성을 보여 주었고, 초대형 방사포는
외국에서도 사례를 찾기 힘든 600mm 정도의 구경을 가져 핵탄
두 탑재가 가능하다고 한다. 이들이 어느 부대에 배치될 것인가
도 주목 대상이다.

북한의 고체추진제는 HTPB(Hydroxyl Terminated Polybutadiene) 기반

의 복합고체추진제로 알려져 있다. HTPB는 점도가 낮아 생산성이 좋고 고체함량이 높아 역학적 성능이 우수하며, 연소속도 조절범위가 넓고 기술적 성숙도가 높다. 생산 가격도 저렴하므로, 구미 각국에서 넓게 사용한다. 여기에 HTPB가 비날론 생산과 유사한 점이 많아, 북한 화학공업 체계로 생산이 가능할 것으로 보인다. 다만, 잠수함 성능 개선과 수량 확대, 심해에서의 미사일 발사와 정확한 유도제어 등에 많은 문제가 있을 것으로 보인다.

9-4 고체추진제 ICBM 개발

최근에는 고체추진제 미사일의 사거리를 대폭 연장해 ICBM을 개발하고 있다. 북한은 2022년 12월 15일에 동창리의 서해위성 발사장에서 신형 고체로켓 연소시험을 하면서 그 추력이 140tf라고 발표하였다. 연소 시간이 짧아 종합 성능을 알 수 없지만, 상당히 높은 추력인 것은 확실하다. 이어서 2023년 2월의 열병식에서는 고체추진제 ICBM 목업을 공개하였다.

2023년 3월 13일에는 북한이 고체추진제 ICBM이라고 주장하는 3단의 "화성-18"을 고각으로 발사해 약 1,000km를 비행하였다. 2023년 7월 13일에는 "화성-18호"를 고각으로 발사해, 74분 51초 동안의 비행으로 정점고도 6,648.4km, 사거리 1,001.2km를 달성했다고 북한은 공식 발표했다. 정상 각도로 발사하면 15,000km 정도를 비행할 수 있으므로, 진정한 의미의 ICBM 개발에 성공했다고 볼 수 있다. 탄두 중량이 불투명하지만, 북한이 빠른 속도로 차기 고성능 고체추진제와 방열 소재를 개발해, 도약식 발전을 이룩한 듯하다.

화성-18호의 발사 사진을 보면, 과거 북극성의 진한 흰색 화염에 비해 붉은색이 확연하다. 북한이 HTPB 추진제를 넘어 고성능 NEPE(Nitrate ester plasticized polyether) 추진제를 개발하는데 성공한 것 같다는 의미이기도 하다. 붉은색 화염은 질산계의 연소 특성이므로, 질산에스테르가 포함된 NEPE 추진제도 이런 색이 나타난다. HTPB 대비 추력이 월등하므로, 중국도 DF-31과 JL-3 등의 ICBM에 NEPE 추진제를 사용한다. 미국도 HTPB에서 NEPE를 거쳐 CL-20으로 ICBM 추진제를 교체하면서 성능을 고도화했다.

이것이 사실이라면, 앞으로 북한의 고체 추진제는 HTPB와 NEPE를 병용할 것으로 예상된다. HTPB가 더 저렴하고 안정적이며 수명이 길다. 따라서 추력이 다소 약해도 되는 방사포와 단거리 미사일에는 지속적으로 HTPB를 사용할 것으로 보인다. ICBM에는 추력이 좋은 NEPE로 교체하되, 성능 고도화와 안정화를 위해 지속적인 개량을 해 나갈 것이다.

다만, 이러한 추진제의 다양화와 지속적인 성능 개량 수요는, 석유 없이 석탄에 의존하는 북한의 화학공업에 커다란 부담이 될 것이다. 이런 상황에서 북한의 ICBM이 도약식 발전을 했으므로, 주변국들의 직,간접적인 지원 여부는 의심을 받을 만하다. 러시아-우크라이나 전쟁으로 북·러, 북·중 관계가 긴밀해지고 있으므로, 향후 동향을 예의 주시하면서 분석할 필요가 있다.

9-5 방열 소재 개발과 시험

ICBM과 고체추진제 미사일은 고성능 방열 소재를 필요로 한다. ICBM은 대기권에 재진입해 목표에 낙하하는 과정에서 마하 20 이상의 고속과 7,000도 이상의 고온을 받는데, 대부분의 금속 소재가 이를 견디지 못하는 것이다. 고체추진제 미사일도 고온의 화염이 분출하는 노즐목(nozzle throat)이 열에 의해 확장, 마모되므로, 이를 방지하기 위한 조치를 해야 한다. 고체연료 로켓은 액체에 비해 엔진 냉각이 어려우므로, 방열 문제가 더욱 가중된다.

현대식 재진입체와 노즐목의 방열 소재는 대부분 고성능 C/C 또는 C/Si 복합소재를 사용하는데, 여기에 들어가는 고성능 탄

그림 9-1 **북한의 미사일 탄두 방열시험**(2016년)

소섬유가 수출통제 품목이고 복합소재를 만드는 공정이 상당히 복잡해 어려움을 겪는다. 북한도 2000년대 초반부터 국가과학기술계획으로 탄소섬유를 연구해 왔고, 2017년에는 김정은 위원장이 화학재료연구소를 시찰하면서 C/C 복합소재에 의한 재진입체 앞부분과 노즐목 제작과정을 공개하였다.

ICBM의 재진입 환경은 고온과 충격, 기상 상황 등에 큰 영향을 받으므로, 상당히 엄밀한 측정과 실거리 사격에 의한 신뢰성 검증을 거친다. 그러나 지상에서 탄두부 발열을 정확히 측정하려면 초고속 풍동 등의 첨단 설비가 필요하다. 극초음속 미사일을 개발하는 미국과 중국 등이 앞다투어 초고속 풍동을 건설하는 것도 이 때문이다. 이를 대체하는 방안으로 북한은 2016년에 미사일 엔진 연소에 의한 간접 측정방법을 공개하였다.

미사일 엔진 연소에 의한 탄두부 방열 측정은 사회주의 국가들의 표준화된 시험방법 중 하나이다. 그러나 엔진 연소 온도가 충분치 못하므로, 열이 특히 높은 ICBM에서는 실제 상황과의 편차가 크다. 이를 극복하면서 실제 환경에서의 다양한 방열성능 평가를 위해 여러 번의 실거리 사격이 필요하지만, 북한이 원양 측정선단 파견 능력이 없어 어려움이 되고 있다. 다만, 2023년 7월 13일의 화성-18호 발사 상황을 보면, 북한이 ICBM 급의 재진입체와 고성능 방열소재를 개발한 것으로 보인다. 고체 추진제 ICBM의 노즐목이 장시간의 연소를 견뎠으므로, 유사 소재를 사용하는 재진입체도 상당한 방열 효과를 보일 것이라는 의미이다. 향후 지속될 ICBM 시험발사에서 이를 주목해 봐야 할 것이다.

9-6 핵전술 고도화: 고공폭발과 탄두 기동

북한은 단·중거리 미사일과 ICBM, SLBM 등으로 투발 수단을 다양화하고, 잠수함과 이동식 발사차량(TEL) 개량 등으로 이를 고도화하고 있다. 근래에는 표적 식별과 항법 및 유도체계를 정비하고 타격계획을 수립해 교육, 훈련하며, 전략군을 창설해 기술군 육성과 핵전술 고도화를 추진하고 있다. 핵 관련 법제를 공세적으로 전환하고, 전술핵 개발과 배치를 공언하기도 하였다.

고공 핵폭발은 우리가 주목해야 하는 핵전술이다. 핵탄두가 30km 이상의 고공에서 폭발하면, 인명 피해가 적은 대신 강력한 X-선과 전자기펄스(EMP)가 발생해 넓은 지역의 레이더와 통신망, IT기기들을 무력화하고, 인공위성 수명을 단축시킨다. 이는 탄두 재진입 발열이 적고 정확도가 낮아도 되므로, 낮은 성능의 미사일도 사용할 수 있다. 우리나라와 같이 수도권 집중도가 높고 IT 기기가 많으며 고공 방어망이 취약한 나라들에겐 특히 위협적인 전술이라고 할 수 있다.*

최근 북한이 시험 발사하는 미사일과 초대형 방사포들이 다양한 "부스트-(풀업)-활공(boost-(pull-up)-glide)" 탄두 기동을 하는 것도 주목할 부분이다. "부스트-풀업-활공"은 2차대전 시기 독일의 쟁거(Sanger)가 제안한 것이다. 이는 "고속으로 낙하하는 탄도미사일이 대기권에 진입할 때, 외기와 대기의 밀도 차이를

● 이춘근, 김종선(2016), "고고도 핵폭발 피해유형과 방호 대책", STEPI Insight 제189호

이용해 이른바 '물수제비 효과'를 일으켜 사거리를 연장하는 방법"이다.

후에 미국과 소련 등의 우주개발 선진국들이 다탄두 개별목표 재진입체(Multiple Independently Targetable Re-entry Vehicle, MIRV)나 달 탐사선의 대기권 재진입시 속도와 발열 감소 방안으로 이를 활용하였다. 탄두 기동은 탄도미사일의 장점인 속도와 순항미사일의 장점인 기동성을 겸비할 수 있다는 것을 보여준다. 따라서 현대전에서도 그 전술적 활용 범위가 크게 확대되고, 기동 수단도 다양해지고 있다.

독일 항복 후 기술조사단에 포함되어 이를 파악한 중국의 첸쉐썬은 별도로 풀업이 없거나 적은 "부스트-활공"을 제안하였다.[●] 첸쉐썬은 이 방법으로 중거리 미사일 사거리를 크게 연장해 프랑스 파리를 공격할 수 있다고 주장하기도 하였다. 중국이 2019년 열병식에 공개한 "동풍-17(DF-17)" 등의 단, 중거리 미사일에 이를 적용했다고 한다.

탄두 기동은 현대전에서 적의 방공망을 교란하면서 타격하는 수단으로 상당히 많이 사용된다. 예를 들어, 1)가짜탄두(decoy)를 섞거나 저각 발사 등으로 고고도 방어망을 돌파한 후, 저고도 방어망 외곽에서 아래를 파고들어 요격을 회피하거나, 2)고고도 방어망 외곽에서 진입해 풀업-활공으로 저고도 방어망까지 회피하거나, 3)고고도와 저고도 방어망의 중간을 파고드는 전술을

● 중국은 "부스트-도약-활공"을 "Sanger 탄도"로, "부스트-활공"을 "첸쉐썬 탄도"라 칭한다. 중국의 우주기술 개발은 필자의 저서인 "중국의 우주굴기", 지성사, 2020 참조

개발할 수 있다.

실제로 북한이 최근 시험하는 고체추진제 신형 전술유도무기 중 상당수가 30~40km의 중간 고도로 기동한 후 낙하하고 있다. 중국 전문가들은 이를 저고도 요격용 패트리어트와 고고도 요격용 사드의 틈을 파고드는 전술이라 하였다.[*] 우리 패트리어트 미사일 방어 영역에 낙하하면 대응이 가능하나, 핵 EMP 공격처럼 해당 고도에서 폭발하면 문제가 된다.

중고도에서의 풀업과 장기 비행은 부족한 재진입 방열기술을 회피하는 수단이 될 수 있다. 재진입 발열은 공기 밀도가 높은 저고도에서 특히 심해지므로 중간 고도에서의 부스트 활공으로 속도를 줄이면서 발열을 어느 정도 통제할 수 있기 때문이다. 따라서 그 기동 특성을 분석하면, 북한의 방열 소재 발전 정도를 예측해 볼 수도 있다.

최근에는 북한의 장거리 미사일에 PBV(Post Boost Vehicle, 후추진체)와 유사한 장치가 부착된 사진이 보도되었다. 미사일 추진이 종료된 후에 탄두를 기동하면서 자세를 제어하고, 정확하게 목표를 찾는 기능이 갖추어진 것이다. 북한이 고공에서의 탄두 기동을 언급한 것은 이를 지칭한 것으로 보인다. 이는 다탄두 ICBM의 후기 유도에도 활용될 수 있다.

다만, 우리나라처럼 산악 지형이 많고 방공망이 촘촘하게 짜인 곳에서는 탄두 기동의 전술적 활용도 크게 줄어들 수 있다. 북한의 일부 미사일처럼 부스트 정점 고도가 낮으면 재진입시

● 薛军楼, 赵斌, 陈友龙, "朝鲜KN-25 超大型火箭炮", 『兵器知识』, 2020年4期

에너지가 충분치 않고, 탄두와 본체의 분리 없이 재진입하면 기동이 둔탁하고 속도가 더 크게 저하되어 요격이 쉬워진다. 따라서 북한의 동향을 예의 주시하면서 중고도 방어망을 강화할 필요가 있다.

북한의 핵정책과 핵전술에 대해서는 아직 많은 연구가 수행되지 못하고 있다. 북한이 핵무기 개발에서 러시아와 중국 등의 사회주의 기술개발 경로를 따라온 만큼, 핵전술에서도 이들의 전술을 깊이 학습하고 참고할 것이라 생각된다. 사회주의 국가들의 핵정책은 국제사회의 대북한 핵정책에도 많은 영향을 미친다. 따라서 우리의 북한 핵전술 연구에서도, 러시아와 중국 등 사회주의 국가들의 사례들을 깊이 있게 학습할 필요가 있다.

9-7 북한 핵무기의 전술적 성능

이상의 논의를 통해 북한 핵무기의 전술적 성능, 즉 투발 수단의 성능을 정리해 본다. 북한은 2016년에 공개한 직경 60cm 정도의 기폭장치로 탄두를 표준화해 실전 배치한 스커드, 노동 등에 탑재할 수 있다고 보인다. 근래에는 투발 수단을 탄도미사일 고정식 발사대와 TEL, SLBM, 순항미사일, 초대형 방사포, 열차 발사, 호수 발사, 어뢰 등으로 다양화하는 한편, 동시다발 공격 능력을 확대하고 있다.

이와 함께 HTPB 기반의 고체추진제를 개발해 미사일의 기동성과 운용 편이성을 개선하고, 발사 시간을 대폭 단축하고 있다. HTPB는 우리나라와 서구 선진국들에서도 사용하는 우수한 추진제이고, 북한이 국내산 석탄을 이용해 생산이 가능하며, 지대지뿐 아니라 SLBM과 대구경 방사포 등에도 다양하게 활용할 수 있다는 장점이 있다. 최근에는 고성능 NEPE 고체추진제를 개발해 화성-18호 등의 고체추진제 ICBM에 적용한 것으로 보인다.

액체 추진제 미사일에서도 화성-15, 화성-17 등의 ICBM 개발과 연속 발사실험으로 미국 본토 공격 능력을 보유했다고 평가받고 있다. 다만 이 미사일의 정확도와 대응 시간, 생존성, 기동성, 대량생산과 유지보수 등은 여전히 미지수이다. 북한은 이동식 발사대(TEL)의 성능과 수량이 부족하고 고성능 연료 체계의 원활한 운용에 어려움을 겪고 있으며, SLBM을 운용하는 잠수함의 수량과 성능도 한계에 직면하고 있다.

ICBM의 재진입 능력도 아직 확실하게 보여주지 못하고 있다. 최근의 화성-18호 발사로 볼 때, ICBM 급의 재진입체와 노즐목 소재 기술이 크게 발전한 듯하다. 다만, 실거리 사격이나 가혹한 환경에서의 시험 결과를 공개하지 않아, 그 신뢰성 확보 여부가 여전히 불투명하다. 극초음속 미사일의 방열 소재도 마찬가지이다. 극초음속 미사일의 방열 소재는 ICBM 재진입체의 삭마 냉각(ablative cooling)과 달리 고온에서 장기간 견뎌야 하므로, 이에 적합한 특수 소재를 개발해야 한다.

고체추진제의 사거리 연장을 통한 ICBM 개발도 지속적으로 추진하고 있다. 최근 동창리 서해발사장에서 대출력 고체추진제

모터 연소시험을 했다. 2023년 2월의 열병식에서는 고체추진제 ICBM 목업을 공개했고, 3월과 7월에 화성-18을 발사해 ICBM 급의 사거리를 보여 주었다. 북한이 기존의 HTPB 추진제를 넘어 고성능 추진제인 NEPE를 개발한 것으로 보이는 대목이다.

다만 아직 실거리 비행시험이 없고 시험 횟수도 적다는 점이 남아있다. 진정한 고체 추진제 ICBM의 성공 여부는 지속적인 시험발사를 통한 신뢰성과 전술적 효용성이 입증된 후에 판단해야 할 것이다. 자력갱생과 국제 제재 아래에서, 북한의 공업력으로 ICBM을 대량생산한 후 배치, 운용할 수 있을지는 미지수로 남아 있다.

핵전술 고도화는 부족한 부분을 감추면서 공격력을 높이는 수단이 될 수 있다. 북한은 핵무기의 고공 폭발에 의한 EMP 공격

그림 9-2 **북한의 고체추진체 ICBM 화성18호**(2023.7.13) **발사 장면**[연합뉴스]

능력을 보유하고 있고, 탄두 기동과 극초음속 미사일, 초대형방사포 등에 의한 동시 공격과 다양한 핵전술 보유 역량을 확충해 나가고 있다. 특히 EMP 공격은 수도권 밀집도가 높고 세계적인 IT 대국인 우리에게 큰 위협이 될 수 있다.

대형 미사일을 활용해 위성 발사를 시도할 수도 있다. 북한이 2023년 5월 31일에 "천리마-1"을 발사한 것처럼 태양동기궤도 위성은 군사 목적의 정찰위성으로 높은 활용성을 가지고 있다. 하루에 2~4회 한반도를 통과하므로, 5개 정도의 위성을 발사하면 거의 실시간으로 한반도와 세계 곳곳을 감시할 수 있다. 평양에서 북한의 열악한 교통상황과 무관하게 국내 곳곳을 볼 수도 있다.

인공위성 보유는 북한의 숙원 사업이다. 2000년대 초반까지 북한의 국가과학원에 지구과학과 원격 감시 관련 조직이 있었으나, 이후에 사라지고 보이지 않는다. 개편된 지리학연구소 일부 조직과 함께 북한이 신설한 국가우주개발국 산하로 이전된 것으로 보인다. 중국과학원에서도 인공위성 개발과 함께 관련 조직이 개편된 바 있다.

이 기관들이 오랫동안 실적을 공개하지 않았다. 사회주의 과학기술 체제의 특성 상, 각 기관은 국가계획에 의해 꾸준히 연구 개발을 지속한다. 따라서 실제 발사가 없을 뿐, 지금까지 상당한 정도의 인공위성 개발 역량을 축적했을 것으로 생각된다. 다만, 4월 19일에 공개한 인공위성은 300kg 정도의 소형이고 카메라를 경통 형식으로 내장하는 방식으로 보여, 고해상도 실현이 어려울 것으로 보인다. 그 후속 모델이 주목된다.

최근 들어 북한이 서해위성발사장을 대폭 확장하고 관련 설비들을 집중시키고 있다. 대출력 고체로켓도 서해발사장에서 실험하였다. 김정은 위원장이 직접 위성 발사 준비를 마치도록 지시했다는 보도도 이어진다. 화성-17 등의 대형 액체추진제 미사일을 위성 발사체로 활용하면, 태양동기궤도에 실용위성을 진입시킬 수 있다. 그동안 고공에서의 단 분리와 궤도 조정 등에 상당한 기술을 보여 주었으므로, "천리마-1"의 실패 원인이라고 북한이 발표한 2단 엔진의 안정성과 신뢰성을 개선하는데 성공한다면, 비교적 정확하게 위성을 진입시킬 수 있을 것이다.

정찰위성은 매일 2~4차례 한반도를 통과하므로, 북한이 언급한 것처럼, 3~5개의 위성을 연속으로 발사해야 실시간 감시가 가능하다. 그러나 그 전술적 성능은 주력으로 삼을 광학 카메라

그림 9-3 **김정은의 화학재료연구소 시찰. 오른손으로 잡고 있는 검은색 헬맷 모양은 미사일 재진입체 첨두부.**[연합뉴스]

의 해상도와 IR, SAR 등의 특수 탐지기술 보유 여부에 따라 크게 달라진다. 우리 국방부는 "만리경-1호" 잔해를 인양해 분석한 결과, "정찰위성으로서의 군사적 효용성이 전혀 없는 것으로 평가한다."고 발표하였다. 이로 볼 때, 북한의 정찰위성 성능은 아직 크게 열악한 듯하다.

아울러 지상과의 텔레메트리에 의한 임무 부여와 초고속 데이터 수신, 지상에서의 데이터 처리 관련 기술도 축적해야 한다. 러시아, 중국 등의 지원이 있으면 빠르게 이들을 구비할 수 있으나, 북한 독자적으로는 상당한 시간 투입, 경험이 있어야 할 것이다.

5부

핵 패권과
우리의
미래

10장

북한 핵의 위협과 대응 방안

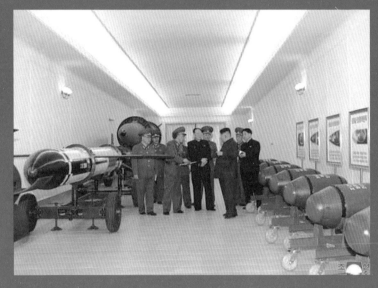

북한이 공개한 신형 핵탄두 "화산-31"과 주요 투발수단들(2023.3.27.)

북한이 핵무기와 투발 수단을 고도화하고 수량을 크게 늘리면서 한반도의 안보 정세가 크게 악화되었다. 우리나라는 국토 면적이 좁고 인구밀도가 높아 핵전쟁에 특히 불리하다. 세계 수준의 집적도를 가진 IT 기반 설비들도 핵무기에 의한 EMP 공격에 취약하다. 한반도의 종심이 좁고 짧아 북한 미사일 발사에 대한 조기경보와 대피 시간이 극히 부족한 것도 문제가 된다.

그러나 핵무기에 대한 이해가 높아지고 적의 핵공격에 대응하는 수단들이 발달하면서, 그 피해를 크게 감축할 수 있게 되었다. 도시 발전으로 고층 건물과 지하 시설이 늘어나면서, 밀집된 인력과 설비를 핵폭발 피해에서 보호하는 방안도 개발되었다. 핵 선진국들이 핵 방호 연구와 설비 구축, 교육 훈련에 큰 노력을 기울이는 것도 이 때문이다. 우리도 이러한 노력이 절실하게 필요하다.

10-1 북한의 핵무기 개발 특성

제3부, 제4부의 논의를 토대로, 제1부에서 설명한 사회주의 핵기술 개발경로와 북한의 유사성을 검증할 수 있다. 북한은 오랫동안 5MWe 원자로를 이용해 Pu를 생산하는 핵무기 개발경로에 의존해 왔고, 근래 들어 원심분리기 기술 수준이 높아지면서, 옛소련과 유사하게, 경제성과 대량생산에 유리한 HEU 핵무기로 전환하고 있다.

사회주의 기술개발 경로와 국내산 원료에 의존하는 자력갱생 정책은 북한의 핵무기 개발에 가장 크고 직접적인 영향을 미쳤다. 북한이 소련의 설비, 기술과 국내산 원료로 건설한 5MWe 흑연감속로를 이용해 무기급 Pu를 확보하고, 이를 이용해 최초의 핵무기를 개발한 것이 이를 입증한다. 이는 소련 최초의 원자탄 개발경로와 일치한다.

북한이 먼저 개발한 원자탄은 내폭식 기폭장치에 Pu를 사용한 것으로, 1949년의 소련 최초 핵무기와 유사하다. 이어서 국내산 원료를 이용해 HEU를 생산하고, 이를 내폭식 기폭장치에 적용하였다. 이는 소련의 두 번째 핵실험과 중국의 1964년 최초 핵실험에 사용한 것과 같다. 내폭식 기폭장치에 HEU를 사용하면 포신형 대비 핵물질 이용률을 높여 적은 양으로 높은 위력을 낼 수 있고, 핵무기의 대량생산에도 유리하다.

우라늄 농축에서, 대규모 투자가 필요한 기체확산법 대신 경제성이 탁월한 원심분리기를 활용한 것 역시 소련의 우라늄 농축 기술 개발경로를 학습했기 때문으로 보인다. 북한이 도입한 원심분리 기술은 파키스탄의 칸 박사를 통해 입수한 것으로 알려져 있다. 이 기술이 독일 과학자 지페(Zippe)가 소련에서 연구한 것을 유렌코(URENCO)에서 개량한 것이므로, 그 기술 원천 파악과 자체 개발 과정에서 소련에 유학한 북한 전문가들이 큰 역할을 했다고 볼 수 있다.

21세기 초입에 HEU의 대량생산에 성공하면서, 핵실험 주기를 단축하고 위력이 큰 증폭탄과 수소탄 개발을 병행하게 되었다. 증폭탄과 수소탄에서도 소련, 중국과 유사하게 고체 Li^6D에 집중하다가 점진적으로 T를 사용하는 경로를 개척한다고 생각된다. 다만, T 생산에 성공하더라도, 상당기간 Li^6D에 주력하면서 T를 보조로 사용할 것으로 보인다.

증폭형과 수소탄 개발에서, 북한이 사회주의 소련과 중국의 개발경로를 따라갔다는 것은 북한 국가과학원의 제2차 과학기술 발전 5개년계획(2003~2007)에서 찾아볼 수 있다. 여기에 "D-T 핵융합"과 "Li^6를 천연 Li에서 분리하는 연구" 등이 있고, 2010년부터 추진된 단기 과학기술 발전 3개년 계획에도 "황화수소-물에 의한 D 농축" 등의 관련 연구과제가 있었다.

그러나 이 안에서 T에 관한 연구가 보이지 않는다. T는 원자로에서 생산하고, 실험실에서 D-T 핵융합을 하려면 첨단 실험 장비들이 있어야 하는데, 북한이 이들을 모두 자체적으로 생산하는 것은 극히 어렵다. 특히 T는 원자로 등에서만 생산할 수 있고 반감기도 12.3년으로 짧으며, 기체 상태이므로 취급이 어렵다.

북한이 공개한 수소탄에서도 기체 상태의 D, T 주입 장치가 정확히 보이지 않는다. 투입 파이프가 감춰져 있을 가능성을 생각할 수 있고 일부 전문가들이 북한 영변 지역에서의 T 생산 움직임을 거론하기도 했으나, 아직 명확한 증거는 보이지 않는다.

따라서 북한은 가격과 실전 운용 편이성을 우선시한 소련의 사례를 참고했을 가능성이 크다. 즉, 원자탄 폭발시의 고온 고압으로 Li^6에서 T를 발생시키고, 이를 기반으로 D-T 핵융합을 일으키는 증폭형 핵무기와 수소탄 개발이다. 증폭탄은 소련이 50년대에 개발해 수소탄이라 주장한 슬로이카 모델, 특히 T를 사용하지 않은 RDS-27을 예로 들 수 있다. 북한이 폭발위력이 작은 제4차 핵실험을 수소탄이라 칭한 것도, 소련을 모방한 것이라 볼 수 있다. 제6차 핵실험의 수소탄은 소련의 RDS-37 실험과 같은 2단 형식이라고 할 수 있다.

소련과 유사하게, 북한의 선택 기준은 경제성과 대량생산 가능성, 야전 운영 편이성 등이다. T를 사용하면 폭발 효율을 크게 높일 수 있고 소형화에도 유리하지만, 생산이 어렵고 고가이며 야전에서 운용하기도 불편하다. 경제적, 기술적 역량이 충분한 국가들은 대부분 T 활용에 집중하지만, 북한 입장은 쉬운 일이 아니다.

따라서 소련, 중국과 유사하게, 북한의 핵탄두들은 야전에서의 운용이 편리함 반면 상대적으로 크기가 크고 다양성도 부족할 것으로 보인다. 핵물질 이용률이 낮고 각종 안전장치와 탄두 보호 장치들도 충분하지 못할 것이다. 주요 투발 수단도 러시아, 중국과 유사하게 미사일 위주이고, 장거리 폭격기와 잠수함을 이용한 핵전력은 상대적으로 취약한 실정이다.

종합적으로 북한의 핵무기 개발 경로가 소련과 상당히 유사한 것을 알 수 있다. 이는 북한이 일찍부터 소련에 인력을 파견해 기술 경로를 학습하고, 필요한 설비들을 도입해 왔기 때문이다. 북한 주요 대학 원자력 관련 학과들의 교육과정도 사회주의 소련의 교육체제와 상당히 유사하다. 따라서 교육과 연구, 생산을 연결해 대학 졸업 후 바로 직장에 배치되고, 연구 성과의 생산 전이도 빠르다. 이러한 경로 추종은 앞으로도 지속될 것이다.

10-2 "화산-31"과 주요 투발 수단

북한이 2023년 3월 27일에 공개한 "화산-31"은 북한의 핵탄두 소형화 방법과 능력, 향후 방향에 대해 많은 것을 생각하게 해준다. 이를 위에서 논의한 사회주의 핵기술 개발경로와 선진국들의 핵탄두 소형화 방법을 동원해 분석, 평가할 수 있는 것이다.

화산-31은 기폭장치를 안에 탑재한 탄두 부분품이므로 정확한 기폭장치 형상과 크기를 판정할 수 없다. 다만, 직경이 40~50cm 정도로 2016년에 공개한 구(원)형 기폭장치보다 10~20cm 줄어들었으므로, 소형화에 상당한 진전이 있는 것으로 보인다. 문제는 이런 소형화에 어떤 기술과 장치, 핵물질을 적용했는가를 추론하는 것이다.

제1장에서 소개한 것 같이, 미국을 위시한 핵 선진국들은 전술핵 정도의 핵탄두 소형화를 위해 1)Linear implosion, Two point implosion 등의 직경이 가늘고 긴 개량형 기폭장치 채택, 2)고성능 폭약으로의 대체를 통한 사용량 감축, 3)Pu/HEU 복합피트 채택을 통한 핵물질 사용량 감축, 4)D, T 등의 핵융합물질 첨가 등을 활용하였다.

북한의 경우, 고가이면서 생산과 취급이 어려운 T를 사용하는 4)를 제외할 필요가 있다. 북한의 T 생산 가능성과 생산 총량이 적고, 지금까지 사회주의 핵기술 개발경로를 따라 T를 사용하지 않는 방법을 채택해 왔다고 보이기 때문이다. 차선책으로 T 대신에 Li^6D를 활용할 수 있으나, 이를 통한 소형화 가능성이 어느 정도인지는 불투명하다.

1), 2), 3)의 방법들은 북한이 충분히 사용할 수 있을 것으로 보인다. 다만, 이런 방법을 통한 소형화 정도에 한계가 있고 Pu 총량도 부족한 것을 고려해야 한다. 미국 등의 선진국들이 이런 유형의 소형화에 따른 한계를 체감하고, 4)를 병행하는 방법을 사용해 왔기 때문이다.

T 대신에 Li^6D를 사용하는 방법은 염가에 야전 편이성이 좋은 증폭탄과 수소탄을 개발하는 데 상당히 유익하다. 그러나 이를 넘어 소형 전술핵과 중성자탄 등의 특수목적 수소탄 개발에는 T를 사용하는 방법이 크게 유리한 것이다. 따라서 "화산-31"에 T를 사용하지 않는 한, 북한의 기술 수준에서 거의 극한에 가까운 설

계를 해야 할 것으로 보인다. 이는 그 성능을 판정하고 대량생산에 필요한 신뢰성을 확보하기 위해 폭발실험을 해야 한다는 것을 말해 준다.

"화산-31"을 탑재하는 투발 수단 유형도 살펴볼 필요가 있다. 북한의 사진 벽면에 있는 8종의 투발 수단들은 단거리 탄도미사일과 초대형 방사포, 순항미사일, 어뢰 등이다. 이들은 대부분 속도가 느린 탄두/탄체 일체형이므로, 유도/조정장치 일부를 개별 투발 수단 탄체에 분산시켜 핵탄두 소형화를 촉진시킬 수 있을 것으로 보인다.

다만, 탄두 특성에 비해 투발 수단이 너무 다양하다는 문제가 있다. 탄도미사일과 순항미사일, 방사포, 어뢰 등이 핵탄두에 미치는 발사 충격과 가속도, 온도, 습도, 염분 등에 상당한 차이가 있고, 핵탄두 특성이 고정된 때에는 개별 투발 수단들의 성능 발휘를 제한할 수 있는 것이다. 핵탄두 겸용에서 가장 앞선 미국도 탄도미사일과 순항미사일에는 다른 핵탄두를 사용한다.

따라서 북한도 기폭장치의 투발 수단별 다변화를 통한 재분류가 필요할 것으로 보인다. 핵탄두에 유사한 영향을 미치는 투발 수단들을 모아 여기에 적합한 핵탄두를 별도로 설계하는 것이다. 여기에는 위 8종의 투발 수단에 나타나지 않은 탄두 분리형 탄도미사일과 중장거리 미사일, SLBM 등이 포함될 수 있다. 아울러 차기 소형 핵탄두와 투발 수단 다양화도 포함될 수 있다. 이를 실현하기 위한 핵실험도 필요할 것이다.

10-3 향후 전망

이상의 논의를 토대로 북한의 향후 진로를 예측해 볼 수 있다. 먼저, 북한이 핵탄두를 기하급수적으로 확대한다고 발표한 것처럼, 원심분리기를 통한 HEU 생산을 지속적으로 확장할 것이다. 아울러 상당히 노화되었지만 5MWe 원자로를 계속 가동하고 경수로 건설도 지속해 복합피트와 특수목적 원자탄에 적합한 Pu를 생산할 것이다. T확보와 유연한 활용도 추진할 수 있다.

다음으로, 탄도미사일에 핵 탑재가 가능할 정도의 소형화를 이루었으니, 다음에는 HEU 기반의 대량생산체제와 표준화를 연동할 것이다. 이를 통해 선제공격을 당해도 남아 있는 핵무기로 상대방에게 감내할 수 없는 수준의 반격을 가할 능력을 갖추려 한다.[*] 상대방이 쉽게 핵공격을 하지 못하게 만들어, 북한이 말하는 진정한 핵 억지력을 가지게 되는 것이다.

차기 소형 핵탄두를 개발해 투발 수단을 야포와 소형 미사일, 소형 어뢰, 핵지뢰, 휴대용 핵탄 등으로 다변화할 가능성도 크다. 이를 통해 핵무기를 운용하는 군종을 육해공 3군으로 확장하고, 발사기지도 우주공간과 수중, 지하, 인력/차량 등으로 다변화할 수 있다.

소형 전술핵 개발과 함께 이를 1단으로 사용하는 대형 수소탄 개발을 병행하려 할 것이다. 대표적인 것이 핵물질에 Li^6D 등을

● 즉, 수 백발의 핵탄두를 갖추어 확증 파괴(assured destruction) 능력을 확보하는 것이다.

기폭장치에 넣어 부분 핵융합을 일으키는 증폭형과 2단 설계로 핵융합을 확대한 수소탄이다. 2016년의 제4차 핵실험과 2017년의 제6차 핵실험에서 이를 보여 주었으므로 앞으로 이를 표준화하고 대량 생산해 실전 배치할 것이다. 소련의 경우처럼, 염가/소 위력형과 고가/대 위력형의 병행 생산과 배치를 추진하는 것이다.

일각에서는 북한이 중성자탄을 개발할 것이라고 주장한다. 이는 우리와 주한미군의 기갑부대가 동북아시아 최강이라 할 정도로 강력하고, 유사시 전선을 돌파해 북한 수도로 고속 진격한다고 알려졌기 때문이다. 북한이 수소탄을 개발했으므로 적은 노력으로 중성자탄을 개발할 수 있고, 목적이 분명하므로 이를 시도할 것이라는 주장이다.

그러나 북한의 수소탄이 소련과 유사하게 기체 T 대신 고체 Li^6D를 사용한다는 점을 고려해야 한다. 북한의 T 생산 설비가 5MWe 원자로 정도로 국한되고 생산량이 적으며 저장과 취급도 어렵다. 중성자탄 생산비용이 상당히 크고 살상 범위가 작다는 것도 문제가 된다. 따라서 소련이 미국의 중성자탄을 "자본주의 폭탄"이라 폄하하고 실전배치를 하지 않은 것처럼, 북한도 중성자탄 배치는 하지 않을 것으로 보인다.

미사일 발사 준비 시간 단축은 핵탄두의 모듈화나 현대적 중성자원 확보, 고체추진제 등을 통해 이룩할 수 있다. 생존력과 기동력은 지하 터널과 이동식 발사차량, SLBM 등을 통해 발전한다. 방어 돌파 능력은 다탄두 미사일과 초고속 미사일, 탄두 기동 등을 통해 발전시킬 수 있다. 북한의 기술과 재정 조달 능력으로 이들 모두를 동시에 추진할 수는 없으나, 최대한 가능한 방법을 찾으려 노력할 것이라는 점은 분명하다.

신뢰성과 안전성 확보도 중요한 무기 관련 지표이다. 사회주의 국가, 특히 북한과 같이 관련 기술을 고루 갖추지 못한 나라에서 첨단무기를 개발할 때는 다양한 자력갱생과 임기응변이 동원되고, 이들이 핵무기의 신뢰성을 크게 떨어뜨린다. 모든 핵무기는 상당히 복잡하고 정교한 시스템이고, 각종 전술 환경에서 성능을 발휘해야 하므로, 이를 고도화 조치들도 동원할 것이다.

대량 생산된 핵무기를 안전하게 저장하면서 노화를 방지하고 상시 성능 발휘가 가능하도록 유지, 보수하는 게 상당히 어렵고, 많은 재정이 소요된다. 핵물질뿐이 아니다. 폭약은 충격이나 화재에 약하고, 구조 재료는 부식에 취약하다. 따라서 북한 역시 핵무기의 유지, 보수에 상당한 노력을 기울여야 할 것이다. 다만, 이는 원자력발전소 등의 수익사업이 없이 국가 투입에만 의존하는 북한의 원자력계에 상당히 벅찬 과업이다.

최근 북한이 시도한 바와 같이, 여러 개의 정찰위성을 발사해 한반도와 주변국 전략자산에 대한 실시간 감시 능력을 확보하려 할 것이다. 이는 상대방의 공격 동향을 파악하고 핵타격 목표 선별과 타격 효과를 판단하는데도 상당히 유리하다. 다만, 카메라의 해상도를 높이고 IR, SAR 등으로 전천후 감시 능력을 갖출 수 있을지는 아직 미지수이다.

10-4 제7차 핵실험 전망

많은 사람들이 북한은 이미 6차의 핵실험을 했으므로 더 이상의 실험을 할 필요가 없다고 말한다. 추가 수요는 핵실험 없이 컴퓨터 시뮬레이션으로 충분히 개발할 수 있다는 것이다. 그 전형적인 사례로 인도와 파키스탄을 들 수 있다. 그러나 북한이 개발하는 핵무기가 상당히 다양하고, 목표 수준도 높다는 것을 고려해야 할 것이다.

먼저, 사용하는 핵물질이 다양하다. 초기 핵실험에서는 원자로에서 추출한 Pu을 사용하였다. 이후, 아마도 제3차 이후부터는 HEU를 사용한 것으로 보인다. 후반에서는 핵융합 물질을 사용한 수소탄을 실험했다고 발표하였다. 즉, 제1차와 2차는 Pu를 넣은 내폭형 원자탄이고 제3차와 5차는 HEU에 내폭형이며, 제4차와 6차는 수소탄 실험이다. 이는 북한의 핵실험 목적이 분산되어 실험 방법도 다르고, 각각에 누적된 데이터가 충분하지 않을 수 있다는 것을 의미한다.

여기에 북한이 필요로 하는 차기 전술핵과 차기 수소탄 개발 목표가 더해진다. 먼저 야포, 어뢰, 지뢰, 항공 폭탄, 다탄두, 공대지 미사일, 지대함 미사일 등에 적용할 차기 소형 전술핵 개발이 있다. 북한이 2016년에 공개한 직경 약 60cm 정도의 내폭형 기폭장치를 스커드, 노동 등의 기존 미사일에 탑재할 수 있어도 다양한 소형 전술핵에 적용하기는 어렵다. 2023년에 공개한 직경

40~50cm의 "화산-31"도 폭발실험이 없어 그 신뢰성을 파악하기 어렵고 투발 수단도 제한적이다.

표준형 원자탄을 대도시에 투하하면 수십만의 극심한 인명 피해가 발생해, 국제사회의 엄청난 비난과 대량 응징보복을 당하게 된다. 현재 세계적으로 수 kt 이하의 소형 전술핵으로 군사 목표를 정밀 타격하는 방안이 논의되고 있고, 미국도 핵개발 초기와 최근에 이를 개발하고 있다. 중국 등의 여타 사회주의국가들도 원자탄과 수소탄을 개발한 후에 위력이 작은 소형 원자탄 개발에 집중한 바 있다.

북한이 선택할 수 있는 가장 간단한 방법은 북한이 대량 생산한다고 보이는 HEU에 포신형 기폭장치를 채택하는 것이다. 포신형은 야포탄처럼 길이가 긴 포탄에 적합하다. 1950년대에 미국에서 개발한 최초의 280mm 원자포에도 HEU에 포신형 기폭장치를 채택한 바 있다.[*] 다만 이 방법은 압축효율과 핵물질 이용률이 낮아 다량의 HEU를 사용해야 한다는 단점이 있다.

핵물질 이용률이 높으면서 더 소형의 원자탄을 개발하는 방법으로, Two point implosion 등의 개량형 기폭장치에 소량의 T를 첨가하는 방법이 있다. 미국은 후기 소형 전술핵에서 현재까지의 대부분 탄두에 이 방법을 활용하고 있다. 이 유형은 소형 전술핵과 다탄두용 원자탄, 수소탄용 기폭 원자탄 등에 고루 적용할 수 있다.

T를 사용하면 고속중성자 발생으로 핵물질 이용률이 대폭 개

---

[*] 280mm 원자포 포탄(W-9)은 길이 1.384m, 중량 365kg에 50kg의 HEU 를 사용하였고 위력은 15kt 였다. 후에 내폭형 기폭장치를 사용한 8inch와 155mm 야포, 로켓포(Davy Crokett)용 핵탄두도 개발해 실전배치 하였었다.

선되므로 소량의 핵물질과 폭약으로 원자탄을 개발할 수 있다. 폭발위력이 줄어들어 군사 목표를 정밀 타격하려는 현대식 전술핵에 적합하다. 이를 발전시키면 수요에 따라 폭발위력을 능숙히 조절하는 원자탄을 개발할 수 있다. 다만, 북한이 T를 대량 생산할 수 없고 짧은 반감기에 취급이 어려우며, 폭발 기전이 상당히 복잡해 제어가 어렵다는 문제가 있다.

북한이 "화산-31"*의 신뢰성을 검증하거나 차기 소형 전술핵을 개발하려면 추가 핵실험이 필요하다. 단순히 HEU를 사용하는 포신형 기폭장치를 개발할 수도 있지만, 야포처럼 엄격한 직경과 충격, 무게 제한을 극복하고 사용 효율과 편이성을 높이려면 폭발실험을 거쳐야 할 필요가 있다. T를 사용하는 원자탄은 폭발 기전을 파악하고 설계를 최적화하기 위해 폭발실험이 필요하다. 미국도 지금까지 개발한 90여 종의 핵탄두와 실전 배치한 60여 종의 핵탄두에서 10여 차례의 중대 사고를 겪었는데 그 모두가 T를 사용한 것이었다.

차기 수소탄 개발 목표도 있다. 북한은 구소련식의 1단 증폭탄과 2단 수소탄을 개발해 생산, 배치하고 있다고 추정된다. 중성자 발생효율이 좋은 T 생산능력이 취약하고 취급이 불편해 대량 생산과 실전 응용에 어려움이 있으므로, 구소련처럼 생산과 취급이 쉬운 고체 상태의 Li^6D를 사용한다고 보이는 것이다. 이는 제법 크고 무거워 노동 미사일이나 화성15, 화성-17 등의 대형

---

* 만약 북한이 지금까지의 핵실험에서 모두 Pu를 사용하였고 "화산-31"에서부터 HEU를 사용한다고 가정해도, 이를 검증하기 위한 핵실험이 필요하다.

중장거리 미사일에 탑재할 수 있을 것이다. 이를 소형화하려면 추가 핵실험이 필요하다.

또, 수소탄은 기폭 작용을 하는 원자탄과 융합 물질의 2단계를 채택하므로, 작용 기전이 상당히 복잡하고 효율적인 컨트롤과 유지, 보수가 어렵다. 북한은 수소탄 원리실험(제4차)과 본격 실험(제6차)의 두 차례만 실험했으므로, 핵물질과 설계, 응용 등에서 상당한 개량 요인이 있을 것이다. 따라서 핵융합 물질 개선과 설계 고도화 등을 위해 추가 핵실험이 필요하다. Pu와 HEU의 복합 피트를 사용할 때에도 추가 핵실험이 필요하다.

이때, T 없이 Li^6D 만을 사용한다면, 기존보다 더 고성능의 폭약을 개발, 도입해 무게를 줄이는 실험이 가능하다. 이와 함께 1단과 2단의 설계를 변경하고 핵분열 물질과 핵융합 물질의 비율을 개선하며, 1단의 폭발위력과 압축 효과를 개선하는 실험을 수행할 수도 있다. 소형 전술핵으로 개발한 원자탄을 1단으로 사용하면서 2단의 핵융합 물질 사용량을 늘려 폭발위력을 개선할 수도 있다. 이 방법은 핵융합물질 사용량을 조절해 위력을 유연하게 조절할 수 있으므로, 풍계리에서도 적당한 위력으로 실험이 가능하다.

최근 들어 북한 풍계리 핵실험장 복구 동향이 언론 기사에 자주 나타나고 있다. 풍계리 핵실험장에서 아직 사용하지 않은 3번과 4번 갱도의 기폭실 깊이를 북한이 공개한 지도를 사용해 추산할 수 있다. 갱도는 입구에서 약간 위를 향하게 굴착되는데, 이를 입구와 수평이라고 할 때, 3번 갱도는 400m 정도, 4번 갱도는 800m 정도의 깊이를 가진다.

화강암 지역의 수평갱도 지하핵실험 안전심도(수식과 경험치)를 통해 환산하면, 3번 갱도는 20~30kt, 4번 갱도는 200kt 정도를 실험할 수 있다.[*] 여기에 사고를 대비한 심도를 가미하면, 3번 갱도는 10kt 내외의 소형 전술핵, 4번 갱도는 150kt 정도의 증폭탄 또는 소형 수소탄 실험이 가능하다. 물론 성동격서 식의 여타 지역 핵실험도 가능하다.

10-5 우리에게 위협과 대응 방향

위에서 정리한 북한 핵무기의 기술적, 전술적 성능이 우리에게 주는 위협을 다음의 5가지로 정리할 수 있다. 먼저, 핵물질 이용률이 높은 원자탄과 증폭탄, 수소탄을 개발해 북한 핵무기의 폭발위력이 크게 증가하였다. 북한은 10~20kt 정도의 표준형 원자탄과 100~200kt 정도의 증폭 원자탄을 완성하였고, Mt급 대위력 수소탄 개발 능력을 가진 것으로 보인다.

일반 원자탄이 중소도시나 작은 군사 목표를 공격하는 전술핵무기라 한다면, 폭발위력 100~200kt 정도의 증폭 원자탄은 어지간한 초토화할 수 있는 전략핵무기가 될 수 있다.[**] 인구밀도가

- 2022년 4월 29일에 38north에서는 122m/kt1/3 식을 적용해 풍계리에서의 실험 가능 위력을 3번 갱도 50kt, 4번 갱도 282kt로 계산하였다. 그러나 이 공식은 미국 네바다실험장에 적용하는 것으로 단단한 화강암 지역인 풍계리에는 적용하기 어렵다.
- •• 오펜하이머(Oppenheimer)는 수소폭탄 개발을 반대하면서, "100kt 정도의 핵탄으로 대부분의 전술, 전략적 목적을 달성할 수 있다."라고 주장하였다.

특별히 높은 우리나라 수도권과 대도시에 5~10발 정도의 증폭 원자탄이 떨어지면, 국가 존망의 위기에 직면할 수 있다. 같은 수량의 원자탄을 투하해도, 인구밀도가 낮은 북한보다 우리의 피해가 더 크다는 것이다.

선진국들이 수십 분에서 한 시간 정도의 조기경보와 주민소개 여유를 가지는 데 비해,* 우리는 국토 면적이 좁고 휴전선이 가까워, 발사 후 5분 이내에 미사일이 낙하한다. 이는 우리가 북한의 원자탄에 사활을 걸면서 매 한발, 한발 모두 요격해야 한다는 것을 의미한다. 증폭형을 넘어 수소탄이라면 더 말할 나위도 없다. 방호시설도 더 견고하게 구축해야 한다.

다음으로, 북한의 원자탄 수량이 급속히 증가하고 있다. 북한이 Pu에 의존했을 때는 그 수량이 적었으나, 이제는 원심분리기를 활용해 HEU를 대량으로 생산할 수 있게 되었다. 원심분리기에 의한 우라늄 농축공장은 기체확산법에 비해 규모가 작고 전력 소모가 적어, 우리가 모르는 장소에 숨기기도 쉽다. 국내외의 많은 전문가들은 북한이 2020년까지 30~100개의 핵탄을 보유할 것이라 분석하였다. 이보다 더 많을 수도 있다.

탄두 수량의 증가와 표준화는 북한이 다양한 투발 수단을 상호 전환하면서 사용하고 예비 탄두도 비축할 수 있다는 것을 의미한다. "화산-31"에서도 이러한 탄두 겸용이 나타나고 있다. 이는 우리가 선제공격이나 북한의 공격에 대한 대응으로 기존 투

● 1시간 정도의 시간을 확보해 주민을 소개하고 대피하면, 대응하지 않았을 때의 10% 이하로 피해를 줄일 수 있다고 한다.

발수단을 철저히 파괴해도, 북한이 여분의 핵탄두로 우리를 공격할 수 있다는 것을 의미한다. 이를 극복하기 위해 장시간의 지속적 방어 태세를 확립할 필요가 있다.

셋째로, 북한의 핵무기 투발 수단이 날로 고도화하고 있다. 이제는 스커드와 노동, 무수단 등의 단, 중거리 액체연료 미사일 뿐 아니라, 북극성과 새롭게 개발되고 있는 다양한 고체연료 미사일, 대구경 방사포, ICBM의 고각발사, 극초음속 미사일, 어뢰 등의 다양한 투발 수단에 모두 대응해야 한다. 전방위, 다층차 공격 및 방어 태세를 구축하고, 발사 시간 단축을 고려한 즉시 대응 능력도 확충해야 한다는 것이다. 새롭게 부상하고 있는 전술핵 대응도 마찬가지이다.

넷째로, 핵전술 고도화에 대응해야 한다. 지상공격뿐 아니라, 고고도에서의 EMP공격과 우리 방어망을 회피하려는 탄두기동, 바다와 호수에서의 SLBM과 어뢰 공격, 대구경 방사포와 극초음속 미사일 등의 대량 동시발사와 섞어 쏘기 등에도 동시다발로 대응해야 한다. 이를 위해 저고도, 국지 방어 위주의 우리 방어망을 다층차, 전역 방어로 확충해야 한다. 여기에 다양한 변수가 작용하고 치열한 두뇌 싸움이 벌어질 것이다.

다섯째로, 우리의 대응능력이 부족하다는 문제가 있다. 북한을 뒤따라가는 대책만으로는 뚜렷한 한계가 있다. "한국형 3축 체계"도 미사일 의존도가 높아 정확한 파괴 여부 판단에 시간이 걸린다. 다만, 북한의 무기체계 역시 많은 허점이 있으므로, 우리 약점을 보완하고 상대 약점을 살펴야 할 것이다. 종합적인 대응

표 10-1 **우리의 북핵 대응 방안**

분야	대응 방향
경로 파악	– 자주적인 북한 기술개발동향 파악과 미래 예측 – 사회주의 기술 개발경로 비교연구 – 민군 기술 협력체제 구축 – 전문가 네트워크 확충
경로 차단 및 고도화 방지	– 북한 기술 수준과 장단점 파악 – 맞춤형 제재 및 반확산 – 비확산을 고려한 남북협력 – 국제사회와의 공조
탄도미사일 방어	– 조기경보체제 개선 – 다층/다방면 복합방어망 구축 및 연동 – 차세대 방어망 조기 개발과 배치
민방위 체제 개선	– 핵방호기법 연구와 계획 수립 – 민방위 관련 법제와 훈련체제 정비 – 국민행동 요령 발간과 전파

방향을 〈표10-1〉과 같이 정리할 수 있다. 이하에 개별 내용들을 간략히 설명한다.

10-6 경로 파악과 사회주의 핵정책 연구 강화

과학기술은 원리를 알면 아주 다양한 기술개발 경로를 채택하면서 이를 은폐할 수 있다. 따라서 북한의 기술개발 경로를 파악하지 못하면서 그들이 보여주는 것을 뒤따라가며 세우는 대안은 그리 효과적이지 않다. 사회주의 기술개발 경로를 추적하면서 북한이 선택할 경로를 예측하는 것도 이 때문이다. 경로를 파악하면, 당장 필요한 방어 대책을 세우는 한편으로 미래를 예측하고, 앞서 나가서 장벽을 칠 수 있다. 다음의 몇 가지 대안을 생각할 수 있다.

먼저, 경로 파악 노력을 강화해야 한다. 북한의 핵무기 개발경로와 내용, 수준을 좀 더 정확히 파악하기 위해 북한의 국방과학 전반을 조망하고 정보 수집을 대폭 강화하며, 전문성을 축적할 필요가 있다. 이를 통해 자주적인 북한 핵무기 분석 능력과 대응능력을 확충해, 짧은 시간 내에 적어도 북한 핵문제에서 만큼은 세계를 선도할 수 있어야 한다.

핵기술 분야에서의 민군 기술협력 체계도 강화해야 한다. 고도의 전문 지식이 필요한 핵, 미사일 분야는 군과 민의 유기적인 협력이 필수적이다. 북한이 "우리 과학자들이 개발했다"라고 하는데, 우리는 이보다 월등히 우수한 연구자들과 설비를 구비하고 있다. 정치권을 포함한 각계에서 우리 과학기술계를 체계적으로 지원한다면, 조기에 충분히 북한을 압도할 정도의 대응 기술을 개발할 수 있다.

이를 위한 전문가 네트워크가 필요하다. 핵무기는 광범위한 전문 지식과 체계적인 훈련을 거쳐야 제대로 파악할 수 있다. 따라서 담당 부서 책임자들에 대한 교육훈련을 강화하고 전문가 네트워크를 확충해야 한다. 아울러 우수 청년 인력들을 양성하고, 이들이 장기간에 걸쳐 경험을 쌓고 역량을 발휘할 수 있도록 지원해야 한다.

특히 사회주의 기술개발 경로 비교연구가 필요하다. 북한이 구소련과 중국 등의 사회주의 기술개발 경로를 따라가고 있는 것에 비해, 우리는 서구식 사고와 이해에 편중되어 있다. 따라서 사회주의 기술개발 특성과 경로를 보다 체계적으로 연구하고, 비교분석을 통해 북한의 현 수준을 진단하고 미래 방향을 예측할 필요가 있다.

6자회담을 주도했던 중국을 주시할 필요가 있다. 중국은 오랫동안 북한의 핵개발 동기가 미국의 적대 정책 때문이라고 주장했으나, 근래에는 김정은 체제 등장과 정치적 불안정을 중요 요인으로 거론하고 있다. 인민해방군 군사과학원과 국방대학, 현대국제관계연구원 등에서는 "한반도 위기관리"라는 단행본을 외부 비공개로 출간하기도 하였다. 북핵 동기에 대한 분석이 좀 더 객관적으로 변하면서, 중국의 각종 매체에서 북한의 핵 개발 경로와 능력 평가가 많이 나타나고 있다.

중국은 북한과 유사하게 초기의 외국지원과 후기의 자력갱생으로 핵무기를 개발하였고, 북한과의 협력을 통해 어느 정도의 북한 내부 정보를 확보하고 있다. 북한과 지리적으로 인접해 있고, 다양한 협력 채널을 보유해, 정밀한 분석을 수행할 수도 있다. 최근 들어 이런 연구들이 증가하고 전문화, 네트워크화하고 있는데, 이는 중국 정부의 적극적인 지원이 있다는 것을 말해 준다.

북한 핵능력 분석에 중국이 상당한 장점과 많은 전문가들을 보유하고 있으므로, 이들과의 협력을 추진할 필요가 있다. 여기에는 양국 핵기술 전문가들과 북한 연구자들의 공동 세미나와

● 李效東 等(2011.12), "朝鮮半島危機管理研究", 軍事科學出版社

초청 강연, 상호 방문 등이 포함될 수 있다. 중국이 주도하는 국제비확산 세미나에도 적극 참여하면서 의견을 개진할 필요가 있다.

중국을 포함한 사회주의 국가들의 핵정책도 연구할 필요가 있다. 주목할 것은 중국이 서서히 북한의 핵보유를 기정사실화하고, 이를 여타 국가들과 묶어 대처하는 경향을 보인다는 점이다. 중국의 외국 핵정책 연구는 대부분 이들을 1)핵무기 선진국, 2)중등 수준의 핵무기 보유국, 3)신흥개발국 등으로 분류하고, 각 부류별로 정책대안을 수립하는 경향을 보인다.

여기서 북한이 별개 사안으로 다루어지다가 점차 파키스탄, 이란 등의 핵무기 신흥개발국에 포함하는 경향이 나타나고 있다. 이들 국가는 전쟁의 위협 속에서 핵무기를 개발하고 NPT 체제에서 벗어나 있으며, 관련 기술과 물자를 확산시킨다는 의혹을 공통적으로 가지고 있다. 중국이 정치적으로 이들에 동조하는 부분이 있으므로, 북한이 이에 포함되는 것은 북핵 문제 해결에 어려움을 초래할 수 있다.

우리 외교정책에서 이에 대처하지 못하고 있는 것은 북한의 핵무기 보유 여부에 대한 과학 기술적, 군사적 판단과 정치 외교적 판단이 분리되고 있기 때문이다. 그러나 외교적으로 북한의 핵보유국 지위와 권리를 인정하지 않는다는 정책이 실제적으로 북한이 핵무기를 보유했다는 것을 부정하지 못한다.

이미 과학 기술적으로 북한의 핵 능력이 입증되었고, 군사적으로 북한 핵무기 대응이 시작되었다. 한반도 사드 배치 논란이 대표적인 사례라고 할 수 있다. 이에 비해 북핵 대화는 많이 위축되었고, 앞으로 그 정책적 입지도 줄어들 수 있다. 동일한 사안에 대해 복수의 판단이 존재하면, 문제해결을 위한 대화와 정책수립이 어려워진다.

따라서 중국의 핵정책과 이것이 북한 핵문제에 미치는 영향을 상세히 파악하고 대처할 필요가 있다. 일반적으로 과학기술자들은 국제적 기준에 동의하고 합리적 의사결정이 가능하므로, 중국 과학기술자들의 북핵 능력 분석과 정책대안 수립 동향도 지속적으로 파악하고 대응할 필요가 있다. 다만, 최근의 러시아-우크라이나 전쟁과 이를 둘러싼 국제관계 변화가 이에 부정적인 영향을 줄 수 있다.

10-7 경로 차단 및 고도화 방지

세밀한 기술개발 경로 파악과 미래 예측을 통해, 북한 핵무기의 기술 수준과 장단점을 좀 더 구체적으로 파악할 필요가 있다. 여기에는 분야별 기술뿐 아니라, 관련 설비와 핵물질, 인력 규모와 수준 등이 모두 포함된다. 이 분야의 성과가 누적되면 정밀한 맞춤형 제재와 반확산이 가능해진다. 북한 5MWe 원자로 불능화가 Pu 생산에 의한 핵무기 생산 경로를 막아 상당 기간 핵무기 수량 확대와 기술 고도화를 막은 것이 그 예가 될 수 있다.

먼저, 북한의 추가 핵실험 가능성과 그 내용을 추정하고, 국제적 영향력을 활용해 이를 저지하려는 노력을 기울여야 할 것이다. 그 초점은 핵무기 소형화를 통한 전술핵 개발과 현대화, 다종화 등이다. 그 내용에는 T를 사용하는 개량형 기폭장치와 Li^6D를 사용하는 증폭형 원자탄, 수소탄 등이 포함된다.

북한의 핵실험 목표가 이들에 맞추어져 있으므로, 핵실험 수가 늘어날수록 관련 수치와 무기화 능력이 증가한다. 후발국들의 핵무기 소형화와 현대화는 실제 폭발실험이 거의 필수적이라고 할 수 있다. 따라서 핵실험 횟수를 제한하는 것만으로도 그 능력 개선을 크게 억제할 수 있다.

북한의 HEU 생산과 무기화 정도를 좀 더 상세히 파악하고, 이를 적극적으로 억제해야 한다. HEU 생산과 관련해서는 현재 가동 중이라고 하는 영변의 원심분리기 공장뿐 아니라, 다른 곳에 있을 가능성이 있는 별도의 농축공장과 원심분리기 생산공장, 부품 생산 공장, 연구소, 우라늄 변환공장 등도 살펴봐야 한다.

중국은 최초 핵실험에서 HEU에 내폭형 기폭장치를 사용해, 낮은 기술 수준으로도 높은 핵폭발 효과를 얻었다. 따라서 북한의 HEU 수량이 늘어나는 것을 심각하게 받아들여야 한다. 현대적인 수단을 활용해 공장 가동상황과 물자 입출 상황을 감시하고 이를 억제할 방안을 강구한다. 북한이 생산하기 어려우면서 원심분리기 가동에 필수 불가결한 장치, 부품들의 대북한 유입을 차단한다.

북한이 강조하는 핵융합 상황도 좀 더 정밀히 파악하고 이의 무기화를 저지할 방안을 찾아야 한다. 일례로 레이저에 의한 핵융합과 근거리 물리 측정은 북한 핵문제의 향후 진로를 판단하는 중요 과제 중의 하나이다. 이는 증폭형 핵무기, 나아가 수소폭탄 고도화의 첩경이 되므로, 이에 대한 대처를 소홀히 해서는 안 된다.

남북협력에서도 이를 적용할 수 있다. 아무리 상황이 어렵더라도 대화가 필요하며, 북한 주민들에 대한 지원도 재개할 필요가 있다. 이를 염두에 두고 북한에 들어가는 기술과 물품 중에서 핵무기 생산과 고도화로 전용될 수 있는 것들을 철저히 구별해야 한다. 현대사회에서 민수와 군수의 구별이 어려우므로 사전 준비와 인력 양성을 병행해야 한다.

북한에 대해서는 국제사회에서 수많은 제재 품목들을 발표하고 있으므로, 이와 연동하는 방안도 찾아야 한다. 향후 북한 핵무기 개발 활동이 더욱 다양해지고 원자력 산업도 고도화할 것이다. 북한에 대한 국제사회의 지원이 없으므로, 과거와 같이 다양한 난관에 직면하고 이를 해결하기 위한 임기응변 조치들이 동원될 것이다. 따라서 핵무기 개발에 적용되는 수출통제뿐 아니라 산업체제 유지, 보수 차원에서의 수출통제도 고려할 필요가 있다. 특히 북한과 국경을 접하면서 가장 많은 무역을 하고 있는 중국과의 공조를 강화할 필요가 있다.

10-8 탄도미사일 방어와 조기 경보체제 개선

핵공격 방호에서 가장 중요하고 효과적인 것은 적의 공격징후를 조기에 파악해 경보를 전파하고, 미리 대비하는 것이다. 북한 핵미사일이 발사 후 3~5분 이내에 우리 영토에 낙하하므로 북한 전 지역에 대한 발사 징후 탐지와 조기경보에 의한 주민대피가 핵공격 방호의 핵심이라고 할 수 있다. 군과 민의 조기경보체계 연동과 실시간 경보, 오작동 방지체제를 강화해야 한다.

발사 징후가 탐지되면 고도별 풍향과 풍속을 파악하고 방호자산을 점검/휴대하며, 방사능 탐지 장비와 의료 장비, 복구 장비 등의 가용자산 통합 운용 태세를 정비한다. 주요 IT 장비의 전원을 차단하거나 코드를 분리하고 중요 자료를 사전에 백업하며, 핵심 설비는 지하에 소개하고 전자기파 차폐 장치를 설치한다. 시간 여유가 있을 때는 사전 계획대로 주민을 소개해 인구 밀집 지역을 획기적으로 감축하거나 밀집 지역의 엄폐, 차단을 수행하고, 차량과 장비도 분산한다.

미사일 발사 경보 시에는 대피호와 지하 시설, 지하철 등의 방호시설로 대피하고, 시간이 급박할 때는 주변 배수로와 도랑, 터널 등으로 즉시 대피한다. 구소련은 조기경보와 주민소개, 방호시설 구축과 교육훈련을 결합해, 무방비 피해의 5% 이하로 인명 피해를 감축하는 계획을 수립하고 시행한 바 있다. 인구 100만 도시에 2Mt 수소탄을 저공 폭발시키면, 무방비 상태에서 사망 43만, 부상 25만이지만, 사전경보와 대피호 이용 시 10만과 18만, 주민소개와 대피 시 2만, 7만으로 감소시킬 수 있다는 것이다.

다층/다방면 복합방어망 확충과 연동도 강화해야 한다. 북한의 핵무기 폭발위력과 수량이 증가하고 방어 돌파 능력이 개선되며, 고고도 핵폭발 등의 새로운 핵전술이 등장하고 있다. 이에 비해 우리의 탄도미사일 방어는 저고도에 국한되고 수량도 부족하므로, 이를 다층, 다방면으로 확충하고 연동해야 한다. 우리 무기가 완벽하지 않지만, 북한 핵미사일 역시 많은 전술적 한계가 있다. 따라서 우리의 장점을 살리고 약점을 보완하면서 상대의 약점을 노려야 한다.

차세대 방어망 조기 개발과 배치도 추진할 필요가 있다. 핵무기와 탄도미사일 분야의 미래기술 개발추세를 따라잡아 북핵을 근원적으로 방어할 길을 찾아야 한다. 선진국들은 차세대 발사체와 무인기, 고고도 항공기, 인공위성 등의 플랫폼을 개발하고 여기에 관측설비와 레이저, 미사일 등을 탑재해, 적의 미사일을 부스트 단계에서부터 요격하는 방안을 찾고 있다. 종심이 특히 짧은 한반도의 특성을 잘 활용하면, 이스라엘처럼, 우리도 저렴하고 성능이 우수한 차세대 방어체계를 개발할 수 있다.

10-9 핵 폭발시 방호

핵폭발 시의 방호와 피해 감축, 복구는 종합적인 계획과 학습 및 훈련이 필요하다. 이는 상당히 광범위한 작업이므로 국가 차원의 지속적인 연구와 장비 개발, 교육훈련을 강화해야 한다. 가장 중요한 단어는 "시간, 거리, 접촉" 이라고 할 수 있다.

핵전 상황에서는 조기경보와 사전 대피가 지극히 중요하다.

발사 징후 탐지 등으로 어느 정도의 대피 시간이 있을 경우에는 사전에 지정된 대피호나 지하철, 지하실 등으로 신속히 이동한다. 시간 여유가 없을 때에는 근처 터널이나 배수로, 도랑 등으로 신속히 대피한다. 폭심 지역이 아닐 경우, 깊은 도랑이나 지하실 등으로의 대피만으로도, 노출시 대비 피해를 1/10 이하로 줄일 수 있다.

폭발 순간의 피해는 광복사와 폭풍파로 인한 것이다. 이때, 절대로 섬광을 바라보지 말고 바로 눈을 가리면서 반대편으로 엎드려, 자신에 대한 빛의 진입 각도를 줄여야 한다. 열기가 느껴지면 호흡을 잠시 정지해 열기 흡입을 방지한다. 100kt 위력일 때 화구 발광시간이 약 5초간 지속되고, 1Mt일 때는 약 13초간 지속되는데, 2초 안에 엄폐하면 광복사 피해를 40% 이상 줄일 수 있다.

광복사에 이어 폭풍파가 도달하므로, 섬광을 본 즉시 부근 건물 배후나 도랑, 나무 뒤로 피신, 엄폐한다. 건물 내부 인력은 폭발 반대 방향으로 피신하되, 유리창이나 탁자, 의자, 선반, 책장 등의 낙하 위험물에서 이격(離隔)해야 한다. 조기경보 후 시간 여유가 있을 때 지하철이나 지하도로, 지하실 깊은 곳에 대피하면 광복사와 폭풍파 피해를 크게 줄일 수 있다.

시간을 두고 일어나는 피해는 핵복사와 방사능 낙진에 의한 것이다. 조기 핵복사는 폭발위력에 관계없이 폭심반경 수km 이내에 그치지만 폭발 직후에 발생하므로, 예방조치가 특히 중요하다. 납과 콘크리트, 토양(땅굴) 등의 방사능 차폐 물질을 활용할 수 있고, 지하실, 터널 등의 광복사/충격파 방호조치가 여기에도 유효하다.

낙진은 폭발 고도와 고도별 풍향, 풍속에 따라 달라지므로, 이를 유의해야 한다. 방사능 낙진경보와 폭발 지역의 풍향, 풍속을 고려해 폭발 후 1~2시간 내 낙진 강하 예상 지역에서 신속히 이탈한다. 낙진이 도달할 때는 건물 내부와 밀폐 차량 내에 엄폐하거나 방독면, 우의, 피복으로 차폐하고, 낙하가 종료되면 차량 등의 차폐장비를 이용해 신속히 이탈한다. 군 화생방요원들이 방사능을 측정해 오염지역을 표기, 전파하므로 각종 매체를 통해 이를 파악하고 대비해야 한다.

중성자탄 방호는 일반 원자탄과 다르다. 살상 거리 안에서 노출된 인원은 즉시 피해를 입는데 비해, 지하실이나 방호가 잘 된 엄폐호에 있을 때에는 거의 피해를 입지 않을 수 있다. 중성자탄이 목표로 하는 기갑 차량은 양압 장치에 의한 방사능물질 유입 차단과 함께 중성자 차단재를 장갑과 함께 사용한다. 중성자 차단재로는 파라핀, 폴리에틸렌(PE), 물(진흙) 등의 가벼운 원소가 밀집된 재료를 사용한다.

종합적으로 시간/거리/접촉 방호를 명심해야 한다. 방사능 오염은 시간당 1/6 정도로 감소하므로, 낙진과의 접촉을 피하면서 신속히 이탈해 오염지역 체류시간을 최대한 단축한다. 아울러 오염지역에 진입하지 말고 오염되지 않은 식재료를 사용하며, 거주 지역과 물자의 오염원을 제거, 제독, 매립해, 누적 방사선 피폭량을 최대한 감축한다.

10-10 EMP 방호

핵탄두 미사일의 위협이 고조되는 상황에서 고고도 탄도미사일 방어는 국가산업의 보존과 전쟁의 승패를 결정할 수 있는 핵심 사안이다. 특히, 고고도 핵폭발 피해가 집중적으로 발생하는 30~80km 고도와 상당한 피해를 입힐 수 있는 80~120km 고도의 방어망을 확충해야 한다. 고고도의 공기가 희박하므로 폭발 고도가 이 이상으로 높아져도 화구가 아래로 내려와 넓게 확산하고, 이 아래 지상에서의 EMP 피해가 발생하기 때문이다.

현재 실전 배치된 저고도(하층)와 중고도 방어망으로는 이를 감당할 수 없으므로, 그 이상 고도를 방어하기 위한 가일층의 노력과 대책이 필요하다. 북한 핵문제가 현실화되었으므로, 주한 미군의 사드 배치 문제도, 주변국 반발을 넘어, 고고도 핵폭발이 한반도에 미칠 수 있는 실질적 피해와 방호 가능성을 우선적으로 고려해야 한다.

우리나라는 대도시에의 인구/산업 집중도가 높고 정보통신 인프라와 네트워크화가 상당하므로 EMP 등의 고고도 핵폭발에 의한 피해가 특히 높을 수 있다. 따라서 이러한 피해 유형과 피해 정도 예측, 시설 방호 등에 대한 연구를 강화하고 국가적 대안과 핵심 시설에 대한 방호 조치를 강화할 필요가 있다. 국가 핵심 자료와 은행 전산 기록 등의 중요 자료를 수시로 백업하고, 메인 서버를 지하에 설치하며, 핵심 구역은 EMP 차폐시설을 구축해야 한다. 핵전 상황에서 조기경보가 전파될 때는 배터리와 전원의 코드를 분리하고 대피한다.

MF, HF, VHF 대역을 사용하는 군용 전술통신과 장거리 레이더, 탄도미사일 방어용 탐색/추적 레이더 등에 대한 방호와 교란 극복 대책도 강화할 필요가 있다. 민방위 등의 국가재난방송망과 항공기, 선박, 자동차, 개인 단말기 등의 항법체계에 미치는 영향을 재검토하고 대안을 강구하며, 각종 산업 표준에도 적용할 필요가 있다.

향후 개발하는 저궤도 위성, 특히 군사용 위성의 물리적 방호를 강화하고 내부 전자기기와 시스템에 대한 X선과 감마선, EMP 방호도 강화해야 한다. 태양전지판 등 특히 취약한 부위에 대한 방호 대책도 중장기적인 연구와 국제협력을 통해 개발할 필요가 있다. 한국형 발사체 개발과 연동하여, 비상시를 대비한 핵심 위성의 대체 발사 수요를 예측하고 준비할 필요도 있다.

고고도 영공 개념 강화와 탄도미사일 진입 거부 대책도 강구할 필요가 있다. 아직 국제법적으로 명확히 구분되지 않고 있는 영공의 고도 제한 문제를 심도 깊게 연구하고 대책을 강구할 필요가 있다. 북한의 핵미사일 위협 상황에서 영공의 고도제한* 문제를 고고도 방어와 연계하여 입장을 정리하고, 실질적인 방호 역량을 확충할 필요가 있다. 장기적 과제로 탄도미사일 발사 징

● 1967년의 우주조약(Outer Space Treaty)은 "우주공간은 영공에 포함되지 않는다."라고 규정하고 있으나 고도 경계는 명시하지 않았다. 국제항공우주협회에서는 100km 정도를 지구와 우주의 경계로 정의하고 있고, 우리 국방부에서도 북한의 장거리 미사일 발사 시 "통상 100km 정도를 영공의 범위로 인정한다."라고 언급(2016.2.4)한 바 있다.

후 탐지를 강화하고 부상단계 요격 체계 등을 개발해, 고고도 영공진입 자체를 거부하는 대책을 강구할 필요가 있다.

10-11 복구와 치료 및 종합계획 수립

핵무기 폭발 지역은 건물 붕괴와 화재, 인명 피해, 가스, 유류의 2차 폭발 등으로 극심한 혼란상태가 벌어질 것이므로, 민관군경의 통합 대처가 필요하다. 복수의 민관군경 통합 현장구조팀을 가동해, 통로 개척과 방사능 탐지와 화재 진압, 인명 구조, 의료, 대피, 통신 연락 등을 수행한다.

민군 연합으로 방사능을 탐지해 오염지역과 진입 금지구역을 선포하고 제독하며, 상황을 전파해 지역 내 출입을 통제하고 이재민을 수용한다. 화상, 방사능 피폭, 외상 등의 환자들을 격리, 진단, 치료하고 별도의 방사선 측정조직을 가동해 피폭 의심 환자들을 진단, 판별한다. 우리나라는 세계적인 원자력 대국이므로, 관련 지식과 설비, 인력들이 상당히 많다. 이들의 역량을 결집해 비상시에 대비해야 한다.

핵방호에는 짧은 시간에 상당히 많은 인명 피해를 감축할 수 있는 1~2시간의 골든타임이 존재하므로, 사전에 이를 예측하고 계획을 세우는 것이 극히 중요하다. 따라서 국가 차원에서 이에 대한 종합 계획을 수립하고 주기적으로 점검, 개선해야 한다. 이를 토대로 관계 법제와 조직을 정비하고 담당자 교육훈련을 실시하며, 국민 행동요령을 발간해 관련 지식을 숙지시킬 필요가 있다.

핵무기 선진국들은 적 탄도미사일의 발사 징후 탐지단계에서부터 조기 경보와 대도시 인구밀집 지역에서의 분산과 소개, 미리 구축되고 구역별로 지정된 방호 장소로의 긴급 대피, 종합 복구 방안 등을 세밀히 계획하고 주기적으로 훈련해 왔다. 1시간 정도의 여유가 있다면, 잘 수립된 계획과 훈련, 시행으로 무방비 상황의 5~10% 이하고 피해를 줄일 수 있다고 한다. 우리는 조기경보 시간이 극히 짧으므로, 더욱 세밀한 준비와 훈련이 필요하다.

핵공격 방호는 1개 부처나 지방자치단체, 군이 단독으로 대처할 수 없는 특급 재난이다. 따라서 범부처 차원에서의 종합적이고 치밀한 계획 수립이 필요하다. 아울러 평시와 비상시 모두에

그림 10-1 **종합계획과 교육훈련을 통한 피해 감축**[•]

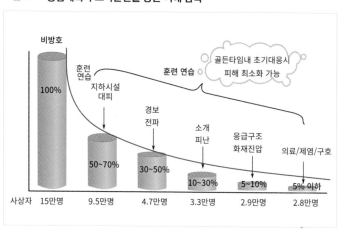

자료 : 53사단(제2작전사령부)-부산광역시 연합 TTX 자료(2017.6.5.)에서 발췌, 수정

서 이를 관장하고 필요한 자원을 동원하며 종합 조정할 수 있는 강력한 컨트롤 타워가 필요하다. 따라서 국가적 차원에서 방호과학 연구를 강화하고 북한 핵공격 방호계획을 수립하며, 세부 항목별로 매뉴얼을 작성하고 이를 관장할 조직을 정비해야 한다.

민방위 체제도 개선해야 한다. 우리 민방위 체제는 북한의 항공기 공습 대비에 집중하고 있고, 핵미사일 대비는 부족한 실정이다. 따라서 북한의 핵공격을 상정해 민방위기본법 등의 관련 법제를 정비하고 훈련체제를 개편하며, 필요한 자원을 동원하고 관련자 교육훈련을 강화해야 한다. 국내 각계가 보유한 자원들을 상세히 파악하고 관리하면서 수립되는 핵방호 계획과 교육훈련에 포함하고, 부족한 것을 보완하는 조치들도 취할 필요가 있다.

최근 미국과 일본 등에서 북한의 핵공격을 상정한 국민 행동요령을 발간해 배포하고 있다. 다만, 북한 핵의 가장 직접적인 당사국인 우리는 이런 조치들이 부족한 실정이다. 국민 전체의 10%가 핵공격 시의 방호요령을 잘 숙지하고 있으면, 비상시에 자신을 포함한 20% 이상을 살릴 수 있다. 따라서 우리 특성에 맞춘 대국민 행동요령을 발간해 배포하고, 언론기관을 통한 홍보도 강화할 필요가 있다.[*]

---

[*] 필자가 군 복무 당시에 졸업한 육군화학학교(현 육군화생방학교)의 구호는 "알아야 산다."였다. 핵전을 포함한 화학전과 생물학전 등은 고도의 전문 지식을 수반하고, 이를 이해하는 정도만큼 효과적인 방호 대책을 강구할 수 있다.

참고 문헌

1. 한국

리처드 로즈 지음, 문신행 옮김(2003), "원자폭탄 만들기 1, 2", 사이언스 북스.

박종화(2012), "지역적 경로의존성의 메커니즘". 「사회과학연구」, 28(3): 349-374.

알렉산드르 만소로프(2000), "북한 핵 프로그램", 사군자.

이춘근(2005), "과학기술로 읽는 북한 핵", 생각의 나무.

이춘근(2007), "지하핵실험에 대한 과학기술적 이해", 과학기술정책연구원

이춘근(2009), "북한의 핵 및 로켓기술 개발과 향후 전망", STEPI Insight 제22호

이춘근, 김종선(2016), "고고도 핵폭발 피해 유형과 방호 대책", STEPI Insight 제189호

이춘근(2017), "북한의 핵무기 기술개발과 인력양성 체제", 과학기술정책연구원

이춘근(2020), "중국의 우주굴기", 지성사.

이춘근(2020), "러시아를 넘어 미국에 도전하는 중국의 우주굴기", 지성사.

허문영·조정아·이춘근(2007), "북한의 이공계 대학 교육과정 분석", 통일연구원.

2. 북한

김민우(2010), "핵전자공학(핵물리공학부용)", 김책공업종합대학.

김일성(1986), "우리나라의 과학기술을 발전시킬데 대하여", 조선로동당출
　　판사.

김정일(1999), "과학교육사업을 발전시킬데 대하여", 조선로동당출판사.

김성원(2015), "핵공학총론", 김책공업종합대학

김익순(2015), "핵연료화학(방사화학과용)", 김책공업종합대학

김재호(2000), "김정일 강성대국 건설전략", 평양출판사.

리석환(2000, 2002), "위대한 령도자 김정일동지의 과학영도사 1권, 2권, 3
　　권", 과학원출판사.

리영찬(2015), "핵공정측정", 김책공업종합대학

리정석, 김성수(2010), "21세기의 핵에네르기", 금성청년출판사

서호원(2002, 2003), "위대한 수령 김일성 동지의 과학영도사 1권, 2권",
　　조선로동당출판사.

유홍배, 김득기(2003), "핵연료야금(핵재료공학과용)", 김책공업종합대학.

조선민주주의인민공화국 과학원(2011).

교과과정: 김일성종합대학, 김책공업종합대학, 이과대학, 물리대학.

3. 중국

石海明(2015), "科學,冷戰與國家安全", 解放軍出版社

沈昌亞 等(2013), "中國核工業發展旅程", 中國原子能出版社

價基業(2014), "兩彈一艇人物譜(上, 下)", 中國原子能出版社

孫勤(2013), "核鑄强國夢", 中國社會科學出版社

彭繼超(2005), "中國核武器試驗紀實", 中共中央黨校出版社

核工業二二一離退休人員管理局(2016), "難忘激情歲月", 中國原子能出版
　　社

春雷(2000), "核武器槪論", 原子能出版社

梁東元(2005), "原子彈", 解放軍出版社

孫茹(2009), "朝核問題－地區合作進程研究", 時事出版社

孫向麗(2007), '朝核問題實質與發展前景', "現代國際關係", 第6期,

pp.13~19.

中國人民解放軍總裝備部(2002), "地下核實驗及其應用", 國防工業出版社

4. 일본

市川浩(2007), "冷戰と科學技術", ミネルヴァ書房

5. 영미권

U.S. Congress, Office of Technology Assessment(1989), "The Containment of Underground Nuclear Explosions, OTA-ISC-414"

The U.S. Nuclear Sector and USW(2013), "History of U.S. Uranium Enrichment"

Alexander, Gerard(2001), "Institutions, Path Dependence and Democratic Consolidation". Journal of Theoretical Politics, 13(3): 249-270.

Alexander Glaser(2006), "Making Highly Enriched Uranium", Princeton University.

Andre Gsponer, "Fourth Generation Nuclear Weapons : Military Effectiveness and Collateral Effects, ISRI-05-03.12", 2006

Hu Side, Sun Xiangli, Wu Jun(2003), On the Nuclear Issue of North Korea, The XV International Amaldi Conference, September 25~27

JINR(2011), "Joint Institute for Nuclear Research"

Steven Aftergood and Frank N. von Hippel(2007), "The U.S. Highly Enriched Uranium Declaration : Transparency Deferred but Not Denied", Nonproliferation Review, Vol. 14, No. 1, March 2007, pp.149-161

Siegfried S. Hecker, "Report on North Korean Nuclear Program", Stanford University, 2006

찾아보기